V

41576

RAPPORT

DU JURY D'ADMISSION

SUR

L'EXPOSITION DES PRODUITS

DES

MANUFACTURES

DU

DÉPARTEMENT DE LA SEINE.

RAPPORT

DU JURY D'ADMISSION

DES PRODUITS DE L'INDUSTRIE

DU DÉPARTEMENT DE LA SEINE,

A L'EXPOSITION DU LOUVRE,

COMPRENANT

UNE NOTICE STATISTIQUE

SUR CES PRODUITS,

PAR

L. HÉRICART DE THURY,

MAÎTRE DES REQUÊTES, OFFICIER DE LA LÉGION D'HONNEUR,
INGÉNIEUR EN CHEF DES MINES DE FRANCE,
SECRÉTAIRE-RAPPORTEUR DU JURY DE LA SEINE.

C. BALLARD, Imprimeur du Roi et du Département de la Seine,
Rue J.-J. Rousseau, nº. 8.

1819.

ORDONNANCE DU ROI.

LOUIS, par la grâce de Dieu, Roi de France et de Navarre,

A tous ceux qui ces présentes verrons, salut :

Nous avons pensé que l'exposition périodique des produits de nos manufactures et de nos fabriques serait un des moyens les plus efficaces d'encourager les arts, d'exciter l'émulation, et de hâter les progrès de l'industrie ;

A ces causes,

Sur le rapport de notre Ministre Secrétaire d'État du département de l'Intérieur,

Nous avons ordonné et ordonnons ce qui suit :

Art. 1er. Il y aura une exposition publique des produits de l'industrie française, à des époques qui seront déterminées par nous, et dont les intervalles n'excéderont pas quatre années.

La première exposition aura lieu en 1819, la seconde en 1821.

Art. 2. L'exposition de 1819 aura lieu le 25 août et jours suivans, dans les salles et galeries de notre palais du Louvre.

Art. 3. Tous les manufacturiers et fabricans établis en France, qui voudront concourir à cette exposition, seront tenus de se faire inscrire au Secrétariat de la Préfecture de leur Département, à l'époque qui sera indiquée par notre Ministre Secrétaire-d'État de l'Intérieur.

Art. 4. Chaque Préfet nommera un jury, composé de cinq membres, pour prononcer sur l'admission ou le rejet des objets qui leur seront présentés.

Art. 5. Un jury central, composé de quinze membres, sera nommé par notre Ministre Secrétaire-d'État de l'Intérieur, à l'effet de juger les produits de l'industrie. Il désignera les manufacturiers qui auront mérité, soit des prix, soit une mention honorable.

Art. 6. Les prix consisteront, suivant les degrés de mérite, en médailles d'or, d'argent et de bronze.

Art. 7. Un échantillon de chacune des productions désignées par le jury sera déposé au Conservatoire des arts et métiers, avec une inscription particulière, qui rappellera le nom du manufacturier ou du fabricant qui en sera l'auteur.

Art. 8. Notre Ministre Secrétaire-d'État au département de l'Intérieur est chargé de l'exécution de la présente ordonnance.

Donné au château des Tuileries, le 13 janvier de l'an de grâce 1819, et de notre règne le 24e.

Signé LOUIS.

Par le Roi,

Le Ministre Secrétaire-d'État au département de l'Intérieur,

Signé le Comte DE CAZES.

MINISTERE DE L'INTÉRIEUR.

A M. le Préfet du département de la Seine.

Paris, 26 janvier 1819.

MONSIEUR,

L'ordonnance du 13 de ce mois, par laquelle S. M. fixe au 25 août de cette année l'exposition des produits de l'industrie française, vous est parvenue. Vous en aurez trop senti l'importance pour que vous n'ayez pas porté vos vues sur les moyens de concourir à son exécution, avant même de recevoir les instructions que je m'empresse de vous donner.

Le premier objet dont vous avez à vous occuper est la composition du jury. Vous en choisirez les Membres parmi les personnes les plus éclairées dans les arts et les plus capables d'en juger les produits.

Ce jury prononcera sur tous les objets qui seront présentés, et n'admettra que ceux qui lui paraîtront réunir une bonne fabrication ou une grande utilité. Il doit surtout s'attacher aux objets qui forment une industrie particulière au département : ceux-ci présentent toujours des intérêts et caractérisent les localités.

Le jury observera surtout de ne pas rejeter les produits grossiers, lorsqu'ils sont à bas prix et d'un usage général.

Il excitera le zèle et l'émulation de tous les manufacturiers et fabricans, pour qu'ils donnent à leurs produits tous les degrés de perfection dont ils sont susceptibles; il leur dira que c'est moins un produit très-soigné et fabriqué à grands frais, sans toutefois l'exclure, qu'un bel échantillon d'une fabrication ordinaire qu'il faut présenter à l'exposition.

Tous ces articles d'industrie reçus par ce jury doivent être rendus au Louvre avant le premier août; le gouvernement en paiera le port.

Vous aurez l'attention, Monsieur, de faire mettre un numéro à chacun des produits, ainsi que le nom du fabricant et celui du département.

Vous m'enverrez séparément une note détaillée, dans laquelle vous me ferez connaître l'étendue de la fabrication, les lieux de consommation, le nombre des ouvriers employés, l'origine des matières premières, les encouragemens qu'on pourrait accorder à chaque genre d'industrie, etc.: ces renseignemens deviennent nécessaires au jury central de Paris, pour déterminer son jugement, et ils seront utiles au gouvernement pour fixer le degré d'intérêt qu'il doit accorder à chaque fabrique.

Vous remarquerez, Monsieur, que l'ordonnance du Roi n'a pas borné le nombre des prix dont elle annonce la distribution. L'intention de S. M. est d'accorder des encouragemens ou des récompenses à tout ce qui sera vraiment digne de sa munificence. Pour en donner une nouvelle marque, le Roi a daigné permettre qu'indépendamment des médailles qui seront décernées sur le rapport du grand jury, j'appelasse sa bienveillance spéciale sur ceux des manufacturiers ou fabricans désignés pour des prix, et qui, en ayant déjà obtenu dans les précédens concours, ou ayant, par des procédés nouveaux ou des découvertes importantes, fait faire un pas notable à l'industrie nationale, paraîtront mériter des témoignages plus éclatans de la satisfaction Royale. S. M. a bien voulu m'autoriser à solliciter pour eux la décoration de la légion d'honneur, et la faveur de lui être présentés.

S. M. a voulu aussi que l'exposition eût lieu dans les salles du palais du Louvre au moment même où elles viennent d'être terminées, pour marquer d'une manière plus particulière l'intérêt dont elle honore les Arts.

Encouragés par une bienveillance si auguste, les manufacturiers et fabricans Français redoubleront d'efforts et de zèle pour s'en rendre dignes, et justifieront par leurs travaux le haut degré d'estime où déjà notre industrie est placée en Europe.

Dans cette lutte honorable, les produits de votre département mériteront, je l'espère, Monsieur, une place distinguée. Je serai heureux de le faire remarquer au Roi, et de pouvoir lui dire tout ce que nos manufactures et nos fabriques devront à votre sollicitude, à votre zèle et à vos lumières.

Agréez, Monsieur, l'assurance de ma considération la plus distinguée.

Le Ministre Secrétaire-d'État au département de l'Intérieur,

Signé, le Comte de Cazes.

DÉPARTEMENT DE LA SEINE.

Nous Conseiller d'État, Préfet du département de la Seine,

Vu l'ordonnance royale du 13 janvier dernier, relative à l'exposition publique des produits de l'industrie,

Vu les instructions données par S. Ex. le Ministre de l'Intérieur pour l'exécution de ladite ordonnance,

Arrêtons :

Article premier. MM. Bardel, le Baron Cagnard de la Tour, Chaptal fils, Charles et Regnier, sont désignés pour former le Jury, chargé de l'examen des objets qui seront présentés par les fabricans du département de la Seine, pour l'exposition publique.

Art. II. Nous fixerons ultérieurement le jour et l'heure de la première réunion du Jury, laquelle aura lieu dans la salle de l'Hôtel-de-Ville, destinée à recevoir les produits de l'industrie.

Art. III. Expédition du présent arrêté sera adressée à chacun des membres du Jury, désigné dans l'article Ier.

Fait à Paris, le 5 février 1819.

Signé CHABROL.

DÉPARTEMENT DE LA SEINE.

EXPOSITION

DES PRODUITS DE L'INDUSTRIE FRANÇAISE.

Nous, Conseiller d'État, Préfet du département de la Seine,

Pour l'exécution de l'ordonnance royale du 13 janvier dernier, relative à l'exposition des produits de l'industrie française,

Et conformément aux dispositions de la Circulaire de S. Exc. le Ministre Secrétaire d'État de l'Intérieur, en date du 26 du même mois,

Arrêtons :

Article premier. A compter du 1er. mars prochain, depuis 10 heures du matin jusqu'à 4 de relevée, il sera ouvert au Secrétariat de la Préfecture du Département de la Seine, un registre pour l'inscription des Artistes, Manufacturiers et Fabricans de ce Département qui désireront concourir à l'Exposition des Produits de l'industrie, qui aura lieu, le 25 août prochain, dans les Salles et Galeries du Palais du Louvre.

Ce registre sera clos le 31 mai suivant, et aucune déclaration ne sera plus admise.

Art. II. Chaque Manufacturier ou Fabricant qui se

présentera pour faire sa déclaration, déposera en même tems un modèle ou échantillon des objets qu'il se propose d'exposer. Il joindra à ces objets une note indiquant l'étendue de la fabrication, les lieux de consommation, le nombre d'ouvriers employés, et l'origine des matières premières.

Art. III. Les objets présentés par les Artistes, Manufacturiers ou Fabricans, seront soumis à l'examen du Jury composé de cinq Membres.

Art. IV. Le présent arrêté sera imprimé, adressé aux Maires de Paris, aux Sous-Préfets, et affiché dans toute l'étendue du Département de la Seine.

Fait à Paris, le 25 février 1819.

Signé CHABROL.

Par e Préfet :

Le Secrétaire général de la Préfecture,

Signé Walckenaer.

PRÉFECTURE

DU DÉPARTEMENT DE LA SEINE.

Nous, Conseiller d'État, Préfet du Département de la Seine,

Arrêtons :

Article premier. Mr. Héricart de Thury, Ingénieur en chef des Mines, Inspecteur général des Carrières du Département de la Seine, est désigné pour remplacer Mr. Bardel, décédé, en qualité de Membre du Jury chargé de prononcer sur l'admission des objets qui seront présentés par les Fabricans du Département de la Seine, pour l'exposition publique des produits de l'industrie.

Art. II. Ampliation du présent arrêté sera adressée à Mr. Héricart de Thury.

Fait à Paris, le 8 mars 1819.

Signé CHABROL.

Pour ampliation :

Le Secrétaire général de la Préfecture,

Signé Walckenaer.

REMISE

DU RAPPORT DU JURY D'ADMISSION,

A Monsieur le Comte de Chabrol de Volvic, *Conseiller d'État, Préfet du Département de la Seine.*

Monsieur le Comte,

L'ordonnance de S. M., du 13 janvier dernier, en rappelant cet élan général que les expositions de 1798, 1802 et 1806, avaient communiqué à l'industrie française, a excité dans toutes les classes de nos artistes, fabricans et manufacturiers, un enthousiasme universel dont il nous est permis d'attendre les plus heureux résultats, surtout depuis que S. Exc. le ministre de l'intérieur a annoncé, 1°. que l'intention de S. M. était que les produits les plus communs, au plus bas prix et d'un usage général, fussent admis à l'exposition, comme les objets de luxe, d'agrément et de fantaisie, d'une bonne fabrication et d'une grande utilité.

Et 2°. Qu'elle solliciterait de S. M. la décoration de la légion-d'honneur, pour les fabricans et manufacturiers qui mériteraient des témoignages authentiques de la satisfaction royale.

A peine les vœux du Roi furent-ils connus, que sur tous les points du royaume, les Français ont éprouvé le même besoin, celui de répondre à l'appel fait par Sa Majesté à l'industrie. Une vive émulation, tout-à-coup excitée dans nos manufactures, leur a donné une nouvelle activité, dès-lors elles ont travaillé avec ardeur, et à l'envi les unes des autres elles adressent aujourd'hui à S. Exc. une foule de produits nouveaux de tous genres et de toutes espèces.

Sous les yeux de Sa Majesté, et placé au foyer de ce grand monument, le département de la Seine, dans une circonstance aussi solennelle, a, plus qu'aucun autre, éprouvé cette noble émulation; il semble avoir voulu l'emporter sur tous les autres départemens, par l'éclat de ses produits industriels, comme il l'emporte déja sur eux par ses institutions, ses monumens publics, et par la splendeur dont l'environnent les beaux-arts et les sciences, dont il est le sanctuaire. Aussi pouvons-nous vous annoncer, Monsieur le Comte, avec autant d'orgueil que de satisfaction :

1°. Que, malgré la sévérité du Jury et les mises hors de concours ou refus d'admission qu'il a été forcé de prononcer pour les divers motifs exposés dans ses procès-verbaux, jamais, à aucune époque et dans aucune exposition, les produits des manufactures de la ville de Paris et du département de la Seine n'auront été aussi nombreux et ne se seront montrés d'une manière aussi remarquable, aussi riche et aussi éclatante;

Et 2°. que nous pouvons nous flatter que S. Exc. daignera distinguer et présenter à Sa Majesté plusieurs de nos artistes, manufacturiers et fabricans, et les comprendre dans sa répartition des décorations, récompenses, médailles ou encouragemens.

Malgré nos désastres de 1814 et 1815, nos manufactures, ce que plus d'un étranger ne pourra concevoir, semblent avoir pris un nouvel essor, et nous dirons même à certains hommes qui refusent obstinément de croire à la prospérité de nos fabriques, qu'il n'en est pas une qui ne nous ait présenté ou des perfectionnemens, ou des procédés nouveaux, et que, pour les détromper et leur prouver que Paris n'a rien perdu de son ancien éclat, nous avons recueilli et constaté avec le plus grand soin tous les procédés et découvertes dans nos notices, toutes les fois que les fabricans nous les ont communiqués. Sous ce rapport, nous croyons de notre devoir de consigner les témoignages de confiance que nous ont généralement donnés les manufacturiers dont nous avons suivi les travaux et les procédés.

C'est le résultat de l'examen des produits présentés pour l'exposition dont vous nous avez chargés, Monsieur le Comte, que nous avons l'honneur de vous soumettre, avec les procès-verbaux des séances que vous avez bien voulu présider vous-même. Vous y verrez que notre industrie s'est accrue d'une infinité de fabriques qui n'existaient pas il y quelques années; que notre orfévrerie l'emporte sur celle des autres fabriques de l'Europe par la beauté de ses formes et le fini de son travail; que nos porcelaines conservent toujours leur supériorité sur celles des plus belles manufactures étrangères; que nos armes sont recherchées par tous les peuples; que notre ébénisterie a le privilège de meubler tous les palais des souverains de l'ancien et du nouveau continent; enfin, que nos bronzes, notre horlogerie, nos tapis, nos tissus, notre bijouterie et généralement tous nos produits industriels sont demandés par nos voisins et se répandent par toute la terre.

En terminant ce rapide exposé de nos travaux et avant d'entrer en matière, nous vous prierons, Monsieur le Comte, au nom et dans l'intérêt de nos artistes et fabricans, de représenter à S. E. le ministre de l'intérieur : 1° Qu'en 1806, le jury central crut ne devoir accorder qu'une simple mention honorable à plusieurs manufacturiers qu'il avait cependant jugés mériter la médaille d'or parce qu'ils avaient déjà obtenu cette médaille à l'exposition précédente ;

Et 2°. Qu'il suit malheureusement de cette mesure (dont l'intention peut être bonne, si elle a été prise pour répandre plus de moyens d'encouragement) que les médailles de 1re. et 2me. classes peuvent être données à des artistes et fabricans d'un rang inférieur, ce qui détourne ceux des rangs supérieurs de l'intention de se présenter aux concours suivans; tandis que les prix ou les médailles décernés aux artistes qui les mériteraient, sans avoir égard à celles qu'ils auraient pu avoir antérieurement, ainsi que cela se pratique chaque année dans les Universités et les Académies, constateraient au contraire une supériorité soutenue, en même tems qu'ils deviendraient un stimulant plus actif et plus puissant, comme plus honorable.

Paris le 4 août 1819.

B^on. Cagniard de la Tour. Vte Chaptal. E. Régnier Charles.

Vte. Héricart de Thury,

Secrétaire-rapporteur.

Paris, 6 août 1819.

Le Conseiller d'État Préfet du Département de la Seine,

A S. E. le Ministre Secrétaire d'État au Département de l'Intérieur

Monseigneur,

J'ai l'honneur de vous adresser le rapport du Jury départemental, sur les objets admis par lui à l'exposition des produits de l'industrie. J'ose espérer que Votre Excellence sera satisfaite de ce travail et des résultats qu'il présente. Les efforts du Jury et les miens pour obtenir des produits beaux et nombreux, ont été très-heureux. Je crois pouvoir vous affirmer que, sous ces deux rapports, malgré le peu de tems qu'ont eu les fabricans pour leurs préparatifs, les objets présentés par le département de la Seine, à la prochaine exposition, l'emporteront sur ceux qui figuraient, pour son compte, dans les expositions précédentes.

Toutefois, Monseigneur, je dois à ce sujet vous faire part d'une remarque qui a été faite par le Jury et par moi. Ayant trouvé chez plusieurs fabricans distingués peu d'empressement à concourir à l'exposition, nous en avons cherché et découvert le motif. En 1806, des fabricans qui avaient été jugés mériter la médaille d'or, n'ont obtenu qu'une mention honorable, parce que la médaille leur avait été donnée à l'exposition précédente.

Cette mesure dont l'intention était bonne, puisqu'elle ne pouvait avoir pour but que de répartir un plus grand nombre d'encouragemens, est cependant de nature à produire des inconvéniens plus grands que les avantages qu'on voulait en obtenir : elle engageait en effet à se retirer du concours, des artistes et des fabricans du premier rang, qui, n'ayant plus à prétendre qu'à une mention honorable, craignaient que des produits inférieurs à ceux qu'ils pouvaient présenter et à ceux qui leur ont mérité anciennement la médaille, n'obtinssent une égale distinction.

Peut-être objecterait-on que le même effet résulterait de l'abolition de la mesure, attendu que les récompenses n'étant données qu'au mérite, le fabricant qui aurait obtenu une fois une médaille de première classe, ne se représenterait plus à l'exposition, dans la crainte de se trouver inférieur à lui-même; mais on peut affirmer que, si pareil événement arrivait à un fabricant, ce ne serait pour lui qu'un motif plus impérieux de se présenter à l'exposition suivante, et de faire de nouveaux efforts, qui, lui faisant reprendre son rang primitif, contribueraient puissamment au perfectionnement de l'industrie.

Le Jury, Monseigneur, m'a prié d'appeler sur cet objet l'attention de Votre Excellence et de la supplier de revenir sur la mesure adoptée en 1806. Je le fais avec d'autant plus d'empressement, que je suis persuadé que, si, à cette exposition, les récompenses étaient données d'après le mode suivi en 1806, certaines classes d'industrie, aux expositions suivantes, n'offriraient plus que des objets d'un mérite secondaire.

Je vous supplie donc, Monseigneur, de vouloir bien prendre en considération les observations que j'ai l'honneur de vous soumettre, et d'ordonner qu'en 1819 les récompenses seront décernées aux artistes et fabricans, sans avoir égard à celles qu'ils ont pu obtenir précédemment, mais seulement d'après le mérite des objets qu'ils présentent.

J'ai l'honneur d'être avec respect,

MONSEIGNEUR,

De Votre Excellence,

Le très-humble et très-obéissant serviteur,

CHABROL

TABLE

DES MATIÈRES.

NOTICE STATISTIQUE

INDUSTRIELLE ET MANUFACTURIÈRE

DU DÉPARTEMENT DE LA SEINE.

Extraite du rapport du Jury d'admission à l'exposition.

CHAPITRE PREMIER.

CHAPITRE II.

CHAPITRE III.

CHAPITRE IV.

CHANVRE ET LIN. 13

CHAPITRE V.

DENTELLES ET BLONDES. 14

CHAPITRE VI.

COTON. 16

CHAPITRE VII.

BONNETERIE. 20

CHAPITRE VIII.

CHAPELLERIE. 23

CHAPITRE IX.

CHAPITRE X.

CHAPITRE XI. 44

CHAPITRE XII.

FONTE, FER, ACIER, TOLE, FERBLANC. 52

CHAPITRE XIII.

SERRURERIE, TAILLANDERIE, COUTELLERIE. 60

CHAPITRE XXII.

MÉCANIQUES. 100

CHAPITRE XXIII.

HORLOGERIE. 119

CHAPITRE XXIV.

INSTRUMENS DE PHYSIQUE, OPTIQUE, MATHÉMATIQUES, BALANCIERS, etc. 128

CHAPITRE XXV.

TYPOGRAPHIE. 141

CHAPITRE XXVI.

CHAPITRE XXVII.

CHAPITRE XXVIII.

CHAPITRE XXIX.

CHAPITRE XXX.

CHAPITRE XXXI.

CHAPITRE XXXII.

CHAPITRE XXXIII.

CHAPITRE XXXVII.

APPAREILS DE COMBUSTION. 256

CHAPITRE XXXVIII.

PRÉPARATIONS ET CONSERVATION DES SUBSTANCES ALIMENTAIRES. 260

CHAPITRE XXXIX.

ÉCONOMIE DOMESTIQUE. 267

CHAPITRE XL.

AGRICULTURE, ÉCONOMIE RURALE. 275

CHAPITRE XLI.

ÉTABLISSEMENS D'UTILITÉ PUBLIQUE. 279

CHAPITRE XLII.

INSTITUTIONS ET ÉTABLISSEMENS PUBLICS DE BIENFAISANCE. 280

CHAPITRE XLIII.

PRISONS. 284

CHAPITRE XLIV.

DIRECTION GÉNÉRALE DES MINES. 285

CHAPITRE XLV.

Fin de la Table des Matières.

NOTICE

RAPPORT

SUR LES PRODUITS DE L'INDUSTRIE DU DÉPARTEMENT DE LA SEINE, ADMIS A L'EXPOSITION DE 1819.

CHAPITRE PREMIER.

LAINES.

FILATURES, TISSUS, CACHEMIRES, SCHALLS, DUVETS, DRAPS SUPERFINS, etc.

La fabrication des Tissus, Schalls, Cachemires, etc. a fait les plus grands progrès depuis la dernière exposition; elle s'est étendue et perfectionnée par les efforts et les sacrifices que les propriétaires de nos grandes manufactures ont faits dans ces derniers tems; mais l'arrivée en France des chèvres du Thibet doit aujourd'hui nous faire regarder la fabrication des Cachemires comme une acquisition définitivement consommée.

I. FILATURES.

1. **M. DECLANLIEU**, *mécanicien, rue St-Victor*, n°. 49.

Les laines fines de M. Declanlieu, se distinguent de celles qui ont été filées jusqu'à ce jour, en ce que leurs filamens

conservent toute leur longueur et leurs nerfs et qu'elles ne sont jamais cassées ni cotonisées.

Les avantages que présentent les machines à filer de M. Declanlieu en ont promptement fait répandre l'usage dans nos manufactures, et elles y ont eu d'autant plus de succès, qu'elles ne font point de déchet, tandis que les anciennes en faisaient beaucoup.

2. MM. RICHARD-LE-NOIR, DUFRESNE ET DOBO, *manufacturiers, rue de Charonne.*

Laine peignée et filée, étoffe dite mérinos, tissu des mêmes fils, laine de cachemire filée et échantillon de cachemire tissé.

Depuis quatre ans MM. Richard et comp^{e}. ont filé au moins, terme moyen, cinquante kilogrammes de laine peignée par jour; ce qui fait par an à peu-près cent cinquante mille kilogrammes de laine en toison en suint, au prix moyen de trois francs le kilogramme. Cette fabrication exige un mouvement de 300,000 fr. de matière première, et autant environ pour main-d'œuvre.

Les laines entrent à la fabrique en toison; elles y sont triées, dégraissées, peignées, filées et tissées.

Cette fabrique a employé, les années dernières, de douze à quinze cents ouvriers; maintenant elle en compte encore de mille à douze cents, tant à Paris que dans les prisons de Bicêtre.

M. Dobo est un mécanicien distingué, dont nous aurons occasion de parler au chapitre des mécaniques, n°. 174.

H. SCHALS ET TISSUS DE CACHEMIRE.

3 MM. TERNAUX père et fils, *fabricans de Schalls, rue des Fossés-Montmartre, n°. 2.*

Personne n'ignore les importans services que MM. Ternaux

ont rendus à la France depuis plusieurs années. Des médailles d'or et d'argent ou mentions honorables, leur ont été décernées aux précédentes expositions. Nous pensons qu'on ne verra pas sans intérêt l'énumération que fit la commission de l'institut pour les prix décennaux, des services rendus à notre industrie par ces célèbres manufacturiers.

1°. *Invention de draperies et étoffes nouvelles ;* draps façon vigogne, schalls cachemire unis et brochés, étoffes mérinos et sati-draps, sati-vigogne ou draps sur chaîne de coton;

2°. *Introduction en France de draperies et étoffes fabriquées jusqu'alors dans l'étranger*, duvet de cigne, toilinette, patencors, valencors, reps et casimir-stricot;

3°. *Perfectionnement de draps et autres étoffes de laine*, casimirs, castorine et calmouks;

4°. *Création ou introduction en France de moyens mécaniques;* machine à tondre les draps, moulin économique pour moudre les bois de teinture, mécanique à filer les laines peignées;

5°. *Perfectionnement de machines à filer* et carder les laines par le moyen de la fausse presse ;

6°. *Perfectionnement dans l'art de la* teinture et dans la fabrication;

7°. *Formation de grands établissemens hydrauliques*, pour lainer, tondre les draps, filer les laines peignées et cardées, et couper les bois de teinture, à Wuez, Carignan, Lamecourt et Barancourt;

8°. *Formation d'établissemens favorables au développement de l'industrie :* Fabrication de machines à filer, à tondre, à lainer, à couper le bois de teinture;

9°. *Etablissement servant aux progrès de l'agriculture et de l'industrie*, à Auteuil, pour trier et laver les laines mérinos à la manière espagnole;

Et 10°. *Nombre des métiers et ouvriers ;*

1°. à Sedan. . . . . 150 métiers à draps.
2°. A Rheims. . . . . 190 à schalls.
3°. A *idem*. . . . . 340 à étoffes de gilet.
4°. A *idem*. . . . . 80 à casimirs et autres.
5°. A Lusival. . . . . 80, pour étoffes, draps.
6°. A Louviers. . . . . 40 *idem*, *idem*.

880 employant chacun de quatre à cinq ouvriers, l'un dans l'autre.

A cette énumération nous ajouterons l'introduction en France des chèvres du Thibet, qui fera époque dans les annales de l'industrie, par la grande et heureuse influence qu'elle aura sur la prospérité de nos manufactures de tissus. L'arrivée de ces chèvres est une des plus importantes améliorations que nous devions à MM. Ternaux; mais, tout en appréciant la valeur et les avantages de cette acquisition, le jury ne peut perdre de vue que, pendant que MM. Ternaux avançaient, sans aucune certitude de succès, des capitaux immenses, M. le Chevalier de Jobert, au milieu d'une foule d'obstacles et de difficultés insurmontables pour tout autre que lui, répondait aux efforts de ses commettans avec un courage infatigable.

Les établissemens de MM. Ternaux surpassent incontestablement par le nombre, la beauté et la variété des étoffes de laine qui en sortent, tout ce qui existe en ce genre en Europe, enfin ils présentent la plus grande, la plus étendue et la plus belle combinaison du commerce.

4 M. BAUSON, *fabricant de cachemires de* S. A. R. Madame, Duchesse d'Angoulême, *demeurant rue de Montreuil, n°.* 85.

M. Bardel a rendu à la société d'encouragement, dans la séance du 17 juin 1818, le compte le plus avantageux de la fabrication de M. Bauson. Les échantillons qu'il dépose prouvent la supériorité de ses tissus, et qu'il est digne du titre dont S. A. R. Madame a daigné l'honorer. M. Bauson, dont la fabrique est une de nos meilleures pour les tissus de mérinos et cachemires, est recommandé par le jury à l'attention de la commission centrale avec d'autant plus d'intérêt que les premiers schalls de cachemire ont été exécutés par les soins de cet habile fabricant dans les ateliers de MM. Bellanger, Dumas-Descombes, n°. 17.

5 M. Frédéric **HÉBERT** et Comp°., *fabricans de schalls, demeurant rue St.-Denis, n°. 374, passage St.-Chaumont: Schalls d'un genre nouveau.*

La matière employée à la fabrication des schalls de M. Hébert, vient brute de l'Inde, par les soins de MM. Ternaux de Paris. Elle est filée par les mécaniques de MM. Jobert et Lucas de Rheims.

Cette sorte de schalls, qui a toute l'apparence de ceux de cachemire, peut être vendue aux consommateurs pour le quart de la valeur d'un schall de l'Inde, de même dessin, et sera susceptible d'une grande diminution, quand les ouvriers employés à sa fabrication seront exercés.

Les sieurs Hébert et comp°. fabriquent chaque année environ six cents schalls de cette espèce, lesquels se répandent dans le royaume, dans l'Allemagne et l'Italie.

6 MM. **SIMON** et **GOUT**, *fabricans d'étoffes, rue Neuve-St.-Eustache, n. 39 : nouvelle étoffe de leur invention, destinée à remplacer le cachemire.*

La matière employée par MM. Simon et Gout est indigène et pourra, suivant ces habiles manufacturiers, remplacer les duvets du Thibet dans la fabrication du cachemire.

7 MM. **HINDENLANG** père et fils, *fabricans et Fileurs, demeurant rue des Fossés-Montmartre, n°. 21 : fil de cachemire obtenu à la mécanique et tissus unis cachemires.*

La réputation de MM. Hindenlang est parfaitement établie. Leurs fils et tissus peuvent rivaliser avec tout ce que nous avons de plus parfait en ce genre.

8 M. **LIMAGE**, *fabricant de schalls, rue du Faubourg-du-Temple, n. 28 : Tissus façon cachemire.*

M. Limage est un des premiers qui ait imaginé de former des chaînes de cachemire, de les monter au moyen d'une mécanique à retordre de son invention, de leur donner la force de supporter le travail du tissage, par un apprêt de sa composition et dont il ne reste aucune trace après le blanchissage de l'étoffe de cachemire.

9 M. **LAGORCE**, *fabricant de schalls, rue des Fossés-Montmartre, n.* 16.

M. Lagorce emploie les matières du cachemire dans la fabrication de ses schalls, qui imitent parfaitement, à la vue et au toucher, les plus beaux schalls des Indes, tant par la belle exécution des dessins que par le moëlleux du tissus.

10 M. **LEGRAND LEMOR**, *manufacturier, rue de Cléry, n.* 40.

M. Lemor emploie 120 ouvriers dans les prisons de Paris. Le produit de leurs travaux figure à l'exposition sous le nom de *l'administration des prisons.*

Dans ses autres manufactures il compte plus de 460 ouvriers.

Il présente une pièce tissu uni et blanc cachemire filé à la main, de la fabrique de Fournival et Legrand Lemor, à Rethel.

11 M. GATINE, *fabricant de tissus, rue St.-Jacques, n. 33.*

M. Gatine est un de ces artistes intelligens qui, après avoir eu le courage de se roidir contre l'adversité et les difficultés, parviennent quelquefois, à eux seuls et sans appui, à tout surmonter pour amener à bien l'idée qu'ils avaient conçue.

Le jury, en appréciant les efforts de M. Gatine, le recommande à l'attention du jury central.

12 M. CHANNEBOT, *Fabricant de schalls, rue Neuve-St.-Eustache, n. 8.*

Schalls de cachemire de la plus grande beauté et qui soutiennent la comparaison avec les plus beaux tissus de l'Orient.

13 M. GIRARD, *fabricant de schalls, rue des Fossés-Montmartre, n. 5:*

Présente à l'exposition des tissus et schalls façon de cachemire, d'une grande perfection, et dont le tissu est aussi beau que celui des schalls de l'Inde.

III. FABRIQUE DE COUVERTURES.

14. M. PERRIER fils, *fabricant de couvertures, rue St.-Antoine, n. 159.*

Les couvertures de M. Perrier sont parfaitement fabriquées; il travaille la laine et le coton de toutes les espèces et qualités. Sa fabrication annuelle est de 200,000 fr. au moins; il emploie de soixante à soixante-dix ouvriers. Une grande partie de ses couvertures est destinée à l'étranger.

15. M. MASSET, *manufacturier de couvertures, rue St.-Jacques, n. 26.*

Il a déjà obtenu une mention honorable à la dernière exposition; les couvertures qu'il a présentées à l'exposition prouvent que sa fabrication a encore été perfectionnée et qu'il est, à tous égards, digne de l'attention du jury central.

CHAPITRE II.

ÉTOFFES DE CRIN.

En 1806, une médaille d'argent fut accordée pour la fabrication des étoffes de crin. Plusieurs manufactures nouvelles se sont établies. Elles fabriquent actuellement des étoffes d'une qualité supérieure à tout ce qui avait été présenté à la dernière exposition, et nous sommes assurés aujourd'hui que nos manufactures, en soutenant dignement la réputation qu'elles se sont acquise, fourniront à l'avenir toutes les demandes qui leur seront faites, tant pour Paris que pour les Départemens et l'Étranger.

16. MM. Mathurin GUIBERT et Hyacinthe JOLIET, *demeurant à Paris, rue de Fourcy, n. 8, présentent des étoffes de crin de leur fabrique.*

MM. Guibert et Joliet depuis plusieurs années n'ont rien épargné pour perfectionner la fabrication des tissus et étoffes de crin. Ce sont eux qui, les premiers, ont introduit les grands dessins damassés, à bouquets, dans ces étoffes, qui jusqu'à ce jour n'avaient paru susceptibles que de petits dessins à quadrilles et quinconces. Nous avons été à même de comparer des étoffes de crin rapportées d'Angleterre, avec celles de MM. Guibert et Joliet, et nous pouvons affirmer que la supériorité leur est légitimement acquise et qu'aucun tissu étranger ne peut soutenir la comparaison.

Le jury, en prononçant à l'unanimité l'admission des étoffes de crin damassées et à bouquets de MM. Guibert et Joliet, estime qu'ils méritent d'être encouragés par le gouvernement.

CHAPITRE III.

SOIERIES.

SOIRIES, BRODERIES, RUBANNERIES ET EMPLOIS DIVERS DE LA SOIE.

D'importantes découvertes ont été faites dans le travail et l'emploi des soies et bourres de soie, par suite des recherches de nos manufacturiers pour parvenir à imiter les schalls de cachemire et les étoffes du Levant. Cette fabrication, comme celle des schalls, a atteint une grande perfection, et nous met à portée, non seulement de soutenir la concurrence avec l'étranger pour certains tissus de soie, mais encore de lui fournir de magnifiques étoffes de soie et de coton de la meilleure fabrication, avec des dessins très-élégans, rehaussés d'or et d'argent.

Parmi les autres essais qui ont été faits pour employer la soie, nous avons particulièrement distingué la fabrication des chapeaux en lacets de soie, nouvelle branche d'industrie digne, à tous égards, de l'attention du Gouvernement.

I. SCHALLS.

17. MM. BELLANGER, DUMAS, DESCOMBES, *rue Ste.-Apoline, fabricans de tissus, présentent des produits de leur fabrique.*

La maison de MM. Bellanger, Dumas, Descombes, est une des plus anciennes de Paris. En 1806 elle obtint une médaille d'argent de première classe. C'est à elle que la France dut les premiers schalls de soie et coton à franges, dont la fabrication s'élève annuellement à plusieurs millions. Ce sont eux qui, les premiers, essayèrent d'imiter les schalls de cachemire avec la soie et la laine, fabrication qui a eu un tel succès, que la France en a fait pendant plusieurs années pour plus de vingt-millions, dont une grande partie était exportée, avant que les schalls de Lyon, en bourre de soie, eussent obtenu la faveur dont ils jouissent aujourd'hui.

MM. Bellanger, après bien des tentatives, sont les premiers qui soient parvenus à faire des tissus-cachemires absolument semblables à ceux de l'Inde. M. Delessert, par un mouvement généreux et vraiment patriotique, n'a point hésité de faire tous les sacrifices du premier cachemire français.

Depuis la dernière exposition, la fabrique de MM. Bellanger a encore acquis un degré de perfection dans la fabrication des tissus de soie, de laine, cachemire, schalls façon de cachemire, et surtout celle des gazes de soie, des chaînes et trames de soie, façon cachemire, et des tissus ou schalls de bourre de soie.

MM. Bellanger présentent pour échantillon un schall long, fond blanc, à bouquets et grande bordure à dessins richement composés; ce schall, vendu pour Constantinople, peut avec avantage soutenir la comparaison avec tout ce que l'Inde offre de plus beau dans ce genre.

II. RUBANNERIE.

18 MM. MICHAULT et DUTROU, *rue Saint-Denis, n.* 345.

Rubans moirés, de très-belle fabrication. La qualité et la beauté des couleurs des rubans de MM. Michault et Dutrou doivent les faire distinguer parmi ceux de nos autres fabriques françaises.

III. CHAPEAUX DE SOIE.

19 Mesdames MANCEAU, *fabricantes de chapeaux en tissus de soie, imitant la paille d'Italie, rue Sainte-Avoye, n.* 57.

La matière employée pour la fabrication de ces chapeaux est la soie de première qualité en trame, tressée suivant le degré de finesse des chapeaux qu'on désire obtenir. La régularité des tresses demande de très-grands soins. Elles se font au moyen de mécaniques qui mettent tous les métiers en mouvement. Ce sont des femmes qui assemblent les trames. Lorsque les chapeaux sortent de leurs mains, ils sont mis à l'apprêt, puis à la forme et de-là portés à la presse. Ce n'est qu'après bien des essais et de très-grands sacrifices que mesdames Manceau sont parvenues au degré de perfection qu'elles ont atteint. Leur fabrique emploie de cent cinquante à deux cents et deux cent cinquante ouvriers et même au delà suivant les demandes.

Les chapeaux de soie réunissent à-la-fois la légèreté et la plus grande solidité. Ils ont encore, en outre, l'avantage de pouvoir se nettoyer parfaitement, sans altérer en rien la beauté de leur tissu.

La différence du prix de ces chapeaux avec celui des pailles d'Italie est de plus de moitié sur les chapeaux de moyenne valeur, et au moins de deux tiers sur ceux de première qualité, puisque les superfins, de soixante-dix pailles de bord, ne coûtent que 200 francs, tandis que les chapeaux les plus fins d'Italie, qui ne portent que soixante à soixante-deux bords de paille, se vendent jusqu'à 3,000 francs. Les prix moyens pour chapeaux de femme varient suivant la finesse du tissu, depuis 25 jusqu'à 90 et 100 francs; quant aux chapeaux d'homme, les prix sont de 15 à 20 francs, suivant la qualité.

En admettant à l'unanimité, à l'exposition des produits de l'industrie, les chapeaux de soie, façon de *paille d'Italie*, le jury croit devoir faire connaître le refus que, malgré les offres les plus avantageuses, mesdames Manceau ont formellement fait à un étranger puissant de porter leur fabrication hors de France, et il les recommande au jury central pour les signaler à la bienveillance du Gouvernement, à raison des sacrifices qu'elles ont été obligées de faire pour parvenir à l'heureuse découverte qui a établi en France une nouvelle branche d'industrie, en nous déchargeant du tribut que nous payions annuellement à l'Italie pour ses chapeaux, et en nous mettant au contraire à même d'en fournir aujourd'hui les états voisins, dans lesquels les chapeaux Manceau sont déjà très-répandus et très-recherchés (1).

---

(1) Il est si difficile de distinguer ces chapeaux de ceux de paille, que, pour les faire entrer dans les États-Unis, par exemple, où ceux d'Italie sont prohibés, les commissionnaires et correspondans ont été obligés, dans le principe, d'en sacrifier plusieurs pour faire voir que c'était réellement de la soie, et qu'aujourd'hui on laisse libre l'extrémité de la trame ou du lacet, pour qu'on puisse reconnaître la nature et la qualité de la soie.

CHAPITRE IV.

CHANVRE ET LIN.

TOILES, BATISTES, RUBANS DE FIL.

Le Département de la Seine offre peu d'établissemens qui emploient directement le lin ou le chanvre pour la fabrication des toiles et batistes; mais il en possède plusieurs qui travaillent sur les fils de lin. Un seul s'est présenté pour concourir. C'est un établissement récemment formé, qui s'est élevé sous les plus heureux auspices, et qui a débuté par des succès qui nous permettent d'espérer les plus grands résultats du nouveau genre de fabrication qu'il a créé.

20. M. PALFRESNE, *fabricant de mouchoirs de fil, au Grand Gentilly, sous Bicêtre.*

M. Palfresne s'est particulièrement attaché à la fabrication des mouchoirs de fil de lin, batistes et tissus divers en couleurs variées et de bon teint. Le Ministre de l'Intérieur et la Société d'Encouragement, ont témoigné à M. Palfresne leur satisfaction pour la supériorité de sa fabrication des batistes et madras de lin.

CHAPITRE V.

DENTELLES, BLONDES.

La France a depuis long-tems le privilége exclusif de faire les plus belles et les plus riches dentelles. Aucune fabrique étrangère ne peut encore rivaliser avec les siennes, soit par la qualité, soit par l'exécution et la beauté des dessins qui sont fournis par les meilleurs artistes. Les dentelles et blondes présentées à l'exposition, prouvent que nos fabriques soutiennent la réputation qu'elles se sont acquise et qu'elles sont toujours dignes des distinctions qui leur ont été accordées.

I. FILS ET DENTELLES.

21 Madame la marquise d'ARGENCE, *grande rue de Vaugirard, n.* 100.

Elle a présenté des dentelles de sa fabrique et des fils de la plus grande finesse, obtenus par des procédés mécaniques au moyen desquels elle obtient à volonté, 1°. le fil à dentelle *surperfin*; 2°. le fil à dentelle ordinaire; 3°. le fil à batiste.

Elle expose, en outre, 1°. des tuls blancs; 2°. des dentelles écrues; et 3°. des batistes écrues.

Madame d'Argence a annoncé qu'elle blanchit ses fils et dentelles par un procédé particulier qui n'exige aucun agent chimique.

II. BLONDES.

22 **Mlle. GARD LETERTRE**, *fabricante de dentelles, rue Traversière Saint-Honoré, n.* 18.

Ajustement complet de blonde de soie et diverses dentelles de la plus grande beauté.

La fabrique de Mlle. Gard Letertre emploie plus de trois cents ouvriers.

Elle exécute les plus riches commandes pour la France et pour l'Etranger. Elle s'est déjà distinguée aux dernières expositions.

23 **M. Emile COCHET DEHENNE**, *rue Saint-Denis, n.* 97.

Grande fabrique de blondes, dentelles et points de Valenciennes, faits en pleine étoffe de satin.

La fabrication de M. Cochet Dehenne est d'autant plus remarquable qu'il est parvenu à faire des étoffes rayées par bandes de satin et de gaze, avec des points de Valenciennes de la plus grande beauté, pour remplacer les assemblages de rubans de satin et de gaze.

CHAPITRE VI.

COTON.

FILATURE, TORDAGE,

BASINS, PIQUÉS, MOUSSELINES, VELOURS DE COTON.

Nos Manufactures de Coton, depuis l'exposition de 1806, où elles s'étaient fait distinguer, se sont prodigieusement multipliées. Il est douteux qu'on fabrique mieux aujourd'hui dans aucun pays. Un célèbre manufacturier anglais a même affirmé, avec une franchise bien cordiale, qu'il lui était impossible de distinguer aucune différence entre les plus beaux produits des fabriques françaises et anglaises (1).

Au nombre des différentes manufactures qui élaborent le coton, se trouvent entre autres, trois fabriques qui méritent particulièrement l'attention; savoir:

1°. Le tricoteur de Mrs. Demenon et de Lambert, n°. 28;

2°. Le retordage de Mrs. Gombert, père et fils, et Michelet, n°. 27;

3°. La blanchisserie des fils, coton et toiles de Mr. Gombert aîné, n°. 376;

(1) On peut voir à cet égard la lettre de M. Ferdinand Ladrierre, un de nos manufacturiers les plus recommandables, dans le moniteur du 9 septembre, n°. 252, ensuite de sa présentation au Roi, le 28 août dernier.

I. FILATURE DE COTON.

24 M. DOYEN, *propriétaire d'une filature, rue Sainte-Avoye, n°. 47.*

Coton à broder, marquer, coudre et tricoter, tant en blanc qu'en toutes couleurs de bon et petit teint.

La fabrique de M. Doyen a pris, depuis quelque tems, beaucoup d'extension. Il fait de très-beaux rubans de coton ou rubans de percale, dits de Hollande, et des lacets de coton. Il monte en ce moment des ateliers pour la fabrication des couvertures, tant en laine qu'en coton.

25 M. Charles LEPELLETIER, *filateur de coton, rue de Reuilly, faubourg Saint-Antoine.*

1°. Cotons filés de la plus grande beauté, depuis le n. 50 jusqu'au n. 120.

2°. Laines filées, depuis le n. 40 jusqu'au n. 60.

La belle filature de M. Lepelletier existe depuis quatorze ans environ. Elle emploie communément de 100 à 150 ouvriers.

26 M. MARQUET, *filateur, rue de la Roquette,*

La filature de M. Marquet est une des meilleures de la capitale. Elle fait tous les numéros que peuvent faire les Anglais, et les fournit en première qualité et d'un degré constamment soutenu.

II. TORDAGE.

27 **MM. GOMBERT père, fils et MICHELET**, *propriétaires et fabricans de coton à coudre, à broder, à marquer, etc., rue et barrière de Sèvres, n. 11,*

Présentent divers produits de leur fabrique, consistant:

1°. En coton écru retors, lisse et sans duvet;

2°. En coton blanchi, *id.*

3°. En coton à coudre de toutes grosseurs, sans duvet, en pelottes et en échevaux;

4°. En coton blanc et de toutes couleurs, à broder et à marquer, en pelottes et en échevaux;

5°. En rubans de percales de toutes largeurs;

6°. En corrlisse de coton, *id.*;

Et 7°. En gances en coton de toutes grosseurs.

L'établissement de MM. Gombert père, fils et Michelet, déjà mentionné honorablement aux expositions de 1802 et 1806, est originaire de Flandre et date de 1780; mais en 1794, M. Gombert père vint se fixer à Paris, c'est de cette époque que datent les perfectionnemens de tous genres que M. Welter a introduits dans ses ateliers, par l'application des grandes machines à filer le coton, dues à l'industrie française, perfectionnées par les Anglais et rapportées depuis en France où elles ont été de nouveau perfectionnées.

Les cotons de MM. Gombert et compagnie méritent de fixer l'attention; ils peuvent rivaliser avec tout ce que l'étranger nous offre de plus parfait; mais les machines de M Welter, pour retordre et doubler le coton, pour lesquelles MM. Gombert viennent d'obtenir un brevet d'invention, leur permettent de mettre dans le commerce des cotons à coudre de la plus grande solidité, d'une torsion toujours identique ou semblable à elle-même, quel qu'en soit le numéro, offrant en outre un fil ras homogène, sans vrilles et coulant parfaitement dans le casque de l'aiguille. Les cotons fils, ployés et numérotés comme les fils de lin à coudre, leur sont généralement préférés pour une infinité d'ouvrages, tant à cause des avantages qui leur sont propres, qu'à raison de l'éclatante blancheur qu'ils obtiennent dans la blanchisserie de l'Ermitage St.-Denis, de MM. Gombert aîné et Michelet.

Aux qualités inhérentes à leurs fils de coton, MM. Gombert joignent l'élégance des formes et la propreté dans le ployage; ils offrent aux consommateurs toutes les couleurs et toutes les teintes. Leur fabrication s'élève à plus de quinze mille kilogrammes de fils de coton retors et sans duvet, à coudre, à passer, tricoter, broder, etc.; enfin ils présentent au commerce des produits parfaits et à des prix inférieurs à ceux que, naguères, on exigeait pour les plus belles marchandises.

Pour le blanchiment du coton, rubans et fils de coton, voyez n°. 376.

III. TRICOTEUR FRANÇAIS.

28 **MM. DEMENON et DELAMBERT**, *propriétaires du Tricoteur Français, rue du faubourg Poissonnière, n. 32.*

Tapis, couvertures, draps fins et tricots de coton.

La fabrique de MM. Demenon et Delambert, à laquelle ils viennent de réunir celle qu'ils avaient précédemment établie à Mouy (Oise), emploie plus de cent ouvriers, mécaniciens, cotonistes, imprimeurs, dessinateurs, graveurs, éplucheurs, fileurs, tricoteurs, apprêteurs, foulonniers, etc.

IV. TISSUS, ÉTOFFES PIQUÉES.

29 MM. CHAMBERT BOURDILLON, *fabricans de coton et cotons à coudre, rue du Faubourg-du-Temple, n. 93.*

La fabrique de MM. Chambert Bourdillon peut rivaliser pour ses produits avec les premières filatures et fabriques de tissus d'Angleterre. (*Moniteur du* 9 *septembre, n°.* 252.)

30 M. ANQUETIL, *fabricant de tissus et étoffes de piqué, Place Royale, n.* 12.

M. Anquetil a déjà été distingué aux précédentes expositions et mentionné honorablement.

Sa manièré de fabriquer le piqué a éprouvé plusieurs améliorations importantes depuis dix à douze ans; elle s'est surtout perfectionnée pour la régularité en amalgamant parfaitement les deux chaînes et les deux trames avec lesquelles le piqué est fait.

CHAPITRE VII.

BONNETERIE.

La Bonneterie a fait de très-grands progrès depuis quelques années; mais c'est particulièrement dans la bonneterie de luxe qu'on peut remarquer cette amélioration. Nous avons vu avec une bien vive satisfaction que tout ce qui a été rapporté récemment de plus beau et de plus parfait de l'étranger, en fait de bonneterie, n'avait aucune supériorité sur celle de Paris.

I. TRICOTEUR MÉCANIQUE.

51 M. FAVREAU, *fabricant de tricot et mécanicien, rue Simon-le-Franc, n. 13.*

M. Favreau est inventeur: 1°. d'un métier faisant deux bas ensemble, qui est mu par une simple manivelle; ce métier, qui fut admis à l'exposition de 1806, est déposé au conservatoire des arts et métiers; 2°, d'un autre métier propre à faire du tricot double et en double largeur de ce qui a été fait jusqu'à ce jour par les Anglais. Il est établi, en grande largeur, chez M. Ternaux, manufacturier, rue des Fossés-Montmartre; 3°. d'un autre métier propre à faire du tricot sans envers, ou dit *gros tricot*, qui n'a pu se faire jusqu'à ce jour qu'à l'aiguille. Ce métier est d'une largeur convenable pour fabriquer soit des gilets, patrons et des petites robes d'une seule pièce, soit des grandes robes et des jupons en deux pièces.

Le Tricoteur va ouvrir à la France une nouvelle branche de commerce. On peut y fabriquer tous les degrés de fin demandés, et en raison de la célérité du travail, on les fabrique à des prix très-modérés.

Les métiers mécaniques de M. Favreau doivent être recommandés à l'attention du jury central.

II. BONNETERIE MÉLANGÉE ET ASSORTIE, DE SOIE, COTONS, FILS.

32 M. REINE, *manufacturier de bonneterie, rue des Jeûneurs, n.* 16.

La fabrication de M. Reine embrasse tous les articles de bonneterie en flanelle ordinaire, flanelle en fin, flanelle surfine, extra-fine en mérinos fin, superfin, superfin noir; peluché beige, peluché bleu, peluché blanc, coton peluché, en laine, coton trois fils, longue soie, vigogne pur, angora pur, blanc et gris, en poil et soie, en ségovie pure, en laine de Berry, en poil de chien contre la goutte.

Cette fabrique n'emploie en ce moment que deux cent cinquante ouvriers; elle en a occupé plus de huit cents.

M. Reine a appliqué avec le plus grand succès à l'étirage des laines la machine à peignes, et si cette application lui a permis de coter ses prix à 10 p. 100 au dessous des autres fabriques par le fait de la qualité supérieure de ses marchandises, on peut les estimer à 15 p. 100 au dessous des articles semblables des autres fabriques.

33 M. PANNIER-DARCHE, *bonnetier, rue du Bac, n.* 13.

Les bas de M. Pannier-Darche jusqu'ici n'avaient pu être fabriqués qu'en y joignant un brin de soie, ce qui leur donnait l'inconvénient de jaunir au blanchissage; ceux qu'il expose sont fabriqués entièrement en fil, sans mélange d'aucune autre matière.

Il y a joint une paire de bas, moitié fil, moitié soie, qui, étant également de la plus grande beauté, peut être établie pour un prix bien moins élevé.

Les bas de soie présentés ont le mérite du plus haut degré

de finesse auquel on puisse atteindre; ils ne sont pas moins précieux par la qualité de la soie employée, que par la perfection avec laquelle ils sont fabriqués.

M. Panier-Darche emploie habituellement cinquante ouvriers environ dans ses ateliers.

34 M. DEBOST *jeune, fabricant de bonneterie, rue de Richelieu, n. 15.*

La fabrication de M. Debost est très-belle et ses produits très-recherchés.

35 M. DENIS, *fabricant de bonneterie, place des Victoires, n. 4.*

Bas fabriqués avec des cotons en trois et quatre fils de la filature de M. Anquetil.

La fabrique de M. Denis est une des meilleures de Paris.

CHAPITRE VIII.

CHAPELLERIE.

La chapellerie est un de ces arts dont les réfugiés Français, lors de la révocation de l'édit de Nantes, firent connaître tous les procédés à l'étranger, mais que nous avons depuis perfectionné de manière à n'avoir rien à craindre de la concurrence, au point même que l'Angleterre, qui nous a long-tems fourni les chapeaux fins, est aujourd'hui forcée de convenir de la supériorité de nos chapeliers que la société d'encouragement a déjà récompensés par plusieurs médailles d'or. Nous ne parlerons point ici des chapeaux de tissus de soie, en ayant déjà parlé au chapitre des soieries.

I. CHAPEAUX DE POILS.

36 M. GUICHARDIERE, *fabricant de chapeaux, rue Saint-Jacques, n.* 178.

M. Guichardière est un de nos meilleurs chapeliers; l'art lui doit beaucoup. Il s'est long-tems livré à des recherches pénibles et dispendieuses; il a beaucoup pratiqué par lui-même; les produits de sa fabrique sont très-estimés et très-recherchés.

37 M. DELONGCHANT, *rue de Castiglione, n.* 6.

Les chapeaux élastiques en feutre de M. Delongchant sont une nouvelle invention qui mérite d'être encouragée.

II. CHAPEAUX DE SOIE ET COTON.

38 M. Isidore-Charles-Michel LOUSTEAU, *fabricant de chapeaux et de schakos, rue Geoffroy-Langevin, n.* 4.

L'établissement du sieur Lousteau entretient constamment de quatre-vingts à cent ouvriers pour la seule fabrication des chapeaux. On compte par jour un chapeau par ouvrier. Le Gouvernement vient d'adopter pour la troupe les schakos de feutre de M. Lousteau.

Les matières premières sont le coton, le déchet de la bourre de soie et de la filasse de chanvre.

Les chapeaux et schakos de soie ou coton ne le cèdent en rien à ceux de feutre, tant pour la bonté et la beauté que pour la durée. Ils réunissent aux avantages d'être imperméables et d'acquérir plus d'éclat au porté, celui de ne jamais se graisser, qualité que n'a pas le chapeau de feutre.

Le chapeau noir *en soie*, que l'on présente au concours, se vend en gros, tout garni, 8 fr. 50 centimes.

Le chapeau gris *en coton*, idem, 6 fr. 50 cent. Les noirs sont du même prix.

Le schakos *en coton* ne coûte pas plus cher au Gouvernement que le feutre le plus commun que l'on donne d'ordinaire aux soldats; enfin, avec une augmentation de 25 cent. on pourrait fournir, suivant M. Lousteau, des schakos en soie à la troupe.

III. CHAPEAUX DE BOIS.

39 MM. FLORENTIN, COYÈRE et Compagnie, *rue du Caire, n. 9.*

Ils présentent des chapeaux, dits de paille de riz, apprêtés dans leur établissement à Paris, et sortant bruts de la fabrique de M. Florentin Coyère frères, établie à Caën, qui, dans son départemeet, présente les chapeaux bruts, dans leurs différens degrés de fabrication, l'apprêtage excepté.

Les chapeaux de copeaux ou rubans de saule et bois blanc de MM. Florentin, Coyère et compagnie sont d'une très-belle qualité. Leur fabrication paraît devoir prendre beaucoup d'extension.

CHAPITRE IX.

TISSUS ET OUVRAGES DIVERS,
IMITANT LA PEINTURE.

§. Ier.

TABLEAUX DE VELOURS, TAPISSERIES,
TAPIS POUR MEUBLES.

Les velours chinés, les velours peints et les tapis ou tapisseries peints, qui ont fait aux dernières expositions l'admiration générale, en seront encore dignes cette année, et si la France a perdu la belle manufacture de tapisseries de Piat-Lefebvre de Tournay, qui avait obtenu une médaille d'or en 1806, celles qui lui restent peuvent amplement l'en dédommager par la qualité de la fabrication, la beauté et le bon choix des couleurs. Quant à nos velours peints et chinés, nos fabriques soutiennent leur réputation, et le Jury a remarqué avec plaisir, dans leurs procédés, de grandes améliorations qui doivent un jour les rendre une des plus importantes branches de notre industrie manufacturière.

I. VELOURS CHINÉS.

40 Gaspard GRÉGOIRE, *artiste, rue de Charonne, n. 47.*

L'Établissement du sieur Grégoire est le seul qui existe en ce genre; les soins particuliers qu'il faut avoir pour le chinage, et la multiplicité des opérations, exigent une étude suivie. Le sieur Grégoire, suivant les commandes, fait des encadremens de broderie autour des sujets d'ameublement. Les trois quarts des petits sujets se vendent à l'étranger, et ceux pour l'ameublement se vendent à peu-près aux deux tiers en France, et un tiers au dehors.

Les matières employées sont la soie de Piémont pour la trame, ce qui fait environ deux tiers de soie étrangère et un tiers de soie de France.

M. Grégoire, depuis l'exposition de 1806, dans laquelle il a obtenu une médaille d'argent de première classe, a encore perfectionné les produits de sa fabrique.

II. VELOURS PEINTS.

41 M. Antoine VAUCHELET, *manufacturier de velours peints, rue du Temple, n. 34.*

1°. Une pièce de tenture en velours de coton, avec sujet d'histoire, de 6 pieds de haut sur 5 de large;

2°. Une *idem* de velours de soie rouge, de 8 pieds sur 2;

3°. Un tapis de velours de soie, 2 aunes carrées.

4°. Deux écrans de cheminée;

5°. Un fauteuil monté;

6°. Un canapé en étoffe, sans être monté;

7°. Une chasuble;

8°. Divers petits objets de mode.

Bréveté en 1810, pour les velours de soie et de coton, les draps, satins, taffetas, perkales, nankins, etc. M. Vauchelet a exécuté, pour le Luxembourg et Trianon, des tentures et des meubles de la plus grande beauté. Sa manufacture, qui a compté plus de deux cents ouvriers, dans les momens de grande activité, soutient avec distinction la réputation qu'elle s'est acquise.

III. ÉTOFFES - TAPISSERIES
POUR MEUBLES.

42 M. SANDRIN, *fabricant d'étoffes, rue Saint-Sabin, n. 74, boulevart Saint-Antoine, rue du Chemin Vert.*

M. Sandrin, bréveté en 1817, a établi un nouveau genre de tapisseries d'autant plus intéressant, que toutes les étoffes, quelque chargées et variées qu'elles puissent être en couleur, sont fabriquées, sans mise en carte et sans lecture de dessin. Les métiers de M. Sandrin sont remarquables par la précision avec laquelle ils opèrent; ils offrent plus de célérité et d'économie, que tous les procédés usités jusqu'à ce jour. Le jury recommande à la bienveillante sollicitude du gouvernement, M. Sandrin, qui mérite des encouragemens pour les efforts auxquels il s'est livré et les dépenses dans lesquelles ils l'ont entraîné.

IV. TAPIS VELOUTÉS.

43. **M. SALLANDROUZE**, *manufacturier de tapis veloutés et autres, rue des Vieilles-Audriettes, n. 3.*

1°. Deux très-grands tapis veloutés superfins, commandés pour le palais de S. M., dont l'un, exécuté dans la manufacture de Paris, est orné, au milieu, des armes de France, et aux quatre angles, des armes de nos principales villes, Paris, Lyon, Bordeaux et Marseille;

2°. Plusieurs tapis de la manufacture royale d'Aubusson;

3°. Différens meubles dans le genre des tapisseries des Gobelins.

44 **MM. BELLANGER et VAYSON**, *conservateurs des tapis de la couronne, rue d'Anjou Saint-Honoré, n. 9.*

Tapis, genre de Savonnerie et autres.

La fabrique de MM. Bellanger et Vaison n'était, dans le principe, qu'un atelier dans lequel on fabriquait de la tapisserie pour restaurer les tentures de la manufacture royale des Gobelins et les tapisseries de la Savonnerie. L'usage des tapis s'étant généralement répandu, cette fabrique s'est livrée plus particulièrement à leur confection. Elle occupe habituellement, à Paris, trente ouvriers ou ouvrières, et environ cent cinquante à Aubusson, où les ateliers, pour la fabrication des tapis, sont plus nombreux. Les matières premières sont toutes françaises; ce sont des laines de Brie et de Picardie, et des fils et chanvres de Bretagne.

Les lieux de débouché sont Paris, Lyon, Rouen, Bordeaux, Toulouse et Marseille; et pour l'étranger, l'Allemagne, l'Italie et la Russie, pour les tapis de luxe.

La fabrication de MM. Bellanger et Vayson consistent principalement en :

1°. Tapis dits genre Savonnerie, qui approchent de la beauté de ceux de la célèbre manufacture royale et dont les prix varient de cent cinquante à deux cents francs le mètre carré.

2°. Tapis d'Aubusson fins fabriqués d'aprés les mêmes procédés, du prix de quatre-vingts à cent francs le mètre carré.

3°. Tapis d'Aubusson ordinaire, du prix de cinquante-cinq à soixante-cinq francs le mètre carré.

4°. Tapis d'Aubusson, qualité commune, de quarante à quarante-cinq francs ;

5°. Tapis d'Aubusson ras, de dix-sept à vingt-quatre francs le mètre carré;

6°. Tapis dits de jaspé, de diverses couleurs, de dix à quinze francs le mètre carré;

7°. Tapis veloutés faits au tir, avec dessin ou sans dessin.

Les ojets exposés sont :

1°. Un tapis, genre Savonnerie, dessin à milieu, rosaces, ornemens coloriés, avec feuilles de vigne, grappes de raisin sur fond vert uni, entouré d'un encadrement octogone à feuilles de laurier sur fond vert d'eau, de cent cinquante francs le mètre.

2°. Un tapis velouté d'Aubusson, qualité ordinaire, de quarante-cinq francs le mètre carré.

3°. Un tapis Aubusson ras, qualité ordinaire, dix-huit francs le mètre;

4°. Des tapis jaspés pour escalier, billard et appartemens;

Et 6°. des tapis à peluches pour foyer et pourtour de billard.

§. II.

TABLEAUX ET OBJETS DIVERS

EN TISSUS, BRODERIES, PASSÉS, etc.

I. FLEURS ARTIFICIELLES.

45 M. BATON, *fabricant de fleurs, rue de Richelieu, vis-à-vis la rue de Ménars.*

La manufacture de M. Baton est la plus belle, la plus intéressante et la plus remarquable de toutes celles qui fabriquent les fleurs artificielles, soit sous le rapport de l'étendue et de la variété des travaux, soit sous celui des procédés nouveaux et particuliers de l'invention de M. Baton, soit enfin sous celui de la perfection et de la supériorité qui caractérisent ses charmantes et admirables compositions, aussi fraîches et aussi vraies que celles de la nature. Chaque partie des plantes ou des fleurs s'y fabriquent séparément, suivant leur genre et leur espèce : toutes ces parties détachées passent ensuite successivement dans les divers ateliers d'assemblage où, suivant l'ordre des saisons et de la floraison, les tiges se couvrent d'abord de feuilles, ensuite de fleurs et quelquefois même de fruits. Cette superbe manufacture, unique en son genre, offre l'image d'un parterre perpétuel, ou mieux encore elle est un vaste laboratoire dont il semblerait qu'un botaniste érudit aurait dirigé les ateliers, pour que l'art pût méthodiquement et plus fidèlement imiter la nature dans ses plus riches et plus belles parures.

46 Mlle. THIBIERGE, *rue Chanoinesse, n. 9.*

Fleurs artificielles exécutées en chenille de soie de diverses couleurs. Mlle. Thibierge semble s'être attachée à vaincre les plus grandes difficultés, et son travail présente d'autant plus d'intérêt qu'il n'est pas un botaniste qui ne puisse dénommer toutes les fleurs de ses tableaux.

II. BRODERIES.

47 Mme. POUPART, *rue Neuve St.-Etienne, n.* 8.

Divers tableaux en broderie.

48 M. Jean LACLOTE, *dessinateur brodeur, rue du Four St.-Honoré, n.* 28.

Tableaux de papillons brodés en soie. Le jury les a admis à l'exposition comme propres à servir de modèles dans les manufactures, à raison de la vérité et de la variété des couleurs et de leurs nuances, ne doutant cependant pas que nos entomologistes ne reprochent à M. Laclote de ne pas s'être attaché à rendre et saisir les caractères distinctifs des beaux lépidoptères qu'il a d'ailleurs très-bien représentés.

III. GARNITURES DE ROBES.

49 M. SANSAY, *rue du Cherche-Midi, n.* 24.

Les garnitures de robes que M. Sansay exécute en plumes d'oiseaux indigènes sont très-belles et d'un effet très-varié; les contrastes y sont parfaitement présentés, et de manière à faire voir tout le parti qu'il est possible de tirer des plumes de nos oiseaux.

CHAPITRE X.

PAPETERIE.

Sous le nom générique de papeterie, nous avons compris,

I. Les Papiers de tenture;

II. La Papeterie proprement dite.

III. Les Papiers composés, préparés ou apprêtés;

IV. Les Papiers de fantaisie et cartonnage;

V. Les Cartes à jouer;

VI. Les Broderies et tissus en papier.

I. PAPIERS DE TENTURE.

La fabrication de Papiers de tenture, bornée dans l'origine, a pris depuis quelques années le plus grand accroissement; elle est dans ce moment portée au plus haut degré de perfection qu'elle puisse atteindre, et la France a, sous ce rapport, acquis une supériorité signalée qui rend les états voisins, et même l'Amérique, tributaires de ses riches fabriques, dont les produits se distinguent, autant par le bon goût, la sage composition et la perfection des dessins, que par la richesse des ornemens et la belle qualité des couleurs.

Malgré cette grande supériorité de nos manufactures

de papiers peints sur toutes celles de l'étranger, qui nous impose d'énormes droits pour les admettre, le Jury croit devoir appeler l'attention et la bienveillance du Gouvernement sur nos fabricans, qui ont d'autant plus besoin d'être encouragés, que tout récemment, nous avons vu des étrangers venir embaucher et engager nos meilleurs ouvriers pour aller élever de semblables fabriques hors de France: aussi le Jury, en sollicitant l'intervention du Gouvernement en faveur de nos fabricans de papiers peints, demandera-t-il avec eux : 1°. l'interdiction de l'embauchage des ouvriers de nos manufactures;

2°. La diminution des droits d'entrée dans les Pays-Bas, en Italie, en Angleterre, etc.;

3°. La facilité et le libre commerce des papiers peints avec la Prusse, la Russie, l'Autriche;

4°. La diminution des droits d'entrée en France sur l'or faux en feuille de Nuremberg, ou mieux, un prix d'encouragement pour celui qui le fabriquera le mieux;

Et 5°. D'assurer à tous manufacturiers la pleine et entière propriété de leur fabrication en leur garantissant la jouissance exclusive de ce qu'ils ont produit d'original, afin d'éviter les inconvéniens des contrefaçons qui ont journellement lieu, sous le spécieux prétexte de prétendus perfectionnemens.

---

50 M. DUFOUR, *fabricant de papiers peints, rue de Beauveau, n.* 10.

1°. Grands panneaux, façon de camailleux et grisaille en

taille douce, faisant partie de l'admirable collection de l'histoire de Psyché, dessinée par M. Mader, peintre dessinateur du premier mérite; 2°. un grand panneau de l'histoire des Incas et de la fête du soleil; 3°. un panneau pour les fêtes de la Grèce et les jeux Olympiques; 4°. un grand plafond colorié; 5°. divers papiers de décors, avec effet de taffetas drapé et riches ornemens de differens genres.

La fabrique de M. Dufour fut primitivement établie à Mâcon, d'où elle a été transférée à Paris, il y a près de trente ans. C'est à cet habile manufacturier qu'on doit les premiers paysages camayeux et coloriés, qui ont exigé de très-grands sacrifices.

L'histoire de Psyché est la composition la plus considérable qui ait encore été faite. On n'avait pas jusqu'à ce jour entrepris de rendre en neuf teintes seulement, employées sans *fondu* et avec la gravure en bois, des sujets d'une aussi grande dimension et d'un fini aussi difficile à obtenir par une fabrication dont les moyens sont bornés et dans laquelle, après le dessin original, tout est exécuté mécaniquement par des ouvriers qui n'ont aucune idée de dessin, ni de peinture.

C'est à M. Dufour que nous devons le genre des grands sujets historiques exécutés en papiers peints. Sa charmante histoire de Psyché, composée depuis quatre ans, est encore la seule de ce genre qui se trouve dans le commerce. Exécutée en vingt-six lés, grand papier formant douze tableaux, elle est un chef-d'œuvre qui fait autant d'honneur à M. Dufour qu'à M. Mader, son dessinateur.

Son plafond colorié est une nouvelle branche de fabrication qui était encore inconnue et qui remplacera avec avantage les anciennes découpures rapportées pour lesquelles il fallait des ouvriers très-habiles et des frais de collage très-considérables.

Ses paysages historiques font partie de grandes et belles compositions qui prouvent une haute supériorité dans tous les procédés.

Enfin ses draperies et notamment ses tentures d'étoffes sont d'un effet si vrai, si naturel et si admirable qu'elles ne le cèdent pas même aux plus belles tentures de soie.

La fabrique de M. Dufour emploie plus de deux cents ouvriers, sans y comprendre les artistes, commis, voyageurs, employés de comptoir, de magasin, d'expédition, etc.

51 M. JACQUEMART, *fabricant de papiers peints, rue de Montreuil, n. 39.*

Grand assortiment de papiers peints et veloutés composé :

1°. D'un panneau velouté aux armes de France ;

2°. D'un panneau velouté avec grand décors d'ornemens ;

3°. D'un panneau avec arabesques ;

4°. De plusieurs dessus de portes, vases, bordures de fleurs et figures ;

Et 5°. des paysages.

Cette belle fabrique fut établie par M. Réveillon il y a près de soixante ans.

M. Jacquemart, son successeur, a beaucoup augmenté cet établissement en introduisant dans l'étranger ce genre de commerce et en portant la plus grande perfection dans les papiers les plus communs comme dans les papiers les plus riches, veloutés et rehaussés d'or et d'argent.

Il a obtenu une médaille de bronze en 1802 et la grande médaille d'argent en 1806.

Plus de deux cents ouvriers sont constamment employés dans ses ateliers.

Depuis la paix générale la vente annuelle monte environ à 500,000 fr., dont plus de 250,000 fr. sont exportés.

Cette industrie est portée aujourd'hui à un tel degré de perfection qu'on est parvenu à offrir à la consommation, des papiers du plus bas prix et des tentures de la plus grande richesse.

Depuis vingt ans la manufacture de M. Jacquemart fournit les établissemens publics et les palais du gouvernement.

52 M. SIMON, *fabricant de papiers peints, au Pavillon d'Hanovre, boulevard des Italiens.*

Grand décors de papiers peints. M. Simon, distingué et mentionné honorablement aux dernières expositions, a encore perfectionné depuis, la fabrication de ses riches papiers rehaussés d'or et des couleurs les plus belles et les plus solides.

Sa manufacture, établie il y a trente ans environ; occupe plus de cent cinquante ouvriers annuellement. M. Simon s'est particulièrement attaché aux riches tentures, et il est en effet difficile de rien voir de plus beau et de mieux exécuté que les compositions et sujets d'architecture de M. Simon.

53 M. VELAY, *manufacturier de papiers peints et veloutés, rue Lenoir, n.* 10.

Grand tableau de papier peint de 16 à 17 mètres de long sur 3 mètres de haut, représentant *la bataille d'Héliopolis, où dix mille Français commandés par le brave Kléber* ont vaincu et anéanti une armée de plus de soixante mille Turcs.

Cette admirable composition, divisée en trente lés, se recommande d'abord par l'intérêt du sujet, puisque c'est un monument élevé à la gloire nationale, ensuite par les difficultés que présentait l'exécution d'une aussi grande multitude de figures, chevaux, canons, etc.; elle a exigé cinq mille planches et suffirait à elle seule pour faire la réputation de la belle manufacture de M. Velay, si déjà elle n'était établie depuis long-tems par ses superbes tentures de paysages et sujets historiques comme par ses papiers veloutés, rehaussés d'or et d'argent. Cette fabrique emploie annuellement, depuis plus de quarante ans qu'elle existe, de trois cent cinquante à quatre cents ouvriers.

54 M. Louis-Julien GOHIN, *rue Neuve Saint-Jean, n. 3, faubourg Saint-Martin.*

Belles tentures de papiers drapés en laine, rehaussées d'or. M. Gohin s'est particulièrement attaché aux grands effets de tentures drapées, vertes, bleues, amaranthes et de toutes couleurs. Il excelle en ce genre, qu'il a porté à sa perfection, comme dans les décors, frises, corniches et architraves avec camées et grisailles. Ses fonds unis en draps fins sont très-beaux et très-recherchés par leur éclat. Son grand écusson aux armes de France et de Navarre, en laines de quatre couleurs, imitant la plus riche tapisserie, est d'une très-belle exécution et présente un admirable ensemble.

55 MM. CAFFIN DAGUET père et fils, *fabricans de papiers peints, boulevart du Temple.*

Divers panneaux de papiers peints, veloutés et dorés, savoir: 1°. une draperie à fleurs de lis d'or; 2°. un fond jaune velouté; et 3°. un papier satiné avec riches bordures et ornemens.

La fabrique de MM. Caffin Daguet est située rue Saint-Maure, n. 22, et leur magasin, boulevart du Temple, n. 37. Elle emploie en tout tems quarante ouvriers, ses produits sont consommés en France et particulièrement à Paris.

MM. Caffin Daguet ont obtenu un brevet d'invention pour les papiers satinés qui ne sont encore imités nulle part, ni par le procédé, ni par le degré de beauté.

II. PAPETERIE PROPREMENT DITE.

En 1806, le Jury central après avoir reconnu les perfectionnemens que nos papetiers avaient introduits dans leur fabrication, leur décerna des médailles d'or et d'argent. Depuis cette époque et surtout depuis la paix, plusieurs de nos fabricans ont été visiter les plus belles papeteries d'Angleterre et de Hollande, et après en avoir suivi, étudié et comparé les procédés, ils ont ajouté à leurs divers perfectionnemens ceux qu'ils avaient pu recueillir, de manière à assurer aux papiers français la supériorité sur ceux des fabriques des pays voisins.

---

56 **M. DIDOT St.-LÉGER**, *ci-devant manufacturier de papier à Essone, actuellement à Paris, rue Ste.-Anne, n. 31.*

Papiers de toutes grandeurs et de toutes qualités, fabriqués mécaniquement.

Tout le monde sait que les machines à faire les papiers de toutes grandeurs furent imaginées en 1798, par M. Robert d'Essone, que le gouvernement encouragea dans ses travaux.

M. Didot St.-Léger, en 1812, porta à Londres des machines à fabriquer le papier vélin, et en 1818, il les a rapportées en France après y avoir fait divers perfectionnemens pour fabriquer le papier de toutes dimensions.

57 **M. Félix DELAGARDE**, *propriétaire de la manufacture de papier du Marais, près Coulommiers, demeurant à Paris, rue de Savoie, n. 3.*

Papiers de toutes espèces et qualités, tels que grand aigle fin, grand raisin fin double, papier coquille de la plus grande finesse, et en divers papiers, billets de fantaisie.

La manufacture du Marais, établie en 1790 par feu M. Delagarde l'aîné, occupe deux cent cinquante ouvriers. Elle fournit depuis long-tems au gouvernement : 1°. les deux tiers du papier timbré employé dans toute la France;

2°. la consommation annuelle des billets de la banque de France et des papiers destinés à ses bureaux.

Par suite d'un voyage en Angleterre, M. Félix Delagarde a perfectionné ses procédés et fait des améliorations importantes dans sa fabrique, qui est une des plus estimées.

III. PAPIERS COMPOSÉS OU PRÉPARÉS AVEC APPRÊT.

58 Mme. Veuve COULON DE THÉVENOT, *rue de la Harpe, n.* 78.

Papier composé et apprêté suivant un procédé particulier de l'invention de feu Coulon de Thévenot. Ce papier est très-commode et très-avantageux pour les voyageurs et les naturalistes, puisqu'avec une plume ordinaire, une épingle, ou même une alumette trempée dans l'eau et même à défaut d'eau, mouillée de salive, on écrit ou on trace sur ce papier des caractères ineffaçables et aussi noirs qu'avec de l'encre.

59 Mme. COSSERON, *rue des Francs-Bourgeois St.-Michel, n.* 8.

Papier lucidonique pour calquer à la pointe.

Aussi transparent que le verre, ce papier est destiné aux dessinateurs et aux graveurs pour calquer à la pointe ou au crayon tendre; on peut du même trait faire deux calques à la fois en mettant plusieurs feuilles l'une sur l'autre; et en cas d'erreur, si on veut effacer le trait, il suffit de présenter la feuille devant le feu.

Outre cet usage, le papier lucidonique présente encore la précieuse propriété : 1°. de garantir les fourrures et les lainages des vers et des mittes; 2°. de préserver du roussis les dentelles, mousselines, linges, plumes, etc., et 3°. de préserver des effets de l'humidité tous les objets qu'elle peut altérer, en les enveloppant dans des sacs de ce papier.

IV. PAPIERS DE FANTAISIE,

ET CARTONNAGE.

La fabrication des papiers de fantaisie, papiers et cartons gauffrés, est encore un de ces arts nouveaux qui ont fait les plus rapides progrès et dont les produits ont eu un grand succès. Aux dernières expositions on avait déjà remarqué en ce genre, différens objets qui faisaient espérer que cette fabrication prendrait, en peu de tems, une très-grande extension. Elle a en effet obtenu une telle vogue qu'on peut réellement la considérer comme un art nouveau.

Les cartonnages forment également une branche d'industrie nouvelle, distincte de celle du papetier et du cartonnier; ce n'est que depuis peu d'années qu'on a commencé à fabriquer en carton les coffrets, les boîtes et les nécessaires. Ces ouvrages, qui se font de toute forme, sont susceptibles des ornemens de sculpture et de dorure les plus recherchés.

---

60 M. ANGRAND, *fabricant de papiers de fantaisie, rue Meslé, n. 61.*

Papiers variés pour la confection du cartonnage et de la reliure, pour les décors de table, et fleurs artificielles pour les gainiers, les évantaillistes, etc.

Cette fabrique, qui occupe trente ouvriers se distinguait déjà à l'exposition de 1802, où elle obtint une mention honorable. Elle a depuis perfectionné ses procédés, et ses produits ont le plus grand succès en France et dans l'étranger, surtout en Russie, en Allemagne, en Espagne et en Italie.

61 M. ROUSSEAU, *marchand papetier, rue Saint-Honoré, n.* 372.

1°. Papiers marbrés d'après un nouveau procédé de son invention;

2°. Objets recouverts des mêmes papiers.

62 M. SUSSE AUBÉ, *graveur, rue Ste.-Anne, n.* 59.

Papiers et cartes gauffrés de sa composition.

63 M. LEZ, *fabricant de cartonnage, rue Sainte-Avoye, n.* 71.

Boîtes et nécessaires en carton de sa manufacture.

64 M. PORET, *fabricant de cartonnage, rue de Montmorency, n.* 16,

Fait annuellement pour cent cinquante à cent soixante mille francs de coffrets en cartonnage, qui se vendent tant en France que dans l'étranger. Il emploie communément de quarante à cinquante ouvriers. C'est à M. Poret qu'on doit particulièrement les perfectionnemens de cette branche d'industrie.

V. CARTES A JOUER.

65 M. HOUBIGANT, *cartier, rue Saint-Dominique-Saint-Germain, n.* 48.

Cartes à jouer dont les figures, mieux dessinées et mieux gravées que dans les anciennes cartes, sont toutes prises dans l'histoire de France.

VI. BRODERIES ET TISSUS EN PAPIER.

Les broderies et tissus en papier sont encore deux branches d'industrie entièrement nouvelles, qui ont obtenu, dès leur naissance, les plus grands succès. Leur fabrication, qui paraît au premier abord être peu importante, présente cependant des chances avantageuses pour les manufactures qui se livrent à ce genre d'industrie, qui est recherché dans l'étranger.

66 Mlle. CAVAROZ, *fabricante de broderies dans tous les genres, rue Neuve Saint-Eustache, n.* 35.

L'invention des broderies en papier est entièrement nouvelle. Ce genre a l'avantage de pouvoir varier de couleur, il est susceptible d'être nuancé comme la soie, sans avoir comme elle le désagrément de devenir pelucheux au frottement, il est propre à faire des robes, chapeaux et corbeilles de mariage, etc.; il s'emploie sur le tulle et les étoffes de tous genres; il est susceptible d'un grand accroissement.

La matière employée est un papier glacé et coupé à la presse; on l'entremêle avec du satin, des perles, ou tout autre agrément de fantaisie.

Il a été fait de très-belles broderies pour S. A. R. Madame la Duchesse de Berry et pour S. M. la Reine de Bavière. Plusieurs commandes sont en fabrication pour l'Espagne, l'Allemagne et le Brésil.

67 M. DESSAUX, *fabricant de tissus, rue de la Mortellerie, n. 152.*

Tissus de papier imperméables et chapeaux confectionnés avec les mêmes tissus.

M. Dessaux a obtenu un brevet d'invention; sa nouvelle fabrique obtient le plus grand succès et occupe vingt ouvriers.

CHAPITRE XI.

CUIRS, PEAUX, PELLETERIE, etc.

TANNAGE, CORROYAGE, MAROQUIN,

CHAMOISERIE, GANTERIE, MÉGISSERIE, etc.

Le tannage, le corroyage, la maroquinerie et les cuirs vernis, ayant profité des importantes découvertes de la chimie, l'art d'apprêter les peaux et les cuirs a fait les plus grands progrès depuis quelques années. Plusieurs médailles d'or et d'argent ont été accordées aux dernières expositions; et nous pensons que les produits de nos fabriques prouveront qu'elles ont fait encore de nouveaux progrès.

I. MAROQUINERIE.

68 M. MATTLER, *maroquinier, rue du Censier, n. 13.*

M. Mattler fabrique, par an, environ douze mille peaux de mouton et six mille peaux de chèvre, *en rouge*, sans compter toutes les autres couleurs.

M. Mattler, qui obtint une médaille d'argent à l'exposition de 1806, a, plus que personne, perfectionné la fabrication et étendu le commerce du maroquin. Il doit ses succès à la bonne composition de ses couleurs et à l'invention comme au perfectionnement de plusieurs instrumens propres à cette fabrication, tels que :

1°. Son tonneau à mettre en couleur, qui abrège le travail, assure la perfection des nuances et offre une économie de plus d'un tiers sur la matière;

Et 2°. Son cylindre mécanique, extrêmement simple, qu'un enfant peut manœuvrer et qui donne au grain du maroquin une régularité qu'il était impossible d'obtenir de la main de l'homme le plus vigoureux, même avec beaucoup de tems et de fatigue.

Nous avons été à même de comparer les maroquins de M. Mattler avec les plus beaux maroquins de diverses fabriques étrangères, et nous pouvons affirmer que sa fabrication est supérieure. Elle présente en outre une grande différence dans les prix, qui sont tous au dessous du cours des prix étrangers. Cette supériorité a été constatée par divers artistes, et notamment par plusieurs de nos relieurs qui en ont fait l'essai comparativement.

69 M. SCHMUCK, *maroquinier, rue du Censier, n. 25.*

La fabrique de M. Schmuck est une de nos meilleures, et une de celles dans lesquelles il s'est fait le plus de perfectionnement depuis quelques années. Elle emploie de cinquante à soixante ouvriers habituellement. Ses maroquins jouissent d'une grande réputation.

70 M. GLAISER, *maroquinier, rue du Censier, n. 37.*

Les maroquins de M. Glaiser, comme ceux de ses confrères, prouvent les progrès rapides que cet art a faits en France depuis quelques années, et que nous ne le cédons plus à nos voisins dans cette importante fabrication.

II. TANNERIE.

71 M. SALLERON, *demeurant à Paris, rue Fer-à-Moulin, faubourg St.-Marceau.*

La fabrique de M. Salleron est une des plus considérables et des plus renommées de la France.

Malgré la haute supériorité de ses cuirs, dans lesquels le jury reconnaît la *couleur*, le *liant* et la *fermeté* qui constituent leurs qualités les plus essentielles, M. Salleron les a maintenus au même prix que ceux de ses confrères, la facilité de la vente des produits de sa fabrique, généralement recherchée, étant, dit-il, la véritable récompense de ses soins.

III. CORROIRIE.

72 M. QUENNEHEN, *corroyeur à façon, rue des Audriettes, n.* 1.

Cuirs corroyés en façon de cuirs de Russie, de très-belle qualité et de bonne fabrication.

IV. CUIRS VERNIS.

73 M. LALAGE, *fabricant de peaux vernies et d'objets faits avec ces matières, demeurant rue de l'Orillon, n.* 27,

Présente divers produits, consistant : 1°. en peau de veau vernie sur fleur en noir ;

2°. En peau *idem* vernie sur chair en noir ;

3°. En peau *idem* vernie sur chair en couleur de cuir ;

4°. Un pot à l'eau en cuir verni.

74 M. DIDIER, *fabricant de cuirs vernis, rue de Montmorency, n.* 26.

1°. Des cuirs vernis de toute nature, de différentes couleurs et pour tous les emplois usités ;

2°. Des chapeaux de feutre verni ;

3°. *Idem* en cuir, d'une seule pièce ;

4°. Des plats à barbe vernis ;

5°. Cuvettes et pots à eau *idem* ;

6° Tasses ployantes et non ployantes en cuir verni ;

7°. Visières pour casques et casquettes ;

8°. Du papier verni pour être employé à la reliure des livres, gainerie et portefeuilles ;

9°. Un autre genre de papier pour servir de souvenir dans les portefeuilles;

Et 10°. des tablettes pour l'enseignement mutuel, qui doivent remplacer l'ardoise.

La fabrique de M. Didier est la première qui a été établie en France; elle a été mentionnée honorablement dans les précédentes expositions, et elle soutient dignement sa réputation.

75 M. GROSJEAN, *fabricant de cuirs vernis, rue Saint-Denis, n.* 168.

Après de longues recherches, M. Grosjean est parvenu à rendre exactement semblables au cœur de la peau, tous les bordages, toutes les parties vides et défectueuses qu'on rejétait en débris et qu'on perdait, ne pouvant patronner dedans.

Ce procédé, qui a été imparfaitement imité dans la peau à revers de bottes, ne saurait cependant l'être dans celle dite *à deux fleurs et sans parties creuses*, et qui peut remplacer le veau ciré, généralement en usage pour la chaussure; il présente en outre la supériorité de l'imperméabilité, et l'utilisation des parties défectueuses toujours préjudiciables, soit qu'on les évite en coupant, ce qui augmente le prix de la chaussure; soit qu'on les emploie en en masquant les défauts.

Le point difficile n'étant pas de gonfler ces *aines* et ces *ventrages* avec nos huiles cuites siccatives, tous les ouvriers de la profession de M. Grosjean le peuvent faire comme lui; le point essentiel était d'y parvenir sans dessécher, ni brûler ces parties, ce qui se fait au moyen d'une nouvelle combinaison qui participe assez également de l'onctuosité permanente du dégras des corroyeurs et de la siccité essentielle au vernis, sans que ce dernier se trouve plus lésé de son admission, que la peau de corroyerie ordinaire ne s'en trouverait durcie.

Cette composition, que M. Grosjean a appelée *apprêt-dégras*, paraît parfaitement remplir le but qu'il s'est proposé, ainsi qu'on peut en juger par ses belles qualités de cuirs vernis.

V. FOURRURES ET PELLETERIES.

76 M. KROPFF, *pelletier-fourreur, rue St.-Honoré, n. 253, au Fourmiller Tamanoir*

Les fourrures de M. Kropff sont très-estimées et très-recherchées.

Le manchon de renard blanc, teint en fond jaune et la pointe en noir, qu'il présente, est de la plus grande beauté.

VI. EMPLOI DES CUIRS.

BAIGNOIRES.

77 M. VALETTE, *ingénieur-mécanicien, rue St.-Sébastien, n. 26.*

Baignoires en cuir avec chassis en fer.

Ces baignoires sont légères, pliantes, à moitié prix de celles en cuivre, solides, douces, agréables au baigneur, commodes à mettre sur ou sous un meuble, à accrocher à un portemanteau, et à transporter en voyage. Leurs avantages ont été constatés et reconnus par les rapports de MM. Gillet de Laumont et Bourriat, à la société d'encouragement; de MM. le Baron Percy et Gay-Lussac, à l'académie des sciences, et celui de M. Cadet-Gassicourt, au conseil de salubrité.

CHAUSSURES.

78 M. VELLEAUS, *bottier, rue St.-Etienne des Grès, n. 7.*

Bottes faites par un nouveau procédé supérieur aux moyens

ordinaires et qui met ce fabricant à même de faire des bottes en première qualité au dessous des prix du commerce.

M. Velléaus a donné connaissance au jury de ses procédés, et ils ont été jugés aussi avantageux qu'ils sont simples et économiques ; aussi le jury croit-il devoir recommander particulièrement cet artiste à l'attention du jury central.

CHAUSSURES CORIOCLAVES.

79 Mme. BOUCHER, *fabricante de chaussures dites corioclaves, rue de la Vrillère, n. 2.*

Le jury admet les produits de cette fabrique, dans laquelle sont employés trente ouvriers, en témoignant le désir qu'il soit fait des essais comparatifs de ces chaussures et des anciennes, afin d'avoir des résultats exacts.

VII. FORMES ET EMBOUCHOIRS.

80 M. DUFORT fils, *bottier, rue J.-J. Rousseau, n. 18.*

Formes et embouchoirs peints et vernis, en cuir moulé et en bois, avec vis de pression.

Les embouchoirs du sieur Dufort sont creux et moulés avec le plus grand soin sur la jambe ; ils présentent encore l'avantage d'être légers et solides ; une vis de pression, en agissant à la fois sur la brisure du devant et sur la charnière du talon, leur fait produire le plus grand effet possible, sans plis ni rides quelconques, lors de l'introduction de l'âme ou de la clef.

Ces embouchoirs, recouverts en cuir verni, peuvent toujours être tenus propres et sont d'un transport facile.

VIII. BOYAUTERIE.

81 M. MILLAN, *fabricant de cordes de boyaux, rue Beaujolais, n. 16, présente :*

1°. Un assortiment complet de cordes de harpe ;
2°. Un *idem* pour guitarres ;
3°. Un *idem* pour basses ;
4°. Un *idem* pour violons ;
5°. Boyaux de bœuf ;
6°. Sacs à tabac.

La fabrique de M. Millan, établie à Clichy-la-Garenne, occupe un espace de plus de deux hectares et emploie plus de soixante ouvriers. Ses cordes sont très-recherchées ; elles sont de deux tons au dessus de celles de Naples, et supérieures par leur blancheur autant que par leur force. Le boyau de bœuf, connu dans tout le midi sous le nom de boyau de Millan, est dans les meilleures proportions. La fabrication varie de 300,000 à 350,000 fr. annuellement, dont une grande partie s'exporte à l'étranger.

CHAPITRE XII.

FONTE, FER, ACIER, TOLE, FER-BLANC.

Le travail de la fonte, du fer, de l'acier et de la tôle, a reçu depuis quelques années des perfectionnemens d'une haute importance, il s'est vivement ressenti de l'impulsion générale donnée à nos manufactures, lorsque la France a été forcée de se suffire à elle-même et de subvenir aux besoins de ses nombreuses armées.

Plusieurs de nos fonderies, après avoir changé la vieille routine qui y était aveuglément pratiquée, ont enfin adopté un travail conforme aux principes de la docimasie et de la métallurgie.

Les fabriques de fer ont, ainsi que les fonderies, perfectionné leurs procédés, mais leur plus heureuse découverte, est celle des moyens de rendre la fonte douce, malléable et susceptible d'être travaillée comme le fer le plus doux, moyens décrits, il y a plus de 100 ans, par Réaumur, qui n'ont pas été pratiqués en France et que les étrangers se sont appropriés il y a déjà long-tems.

Nos aciereries se sont distinguées aux dernières expositions, et c'est avec plaisir que le Jury a remarqué que depuis elles ont dignement soutenu leur réputation.

La ferblanterie et les manufactures de tôle ont fait des progrès encore plus rapides, et la fabrication des moirés métalliques, comme celle des vernis, ne laisse rien à désirer.

I. FONTE.

82 M. BARADELLE, *mécanicien breveté du Roi, demeurant au moulin Croulebarbe.*

Assortiment varié d'échantillons de fonte douce et malléable provenant de sa fabrique : savoir;

1°. Fers à repasser, n. 3;
2°. Étriers unis;
3°. Fiches à vases;
4°. Palastre de serrure, sa clef, son pont et son bouton;
5°. Trois petites clés;
6°. Boutons à olive;
7°. Platine de fusil;
8°. Couvert, dont les fourchons de la fourchette sont ployés, pour prouver la ductilité de la fonte;
9°. Boucle de harnois, etc. etc.

L'art d'adoucir la fonte de fer, de la jeter en moule en pièces de petites dimensions, de la rendre malléable et propre à tous ouvrages de serrurerie et quincaillerie, décrits il y a plus de cent ans, par Réaumur, dans son traité du fer, était perdu pour la France; M. Baradelle, ainsi qu'il résulte du rapport fait à la société d'encouragement, qui lui a décerné son grand prix de 3,000 fr., dans sa séance du 23 septembre 1818, a rendu un service essentiel à nos manufactures, par la nouvelle application qu'il a faite des procédés de Reaumur, pour jeter en moule les plus petites pièces de fonte, les traiter, battre, ciseler ou limer, enfin en rendre la fonte malléable et généralement propre à tous les ouvrages de serrurerie et de quincaillerie.

Les produits de la fabrique de M. Baradelle méritent l'attention du jury central. Cet habile mécanicien, digne à tous égards de la réputation de son père, doit être particulièrement recommandé à la bienveillance du gouvernement.

83 M. MENTZER, *tourneur mécanicien, rue de l'Oursine, n. 90.*

Mortiers en fonte de fer, de 0,10 jusqu'à 0,20 de diamètre, et un de 0,33 diamètre en même matière, dont il établit les prix ainsi qu'il suit:

N. 1er. .... 24 fr.
2. 32
3. 40
4. 48
5. 60

Et à .... 204 fr. la collection.

Les mortiers de fonte tournés, de M. Mentzer, sont parfaitement exécutés, paraissent devoir être très-avantageux pour les laboratoires de préparations chimiques et pharmaceutiques.

84 M. RICHARD, *fondeur, rue aux Fèves, n.* 11, *en la Cité.*

L'art de couler les médailles en fonte de fer a fait en Prusse les plus rapides progrès et a été promptement porté à la perfection. Mais nos fondeurs et ciseleurs ne sont pas restés long-tems en arrière, et M. Richard nous prouve que nulle difficulté ne peut l'arrêter en ce genre.

II. FER.

85 M. MICHEL LAGESSE, *serrurier, au marché d'Aguesseau, n.* 5.

Sculptures en fer. Les reliefs exposés par M. Lagesse annoncent un artiste très-exercé dans ce genre de sculpture.

III. ACIER.

86 M. FRICHOT, *fabricant d'acier poli et de marquetterie, rue des Gravilliers, n.* 42.

M. Frichot, dont la fabrication avait été remarquée dans

les précédentes expositions, lui a donné les plus grands développemens. Le bel assortiment qu'il présente se compose :

1°. D'un tableau d'échantillons de marquetterie faite au découpoir;

2°. Un grand tableau de broderies en acier poli;

3°. Un tableau de fermoirs fins et autres, pour gibecières, bourses, etc.;

4°. Un cadre vitré contenant toutes espèces de chaînes en acier;

5°. Un tableau de glands, perles et grenats d'acier;

6°. Un assortiment de gibecières, coquilles, etc.

La manufacture de M. Frichot se fait particulièrement remarquer par la beauté de ses formes ou de ses dessins, et par le fini précieux de ses produits.

87 Mme. V^e^. SCHEY, *manufacturière d'acier poli, rue des Petites-Écuries, n.* 5.

Bijouterie d'acier, pour parures, garnitures d'habits, boutons, boucles, poignées d'épées, etc. etc.

La fabrique de Mme. Schey est une des plus anciennes et des plus belles du royaume. Elle rivalise avec nos plus beaux établissemens de ce genre pour la perfection de ses aciers, la beauté de leur poli et la modération de leurs prix.

88 M. PROVENT, *fabricant d'acier, rue Saint-Magloire, n.* 4 *et* 6.

Bijouterie en acier, poignées d'épées, boutons, parures de dames, etc.

La beauté des produits de la fabrique de M. Provent, qui date de 1740, et la supériorité du poli de ses bijoux d'acier, ne laissent rien à désirer; M. Provent a successivement travaillé pour toutes les cours de l'Europe.

Il parait impossible d'atteindre une plus grande perfection, elle est même portée aujourd'hui au point que l'étranger tenterait vainement d'introduire la bijouterie d'acier en France, tant la différence des prix et du fini est en notre faveur; aussi plusieurs riches commandes ont-elles été faites dans nos aciéreries, pour l'Italie, l'Espagne, la Prusse, la Russie et même l'Angleterre.

Il est à remarquer que si les aciers anglais sont employés concurremment avec ceux de France, le kilogramme d'acier superfin étant au prix de 3 fr. et la plus riche parure d'acier complette, en employant, à raison du déchet, pour une valeur de 6 fr. ou deux kilogrammes environ, le kilogramme d'acier de parure terminée, polie et parachevée, s'exporte au prix de 5 à 6000 fr.; au reste, nous le répétons, les prix modérés des aciers polis de M. Provent, au dessous du cours des aciers de toutes les fabriques étrangères et la supériorité de leur travail, leur ont donné une très-grande célébrité qui est justement méritée.

Le jury croit devoir appeler l'attention du gouvernement sur la fabrique d'acier de M. Provent qui pourrait servir de modèle dans nos établissemens publics et nos écoles d'arts et métiers.

IV. FABRIQUES D'ACIER.

89 MM. REY et COURTAL, *demeurant à Paris, rue St.-Jacques, n.* 300.

Ils sont auteurs d'un nouveau procédé pour convertir, disent-ils, tous les fers de France en acier fondu d'après les méthodes que les Anglais emploient pour convertir en acier les fers de Suède.

Les essais qui ont été faits récemment par ordre du ministère, ne peuvent laisser aucun doute sur les avantages de la fabrication de MM. Rey et Courtal, qui méritent d'être encouragés.

90 M. CORDIER, *fabricant d'acier poli, rue des Gravilliers, passage de Rome.*

1°. Une pendule en acier fondu et poli;

2°. Plaques et lames d'acier fondu et poli.

M. Cordier a découvert plusieurs procédés particuliers pour travailler l'acier, notamment celui de tremper des plaques d'acier de 40 centimètres de côté et de 2 millimètres au plus d'épaisseur, sans qu'elles se *voilent* ou se *gauchissent* aucunement. Il est un de nos meilleurs essayeurs de Paris pour les épreuves de fonte, de fer et d'acier.

V. FABRIQUES DE LIMES.

91. M. DAVESNE, *fondeur, rue de Lappe, n. 28.*

Limes en fonte coulées dans le sable, suivant un procédé nouvellement découvert par M. Davesne, qui ne peut encore le faire connaître. Les limes de M. Davesne que le jury admet à l'exposition, sans cependant répondre de leur qualité, n'ayant pu suivre et juger les procédés de la fabrication, valent, suivant lui, les meilleures limes anglaises, et il pourra les fournir à un prix très-modique.

Un seul ouvrier peut en fondre cent douzaines par jour; quant à la taille, le procédé est le même dont on se sert pour les limes d'acier, seulement ce travail est plus facile et plus expéditif sur les limes de fonte.

29 M. MUSSEAU, *serrurier, quincaillier, fabricant de limes d'acier fondu, rue du faubourg St.-Antoine, n. 137.*

La fabrication des limes est un objet du plus grand intérêt

pour notre industrie. Aux dernières expositions plusieurs aciéristes, dont entre autres M. Raoul, présentaient des limes qui sont aujourd'hui plus recherchées que les limes anglaises. Celles de la fabrication de M. Musseau paraissent parfaitement travaillées et de bonne qualité, nous saisissons avec empressement cette occasion pour faire connaître : 1°. les refus formels que cet artiste vient de faire à plusieurs marchands, malgré les propositions les plus séduisantes, de marquer ses limes au nom de la fabrique anglaise de Brama, et 2°. que nos meilleurs couteliers et taillandiers leur donnent déjà la préférence sur celles d'Angleterre.

VI. QUINCALLERIE D'ACIER.

93 M. MIGNARD, *tireur d'acier pour les horlogers et mécaniciens, demeurant à Belleville.*

Grand assortiment de divers objets d'horlogerie.

M. Mignard est un habile mécanicien auquel nous devons de très-grands perfectionnemens dans la tréfilerie de l'acier, du fer et du cuivre.

VII. OUVRAGES EN TOLE.

94 M. DELAROCHE fils, *poëlier, rue St.-Honoré, n. 355.*

Colonne torse en tôle polie, il est difficile de mieux faire et de mieux travailler la tôle que M. Delaroche, qui est un de nos bons artistes.

VIII. TOLES VERNIES.

95 M. J.-B. TAVERNIER, *fabricant de tôles vernies, rue Paradis, n. 12.*

Vases, plateaux et sujets en tôle vernie de diverses couleurs, plaqués d'or et ornés de bronzes.

La manufacture de M. Tavernier obtint en 1801 une médaille d'or; depuis cette époque elle s'est particulièrement attachée à perfectionner sa fabrication, ainsi que le prouvent les objets qu'elle présente. C'est dans cette belle fabrique qu'ont été faits les grands vases de la galerie de Diane et de la chapelle du Roi.

IX. FERBLANC.

96 M. LAURENS, *ferblantier-lampiste, passage du Saumon, n. 31.*

Cafetière de nouvelle invention, propre à faire du café sans évaporation et avec la plus grande économie.

X. MOIRÉS MÉTALLIQUES.

97 M. ALLARD, *rue St.-Lazarre n. 11.*

Moirés métalliques sur ferblanc français et étrangers.

La fabrication du moiré métallique, à laquelle on ne reproche que de se multiplier avec trop de facilité, puisqu'elle est aujourd'hui aussi commune et aussi répandue que le ferblanc ou la tôle vernie, est, pour les arts qui emploient les ferblancs, une découverte importante, mais déjà anciennement faite dans nos laboratoires de chimie, et dont plusieurs fabricans ont néanmoins réclamé la priorité.

M. Allart a plus que personne contribué à perfectionner les moirés, et il est même parvenu à en varier les effets au point de faire à volonté, le moiré forcé, sablé, étoilé, brillanté, satiné, rubanné, quadrillé, et quadrillé double; c'est encore à cet artiste intelligent que nous devons les procédés pour obtenir avec les ferblancs français tous les effets magiques qu'on n'obtenait primitivement que des ferblancs anglais.

98 MM. **BOILEAU** et **VINCENT**, *peintres, rue St.-Maur, n. 76, faubourg du Temple.*

Ferblanc moiré, qu'ils appèlent mosaïque métallique et qui est destiné à servir à orner les meubles, cabinets, nécessaires, etc.

CHAPITRE XIII.

SERRURERIE, TAILLANDERIE, QUINCAILLERIE, COUTELLERIE.

I. Notre serrurerie était autrefois inférieure à celle de l'Allemagne et de l'Angleterre, et la France tirait alors de ces pays tous les objets de luxe dont elle avait besoin; mais depuis que des artistes mécaniciens, du premier mérite, se sont occupés de cette fabrication, notre serrurerie s'est mise sur le même rang que celle des pays voisins, et ils sont même aujourd'hui obligés de reconnaître notre supériorité pour diverses parties de la haute serrurerie, et notamment pour les serrures à combinaisons.

II. La taillanderie et la quincaillerie ont, comme la serrurerie, été long-tems inférieure à celle des Anglaïs, mais elles ont heureusement atteint un degré de perfectionnement qui ne laisse plus rien à désirer. C'est particulièrement dans la quincaillerie que les améliorations ont été plus sensibles, ainsi qu'on en peut juger par les produits que présentent nos fabriques.

III. La coutellerie de Paris a été distinguée à toutes les expositions, tant pour la supériorité de ses tranchans que pour le fini du travail. Plusieurs de nos couteliers ont obtenu des médailles ou des mentions honorables. Dans le nombre de ceux qui exposent, il en est plusieurs qui se livrent particulièrement à la fabrication des instrumens de chirurgie. Cette branche d'industrie est d'une grande importance pour la France, les instrumens français de chirurgie jouissant d'une haute réputation dans l'étranger, où ils sont très-recherchés.

I. HAUTE SERRURERIE ET SERRURERIE A COMBINAISON.

99 M. HURET Léopold, *ingénieur-mécanicien du Garde-Meuble de la couronne, rue des Grands Augustins, n.* 5.

1°. Un Modèle de cadenas à combinaison, seuls employés

par les estafettes du gouvernement depuis 1812, époque de l'invention.

2°. Différentes serrures à combinaisons pour les grands portefeuilles, dont on fait usage dans les ministères et les administrations.

3°. Une petite serrure à combinaisons pour portefeuille de poche, sur le même principe, mais d'une exécution différente.

4°. Une serrure perfectionnée, à combinaisons, pour secrétaire; elle disparait dans les ornemens du meuble; elle est d'un usage plus facile que toutes les autres serrures; elle ne porte ni lettres ni chiffres : on peut l'ouvrir aussi bien dans l'obscurité qu'en plein jour.

5°. Un perfectionnement du mécanisme de la serrure à la Brama, qu'il est parvenu à appliquer à toutes sortes de fermetures, soit de meubles, portes, et même de portes cochères.

La fabrique de M. Huret, établie depuis peu d'années, emploie une vingtaine d'ouvriers environ, tant en ville qu'en province et dans l'atelier; ses produits se répandent en France et dans l'étranger, où ils ont le plus grand succès.

(*Voyez* le N°. 255, Chap. des Instrumens de mathématiques.)

100 **M. BIVER** aîné, *serrurier-mécanicien, rue du Foin au Marais, n.* 1.

Serrures établies par des moyens mécaniques, qui ont l'avantage de toujours faire et exécuter avec la même précision que pourraient le faire les premiers ouvriers, tandis que ces machines permettent d'employer avec un égal succès les ouvriers les moins exercés, même pour la fabrication la plus composée.

101 **M. GEORGET J.-M.** *rue de Castiglione, n.* 6.

M. Georget est connu en France et dans l'étranger pour la

perfection de toutes les pièces et assortimens de haute serrurerie qui se fabriquent dans ses ateliers, et qui rivalisent avec ce que les fabriques anglaises peuvent présenter de plus parfait en ce genre. Le coffre-fort en fer ciselé de M. Georget est une pièce du plus grand prix et qui mérite l'attention des connaisseurs et des amateurs. Il expose en outre différentes serrures de sûreté et à secret, qui peuvent le disputer à tout ce que nos plus célèbres mécaniciens ont exécuté dans cette partie.

102 M. MATHÉ, *serrurier, rue de Sèvres, n.* 11, *faubourg Saint-Germain.*

Serrure et verrou de sûreté, de son invention. Le nom de M. Mathé est avantageusement connu pour la bonne exécution et le fini de ses ouvrages.

103 M. NANTE, *mécanicien, rue des Fourreurs, n.* 6.

Serrure de sûreté, de son invention.

M. Nante est un serrurier distingué, la serrure qu'il présente ne peut manquer d'attirer l'attention des connaisseurs.

104 M. OLIVE Joseph, *rue de la Tixeranderie, n.* 15.

Serrures de sûreté à combinaisons et cadenas divers.

La fabrique de M. Olive emploie un grand nombre d'ouvriers en tous genres, qui font les diverses parties de la serrurerie.

M. Olive a en outre monté des ateliers qui ne sont occupés que de la fabrication des cylindres pour les filatures de coton.

105 M. CAILLON, *serrurier mécanicien, rue de Vaugirard, n. 36.*

Machine propre à dresser et à faire des languettes, des rainures et des moulures sur le fer.

La machine de M. Caillon, qui est un de nos premiers mécaniciens, est d'un grand intérêt; elle a été approuvée par la société d'encouragement, et elle est citée, par nos artistes en fer, comme une invention d'une haute importance.

II. TAILLANDERIE, QUINCAILLERIE.

106 M. DHERBECOURT, *fabricant d'outils de taillanderie et de quincaillerie, rue du Monceau Saint-Gervais, n. 6.*

Collection des modèles de divers instrumens de sa fabrique, réunissant tous les outils à l'usage des charons, charpentiers, menuisiers, tonnelliers, formiers, sabotiers, ébénistes, jardiniers, etc. etc., au nombre de plus de cent outils divers de tout genre.

107 M. J.-M. TRIDON, *mécanicien à Paris, avenue de Ségur, n. 23.*

M. Tridon est auteur d'un mécanisme nouveau, propre à la fabrication des vis à bois. Cette machine est du plus grand intérêt, elle a singulièrement simplifié le travail; elle est telle que, sans aucune connaissance préalable, tout ouvrier quelconque peut fabriquer les meilleures vis, et que des ouvriers, invalides ou infirmes, auxquels M. Tridon semble donner la préférence pour leur faire gagner leur vie, peuvent aussi bien travailler que les plus habiles praticiens. Enfin, au moyen de cette nouvelle machine, la grosse de vis à bois, qui est communément dans le commerce, au prix de 2 francs, y est aujourd'hui livrée par M. Tridon, au prix de 1 f. 50 c. C'est à cet habile mécanicien que nous devons la machine à tailler les crayons, les portes mèches sans brasure pour les reverbères, les fers à gauffrer les franges des schals de cachemire, la machine à soufrer les fonds de schalls et à garantir leurs palmes et bordures, etc. etc.

108 M. JOLLY, *fabricant de quincaillerie, rue Saint-Martin, n.* 126.

Assortiment général des produits de sa fabrique, dans lequel on distingue :

1°. Les peignes pour carder la laine et le coton, ces peignes ont été perfectionnés et doivent avoir la préférence sur les anciens;

2°. Des entonnoirs pour lanternes;

3°. Des cuillers pour étirage;

4°. Des séries de crapaudines;

5°. Une collection de numéros de pitons;

6°. Une *idem* d'étriviers;

7°. Une *idem* de rondelles;

8°. Une *idem* d'engrenages de toutes dimensions, etc.

La manufacture de M. Joly se recommande par ses assortimens complets de toutes les pièces des machines à filer, par leur précision et leur fini, enfin par la modicité de leurs prix.

109 M. CONTAMINE, *ciseleur, grande rue du faubourg Saint-Antoine, n.* 105.

Rapes, façon d'Italie et autres, de son invention, à l'usage des sculpteurs.

Les rapes de M. Contamine, vu leur peu d'épaisseur, ont l'avantage de servir à séparer et diviser des parties de statues de marbre, qui doivent être très-rapprochées, telles que les doigts. Il donne à ces rapes, qui sont en fer, telle forme qu'on lui demande. Les statuaires les trouvent très-commodes, en ce qu'elles se ploient, qu'elles ne cassent point et qu'elles ne rayent point, la taille étant faite en quinconce et d'une même levée.

M. Contamine fabrique également de nouvelles touches, qu'il appelle *rapes auriculaires*, parce qu'elles servent à évider l'intérieur des oreilles.

110 M. CERISIER, *taillandier, rue de la Vieille place aux Veaux, n.* 12,

Est un de nos meilleurs fabricans de taillanderie; ses couteaux et lunettes de corroyeurs (façon anglaise), sont très-recherchés et très-estimés, ainsi que tous ses outils et ustensiles de taillanderie.

111 M. DUMAS fils, *fondeur mécanicien, rue Traversière Saint-Antoine, n.* 62.

Roulettes en fer et en cuivre, qu'il a perfectionnées et qui peuvent s'adapter à toutes espèces de meubles.

La fabrication de M. Dumas est très-considérable, il occupe un grand nombre d'ouvriers et emploie indistinctement la fonte, le fer, le cuivre, etc.

112 MM. ROUY et BERTHIER, *fabricans de dés en acier, rue Chapon, n.* 17.

Dés en acier qui sont parfaitement exécutés, d'une forme agréable, d'un beau fini et exempts des défauts des dés de cuivre, d'or, d'ivoire, de nacre et de bois.

III. USTENSILES DE CHASSE ET DE PÊCHE.

113 M. KRESZ, *fabricant d'ustensiles de pêche et de chasse, rue Grenetat, n.* 36.

Collections des produits de sa fabrique, consistant:

1°. Pour la pêche, en plus de cent instrumens ou ustensiles divers de tous numéros;

Et 2°. Pour la chasse, d'un plus grand nombre encore.

M. Kresz, auteur de l'*Aviceptologie* et du *Pêcheur Français*, fabrique annuellement pour plus de 80,000 fr., dont moitié pour l'étranger. Ses prix, malgré la supériorité de ses produits, sont tous à 30 pour o/o au dessous de ceux des fabriques anglaises, que cet habile mécanicien a été visiter et étudier. Sa fabrique, pour laquelle il n'a épargné aucun sacrifice, est la plus importante de toutes celles de ce genre. Aucune ne peut lui être comparée en France ou dans l'étranger, et des Anglais qui ont été récemment la visiter, l'ont considérée comme un entrepôt des fabriques de leur pays, jusqu'au moment où M. Kresz leur a montré ses ateliers, dans lesquels ils ont vu exécuter avec supériorité, à plus d'un tiers au dessous des prix de Londres, les mêmes produits qu'ils prétendaient être de fabrication anglaise.

M. Kresz, ancien militaire, a lui-même créé son établissement qui emploie un grand nombre d'ouvriers; le jury le désigne spécialement à l'attention du jury central pour le recommander particulièrement au gouvernement, dont il est, à tous égards, digne de fixer l'attention.

114 M. NOUCHET, *fabricant d'ustensiles de chasse, rue Pastourelle, n. 22.*

La fabrique de M. Nouchet emploie de vingt à vingt-quatre ouvriers : il s'est particulièrement attaché au genre d'instrumens et ustensiles de chasse, façon anglaise, qui sont le plus recherchés; et il a si bien réussi dans ce genre, qu'il est impossible de distinguer les produits de sa manufacture de ceux des premières fabriques d'Angleterre.

IV. COUTELLERIE ET INSTRUMENS DE CHIRURGIE.

115 M. GRANGERET, *coutelier du Roi et de LL. AA. RR., rue des Saints-Pères, n. 45.*

Assortiment de pièces de coutellerie, consistant :

1°. Couteaux de poche de divers modèles, dont un en nacre, un en écaille et trois en ivoire.

2°. En couteaux de forme anglaise, manche d'ivoire, modèle le plus moderne;

3°. En couteaux de table, manches d'argent, nouveaux modèles, dont deux en vermeil;

4°. En couteaux de dessert, dont quatre en vermeil et un en ivoire, du plus beau modèle;

5°. Une clef à la Carangeot avec un nouveau procédé pour démonter les crochets, le manche garni d'ornemens.

6°. Un couteau fermant, lame de Damas, avec garniture en or des plus riches, et incrustemens très-soignés.

7°. Une petite fourchette pour les huîtres, servant à les détacher comme avec un couteau.

8°. Un trépan et ses accessoires, remplissant tout-à-la-fois les intentions de Xavier Bichat, avec un nouveau moyen que M. Grangeret a donné pour démonter les couronnes sans clef.

9°. Un instrument nommé *pélican*, de Dubois Foucou, composé de douze pièces à vis de rappel et charnière, pièce unique exécutée par Lesueur jeune, rue des Mathurins, avec une perfection qui ne laisse rien à désirer (1).

10°. Des sondes en argent à spirale pouvant, en toutes occasions, remplacer les sondes en gomme élastique, et d'une durée indéterminée;

(1) M. Lesueur jeune est un des premiers fabricans de Paris pour la coutellerie et les instrumens de chirurgie. M. Grangeret ne pouvait mieux choisir pour exécuter le pélican, qui présentait beaucoup de difficultés.

11°. Des canifs et ciseaux perfectionnés et des mieux exécutés, dont il a donné les premiers modèles.

12°. Des ciseaux à branches d'or d'un travail fini ;

Et 13°. Des ciseaux en acier d'un travail digne de fixer l'attention, des rasoirs, etc.

116 M. VITAL CARDEILLS, *coutelier, rue du Roule, n. 4.*

Objets de coutelerie de la plus grande valeur et du fini le plus précieux.

117 M. QUEILLÉ, *ancien coutelier, rue du faubourg Montmartre, n. 74.*

Assortiment de coutellerie.

Ces pièces sont :

1°. Un couteau à découper, lame de Damas, et une fourchette en argent ;

2°. Un couteau à découper et une fourchette à tige en argent, fourchons en acier ;

3°. Un couteau de poche, lame de Damas, manche de nacre ;

4°. Un couteau de poche, lame de Damas, genre égyptien.

5°. Une fourchette genre anglais, à ressort et perfectionnée de manière à ce qu'aucune graisse ne puisse pénétrer dans l'endroit du ressort.

6°. Une paire de ciseaux, genre turc, les branches en or et d'un travail très-soigné.

118 M. SIRHENRY, *fabricant de coutellerie de la faculté de Médecine, place de l'Ecole-de-Médecine, n. 6.*

Instrumens de chirurgie d'une nouvelle invention.

La fabrication de M. Sirhenry est réputée une des meilleures de la coutellerie française. La faculté de médecine l'a particulièrement distingué pour ses instrumens de chirurgie, qui présentent en effet une grande supériorité dans l'exécution et le fini.

119 M. GAVET, *coutelier du Roi, rue St.-Honoré, n. 138.*

Coutellerie de la plus grande beauté.

Les objets présentés par M. Gavet, déjà distingué aux expositions précédentes, sont du fini le plus précieux.

120 M. SÉNÉCHAL, *coutelier, rue des Arcis, n. 29.*

Bistouris de différentes formes et d'une nouvelle invention.

Ces bistouris présentent plus de solidité que ceux d'nacienne construction; ils peuvent servir comme un couteau de table, ils s'ouvrent et se déploient comme un manche de lancette, ce qui donne la facilité de pouvoir les nétoyer entièrement dans toutes leurs parties.

A qualité égale ils n'excèdent pas le prix ordinaire.

121 M. TREPPOZ, *coutelier, rue du Coq St.-Honoré, n. 3.*

Différens ouvrages de coutellerie en acier damassé de sa composition.

Les aciers de M. Treppoz, un des premiers artistes qui aient introduit le Damassage dans la coutellerie, jouissent d'une réputation justement méritée.

122 M, GILLET, *fabricant de rasoirs fins, rue de Charenton, n. 23, faubourg St.-Antoine.*

Rasoirs provenant de sa fabrique, déjà notée favorablement à l'exposition de 1806.

M. Gillet, fabrique environ cinquante douzaines de rasoirs par semaine ou trente mille rasoirs par an.

Il emploie dans ses atelires dix-huit ouvriers, dont six aveugles des Quinze-Vingts, et autant à domicile pour les travaux à façon.

Il se sert d'acier fondu français, auquel il est parvenu à donner constamment tel degré de dureté convenable, quelle que soit la qualité de l'acier.

Les rasoirs du sieur Gillet sont fabriqués, comme ceux du sieur Choquet, d'après les principes de Petit-Walle.

123 M. CHOQUET, *fabricant de rasoirs, élève de feu* M. PETIT-WALLE, *des Quinze-Vingts, rue des Jardins St.-Paul, n.* 31, *quartier de l'Arsenal.*

Rasoirs à poli fin, façon Anglaise, aux prix de 12, 15, 18, 24, 27, 34, 37, 35, 36, 44, 66 et 75 fr. la douzaine.

Cette fabrique, qui ne fait que de commencer, peut déjà fournir douze douzaines de rasoirs par semaine.

124 Mme. V^e^. CHARLES, *rue du Petit-Lion, n.* 20, *quartier Poissonnière.*

Rasoirs à dos métalliques qui se confectionnent avec tous les métaux fusibles, et pour lesquels son mari avait été brêveté.

Elle emploie également et avec le même succès les aciers francais et étrangers; ses rasoirs se vendent 3 fr. 50 c. montés en baleine, 4 fr. 50 c. en ivoire, et 17 fr. à six lames de rechange, avec le cuir pour les contenir; tout ce qui concerne la coutellerie est exécuté avec autant de soins que de perfection dans les ateliers de Mme. Charles.

125 M. RIVAUD, *coutelier, rue du faubourg St.-Honoré, n.* 38,

Rasoirs fabriqués les uns en acier anglais, et les autres en acier français.

La fabrication de M. Rivaud est d'autant plus importante qu'elle emploie indistinctement et avec le même succès, les aciers français et anglais. M. Rivaud est un de nos meilleurs artistes en coutellerie, et sous ce rapport il mérite d'autant plus l'attention du gouvernement, qu'il a beaucoup contribué, par ses essais, au perfectionnement des procédés de la fabrication des aciers français de l'établissement de la Bérardière, département de la Loire.

126. M. LETHIEN, *coutelier, Vieille rue du Temple, n. 74.*

Rasoirs à rabot de son invention

V. CUIRS A RASOIRS.

127 M. HEIM, *ancien Sous-Préfet, rue des Fossés du Temple, n. 48.*

Cuirs à rasoirs de son invention, qui offrent l'avantage de s'appliquer exactement à la surface concave de toute espèce de rasoirs.

La société d'encouragement a, le 20 novembre 1816, sur le rapport de son comité des arts mécaniques, approuvé les cuirs à rasoirs de M. Heim.

CHAPITRE XIV.

FABRIQUES D'ARMES.

La fabrication d'armes est depuis long-tems en France un objet d'industrie d'une haute importance, et les étrangers sont encore tributaires de nos manufactures.

Elles ont en effet acquis une telle supériorité dans leur fabrication ordinaire que, dans les campagnes de 1814 et de 1815, nous avons vu les étrangers armer leurs troupes d'élite avec les armes de nos dépôts et arsenaux, de préférence à celles de leurs meilleures fabriques. Cette supériorité de nos manufactures est au reste encore plus frappante dans les armes de chasse et de luxe, qui semblent avoir atteint le plus haut point de perfection, et auxquelles les étrangers mettent le plus grand prix.

128 M. Henry ROUX, *manufacturier d'armes, rue des Trois-Frères, n. 4.*

La manufacture de M. Roux est une de nos bonnes fabriques d'armes. Ses fusils de chasse à percussion, plus connus sous le nom de fusils de Pauly, sont très-recherchés. De 800 fr. qu'ils coûtaient primitivement, M. Roux ne les porte plus qu'à 500 fr., malgré les perfectionnemens qu'il y a encore introduits.

La poudre de l'amorce, composée de mercure fulminant, combinée avec quantité suffisante de soufre et de charbon, est supérieure à celle qui était composée de muriate suroxigéné de potasse et ne présente aucun de ses inconvéniens.

129 M. PRÉLAT, *arquebusier de S. A. R. Monsieur, rue de la Paix, n. 26.*

Les fusils à percussion de M. Prélat sont connus sous le nom de fusils à *foudre*, à raison de la rapidité du départ de la charge, de la figure que décrit le feu, en parcourant toute l'habitude de l'arme, et de la manière dont il est lancé dans la charge par l'action d'un agent extérieur.

M. Prélat, un de nos premiers arquebusiers, emploie

communément quarante ouvriers environ : il expose quatre fusils à deux coups, savoir :

1°. Un fusil à percussion, dit à *foudre*, de nouvelle invention, canon en damas ;

2°. Un petit fusil, système à *foudre*, canon à ruban, de dix-huit à dix-neuf pouces de longueur, crosse brisée, propre à chasser à cheval ;

3°. Un fusil à pierre, garni d'argent, ciselé, sculpté et gravé, canon en damas, culasse chambrée, platine à bassinet isolé ;

4°. Un petit fusil en damas, culassé à chambre évidée, platine à bassinet isolé et à recouvrement, s'amorçant comme le précédent.

130 M. LEPAGE, *arquebusier du Roi, rue de Richelieu, n.* 13.

1°. Un fusil à quatre coups, garni en platine ;

2°. Un fusil double, aussi garni de platine ;

3°. Deux fusils doubles à percussion, mais de construction différente ;

4°. Un sabre en cuivre ciselé et doré.

La fabrique de M. Lepage est réputée une des meilleures de Paris ; ses armes sont en effet très-précieuses et très-recherchées. Sa fabrication est de deux cents fusils environ chaque année.

131 M. LAVOIGNAT, *rue Coquillère, n.* 43.

Trophée d'armes, en miniature, composé :

1°. D'une pièce de canon ;

2°. D'un mortier ;

3°. D'un pierrier ;

4°. De deux fusils ;

5°. D'un mousqueton ;

6°. De deux pistolets d'arçon et d'un autre plus petit ;

7°. De douze sabres et une épée; les fusils ont 0 m. 162 (6 pouces) et les pistolets 0 m. 034 (15 lignes); les batteries remplissent toutes leurs fonctions;

8°. Six lances;

9°. Six drapeaux;

10°. Deux hâches;

11°. Une caisse;

12°. Une trompette.

Les modèles d'armes de M. Lavoignat sont remarquables par leur précieux fini, qui en fait autant de miniatures ou de bijoux de la plus grande délicatesse.

132 **M. CAILLOUX,** ***rue du Mail.***

Modèles de pièces d'artillerie de 24.

133 **M. DOUHAULT WIELAND,** ***rue Ste.-Avoye, n. 19.***

Joli modèle de canon en vermeil, ivoire et pierres fines. M. Douhault Wielaud est un artiste distingué, qui réussit aussi bien dans la sculpture et dans les modèles, que dans la composition des pierres artificielles, dont il passe pour être le premier fabricant (*Voyez* n°°. 297 et 433).

CHAPITRE XV.

ZINC.

Le Zinc n'est employé dans les arts et dans nos constructions que depuis un petit nombre d'années.

M. le chevalier de Bruyères, maître des requêtes, directeur général des travaux publics, l'a fait essayer dans les couvertures de plusieurs bâtimens, dans les abattoirs : ce sont de grands et précieux essais que l'art lui devra, et qui serviront à déterminer précisément le degré d'utilité que peut présenter ce métal, et quels sont ses avantages ou inconvéniens; car il n'y a pas encore assez long-tems qu'il est en usage dans les arts et les constructions pour que nous puissions avoir une opinion fixe à son égard. Nous savons seulement qu'il se travaille avec assez de facilité, qu'à la filière on en obtient des fils de tous numéros, susceptibles d'être appliqués dans les arts; qu'il se lamine très-bien; qu'on peut le forger pour faire des clous et chevilles de marine, des barres, etc.; enfin qu'on peut le couler, le tourner, le ciseler et en faire des statues avec plus d'économie qu'avec le bronze; mais nous ne pouvons encore *prononcer avec plus d'avantage.*

---

134 M. MALPAS, *fabricant de Zinc, rue de Duras, n. 9.*

1°. Un buste du Roi, en zinc;

2°. Des clous et chevilles à l'usage des navires

Et 3°. Des zincs laminés.

Le buste de S. M., coulé sur le beau plâtre de Bosio, paraît avoir assez bien réussi; il eût été intéressant de le voir après la fonte et avant qu'il fût ciselé, afin de juger : 1°. l'effet de la coulée sur le moule; 2°. l'état du buste fondu; 3°. ses fautes et accidens; et 4°. les réparations à faire.

M. Malpas estime que la différence du prix des bustes en zinc à celui des bustes en bronze, est de quatre cinquièmes environ, à travail égal.

CHAPITRE XVI.

PLOMB.

Plusieurs manufactures se sont occupées, depuis quelques années, du laminage du plomb. Cette fabrication paraît avoir atteint toute la perfection dont elle pouvait être susceptible. Aussi doutons-nous qu'elle puisse jamais éprouver actuellement de nouveaux perfectionnemens.

135 M. BOUCHER, *au nom des propriétaires de la manufacture de plomb laminé, rue Bétizy, n. 20.*

Produits de le manufacture établie rue de Bercy, et à Deville, près Rouen, savoir :

1°. Une nappe de plomb laminé de trois mètres sur trois mètres;

2°. Un rouleau de plomb porté sans défaut au dernier degré d'amincissement;

3°. Un tuyau physiqué;

4°. Un tuyau laminé;

Et 5°. Un Ananas en plomb pour effet d'eau.

Cette manufacture de plomb confectionne annuellement plus de 400,000 kilogrammes de plomb; elle occupe de deux cent cinquante à trois cents ouvriers.

CHAPITRE XVII.

CUIVRE.

TOILES MÉTALLIQUES.

Les toiles métalliques étant les seuls objets en cuivre qui ait été présentés, le Jury a jugé convenable, 1°. de faire un chapitre particulier pour l'art du bronzier, qui devrait même être classé parmi les beaux-arts; 2°. de ranger les appareils de cuivre qui lui ont été soumis avec les appareils de distillation. Les toiles métalliques intéressent essentiellement les papeteries; nous croyons avoir remarqué une grande amélioration dans leur fabrication.

136 M. ROSWAG fils, *rue de la Barillerie, n.* 17.

Toiles métalliques provenant de sa fabrique de Schelestad.

M. Roswag avait obtenu, en 1806, la médaille d'argent; il s'est depuis attaché à perfectionner sa fabrication.

Ses toiles sont actuellement de la plus grande beauté, leur tissu est égal dans toutes ses parties.

Les moyens mécaniques adoptés par M. Roswag lui permettent d'exécuter à volonté tous les numéros de tissu qui lui sont demandés, et au plus bas prix possible. Cette fabrication, qui intéresse vivement nos papeteries pour les papiers vélins, est digne de l'attention du jury central.

137 M. GAILLARD aîné, *successeur de* M. PERRIN, *fabricant de toiles métalliques, rue St.-Denis, n.* 228.

Toiles métalliques de divers numéros.

Les toiles métalliques de M. Gaillard-Perrin ont déjà été distinguées aux dernières expositions. M. Gaillard a introduit de grands perfectionnemens dans leur fabrication; ses toiles peuvent actuellement soutenir la concurrence avec celles de l'étranger.

138 M. PAUL, *petite rue St.-Pierre n.* 28.

Toiles métalliques de sa fabrique, qui est connue pour les excellens filtres, grilles et tamis qu'elle fournit depuis plusieurs années à nos grandes manufactures de produits chimiques.

CHAPITRE XVIII.

BRONZES CISELÉS.

La fabrication de bronzes ciselés, destinés à l'ornement et au décors, telle qu'elle est présentement pratiquée, est un art nouveau, et cependant déjà porté à un tel degré de perfection, qu'il semble ne plus pouvoir rien faire de mieux que ce qu'il exécute aujourd'hui; aussi voyons-nous tous les jours les étrangers forcés de reconnaître l'éminente supériorité que nos bronziers ont acquise en ce genre; leur adresser des demandes d'assortimens des bronzes ciselés et dorés, de la plus grande valeur. L'art du bronzier réunit à lui seul plusieurs genres de fabrication auxquels se livrent exclusivement des artistes du plus grand mérite, dont le concours est nécessaire pour l'exécution des riches et magnifiques assortimens de bronze de nos ciseleurs.

---

139 MM. THOMIRE et comp^e., *fabricans de bronzes dorés, rue Boucherat, n. 7.*

MM. Thomire, les premiers de nos ciseleurs, obtinrent à l'exposition de 1806 la grande médaille d'or. Ces habiles artistes emploient dans leurs travaux les matières les plus rares et les plus précieuses, ils réunissent dans leurs ateliers les premiers statuaires, fondeurs et ciseleurs de Paris.

Leur fabrique jouit d'une réputation aussi étendue que méritée pour les chefs-d'œuvre qui en sont sortis et qui en sortent journellement. La Russie, l'Angleterre, l'Allemagne, l'Espagne et généralement tous les pays de l'ancien et du nouveau continent, adressent également leurs commandes à MM. Thomire, qui ont déjà fourni à différentes Cours, plusieurs assortimens complets de bronzes ciselés, dorés et décorés, qui nous assurent en ce genre la supériorité sur toutes les fabriques étrangères.

Cette année MM. Thomire ont exposé :

1°. Un grand vase, forme de Médicis, plaqué en Malachite, de 3 mètres (9 pieds) de haut, richement orné de trophées, surmontés de renommées ailées prêtes à emboucher la trompette, avec un superbe couronnement de lauriers et quart de rond à oves avec perles, le tout en bronze doré au mat.

2°. Une table de malachite de 2 mèt. 40 c., sur 1 mètre 25

portée par deux femmes ailées avec feuilles d'achante et rinceaux. La parclose est ornée de jeux d'enfans; le tout en bronze doré au mat;

3°. Une grande coupe de 1 mètre 50 c. en malachite, de forme antique, posée sur une base triangulaire portant trois femmes ailées se rattachant au balustre par des feuilles d'acanthe et rinceaux;

4°. Un grand candelabre en bronze doré au mat, de 2 mètres 40 c. de haut, à pied triangulaire avec moulures et encadrement, bracelets et coupe recevant une girandole à treize lumières.

5°. Une figure de 2 mètres de haut, le *Germanicus* d'après l'antique.

6°. Enfin un magnifique surtout de table et un assortiment de pendules en bronze ciselé et doré, avec sujets nouveaux.

Les bronzes de MM. Thomire sont aussi distingués par la beauté et l'élégance des formes que par l'exécution, le fini du travail et la rareté ou le prix des matières.

140 M. LENOIR RAVRIO, *rue des Filles-St.-Thomas, n.* 19.

La réputation de M. Lenoir Ravrio est, comme celle de MM. Thomire, devenue réellement universelle: ces célèbres bronziers se disputent la priorité; l'un et l'autre ont le privilége de fournir de leurs magnifiques bronzes les palais les plus somptueux de tous pays. L'Espagne, la Russie, la Prusse, l'Autriche, l'Angleterre, l'Italie, l'Amérique, etc. sont également leurs tributaires et contribuent par leurs commandes à entretenir cette noble émulation qui s'est élevée entre eux depuis les premières expositions, où ils ont l'un et l'autre obtenu les grandes médailles.

Parmi les pièces capitales sorties des ateliers de M. Ravrio, le jury croit devoir citer les superbes services qu'il a exécutés: 1°. Pour l'Empereur de Russie; 2°. les grands Ducs ses frères; 3°. pour le Duc de Glocester; 4°. le Roi de Prusse; 5°. le Roi de

Bavière; 6°. le Prince de Méternich; 7°. le Duc d'Orléans, etc.

La façade extérieure de la fabrique de M. Ravrio, richement décorée de marbres et de bronzes, digne d'un musée Royal ou de l'entrée d'un de nos beaux palais, annonce d'avance aux étrangers le bon goût et les talens d'un de nos plus célèbres artistes.

Enfin un ouvrage non moins remarquable et qui fait encore plus d'honneur à M. Ravrio, est le monument que, dans sa douleur et sa reconnaissance, il a élevé à la mémoire de son prédécesseur, son maître et son associé.

141 MM. DESNIERS et MATELIN, *fabricans de bronzes, rue d'Orléans au Marais, n. 9.*

1°. Un magnifique berceau, destiné pour l'héritier de la couronne, exécuté en bois indigène, soutenu sur des cornes d'abondance, décoré d'une belle figure allégorique;

2°. Un grand assortiment de pendules, dont l'Achille blessé, Daphnis et Chloé, Ulysse et Diomède, le destin de Florian, les Sabines.

3°. Un corps d'architecture Corinthien du plus beau modèle et du goût le plus pur, en bronze doré;

4°. Un beau vase de Médicis;

5°. Un riche plateau;

6°. Une superbe table;

7°. Un assortiment de lustres en cristal de la plus grande richesse.

8°. Un lustre en forme de lampe antique, etc.

La fabrique de MM. Deniers Matelin est une des plus belles de Paris. Elle consiste 1°. en une grande fonderie pour tous les bronzes et métaux; 2°. en un atelier de ciselure; 3°. un atelier de dorure; 4°. un pour le cristal; 5°. un pour l'ébénisterie, etc. Elle emploie plus de cent ouvriers, outre ceux qui travaillent au dehors.

Dans le nombre de morceaux capitaux exécutés par MM. Deniers et Matelin, nous citerons entre autres: 1°. l'enlèvement des Sabines, riche pendule expédiée pour la Russie, l'Angleterre et l'Espagne; 2°. le berceau de l'Infant d'Espagne, de 10,000 fr.; 3°. un magnifique surtout de table pour le Duc de San Carlos, avec le service de dessert, du prix de 24,000 fr.; 4°. un service complet, compris le plateau et tous les accessoires, du prix de 27,000 fr. pour S. Exc. le Duc Fernan-Nunez; 5°. une superbe garniture de cheminée de 9,000 fr., offerte au Roi d'Espagne par S. Exc. le Duc de Friez.

142 **M. FEUCHERES**, *fabricant de bronzes et dorures, rue Notre-Dame-de-Nazareth, n. 25.*

Le nom de M. Feuchères ne peut être séparé de ceux de M. Thomire, Ravrio et Deniers Matelin: à chacune des expositions précédentes, ses bronzes, ses lustres, ses surtouts de table, ses pendules, etc., ont disputé la palme à ceux de ses compétiteurs, et plusieurs d'entre eux ont même obtenu la préférence.

Les magnifiques objets qu'il présente à cette exposition prouvent que sa fabrication soutient avec avantage la comparaison des bronzes des autres ateliers, et permet de douter qu'elle puisse actuellement s'élever à un plus haut point de perfection: M. Feuchères emploie dans la composition de ses ornemens, meubles et pendules, les matières les plus rares et les plus riches.

143 **M. GALLE**, *fabricant de bronzes, rues Colbert, n. 1, et Vivienne, n. 9.*

Divers objets en bronze ciselé.

La réputation de M. Galle est faite depuis long-tems. Ses lustres, ses candelabres, ses feux, sa table et sa pendule de malachite, tous ses bronzes enfin sont de la plus grande beauté et du meilleur goût.

144 **M. DAMMERAT**, *ciseleur bronzier, rue Chapon, n°. 26.*

Diverses copies de statues antiques, savoir:

1°. La Vénus aux poissons;

2°. Une petite Cérès;

3°. Une Minerve;

Et 4°. la statue de Berlin;

Élève du fameux Remond, M. Dammerat est un de nos plus habiles ciseleurs.

Dans le grand nombre de monumens dus à son ciseau, nous distinguerons plus particulièrement :

1°. La belle statue de Louis XV, de trois mètres soixante-quinze centimètres de hauteur, avec tous ses accessoires;

2°. Les bas-reliefs du piédestal de la colonne de la place Vendôme, la statue, les quatre aigles rondes-bosses, et une grande partie des accessoires;

3°. Le monument qui était place des Victoires et dont la statue avait cinq mètres de hauteur;

Et 4°. la belle statue de la Paix, en argent, qui est au palais des Tuileries, et qui a donné son nom au salon dont elle est le plus bel ornement.

145 M. CARBONNEAU, *fondeur-Ciseleur en bronze, rue du Plâtre Ste.-Avoye, n.* 5.

Il a présenté à l'exposition la statue de bronze de Henri IV, exécutée pour M. le Comte Dijeon, membre de la chambre des Députés, qui en fait présent à la ville de Nérac.

La réputation de M. Carbonneau, comme fondeur en bronze, était faite depuis longtems; mais la belle statue que M. Dijeon lui a fait exécuter, lui assure un rang distingué parmi nos plus habiles ciseleurs; elle prouve que nous n'avons rien perdu dans l'art de jeter en bronze, et que nos fondeurs et sculpteurs soutiennent dignement le rang que les célèbres artistes du règne de Louis XIV et de Louis XV avaient assuré, dans l'histoire de l'art, aux ciseleurs français.

146 M. LEDURE, *fabricant de bronze, rue Vivienne, n.* 16.

1°. Un piédestal en bronze, de 1 mètre 35 c. de haut, destiné à recevoir la grande fontaine de vermeille que l'armée Russe a fait exécuter par M. Biennay, pour S. Exc. Mgr. le Comte de Woronzoff son général ;

2°. Une pendule représentant Achille à l'instant où il apprend la mort de Patrocle ;

3°. Une pendule dont le sujet est Marius sur les ruines de Carthage ;

Et 4°. Une pendule avec une grande figure d'étude.

M. Ledure est un de nos meilleurs bronziers ; il a exécuté récemment un magnifique lustre en bronze de grandes dimensions pour la cathédrale de St.-Pétersbourg, d'après les ordres de S. M. l'Empereur de Russie ; et un surtout d'une richesse extrême pour le Comte Galawinn de St.-Pétersbourg.

147 M. BUGNOT, *fabricant de bronze, rue de la Perle, n. 14.*

Différens objets en bronze revêtus d'un vernis perfectionné par lui et imitant la dorure.

Le vernis de M. Bugnot, indépendamment de son brillant qui donne au cuivre l'apparence de la dorure, est d'une solidité à toute épreuve et capable de soutenir la concurrence avec les meilleurs vernis étrangers ; il ne peut s'enlever qu'au moyen du feu et du grès.

Les prix sont de 25 p. o/o au dessous des prix de fabriques étrangères.

148 M. JAIME, *fabricant de bronze, rue Frépillon, n. 22.*

1°. Une colonne canelée à l'aide d'un instrument de son invention ;

2°. L'essai en plomb d'une colonne molettée en spirale ;

3°. Une lampe de son invention, réunissant les avantages de celle de M. Carcel, avec tous ses mécanismes.

L'art du bronzier doit à M. Jaime plusieurs inventions très-ingénieuses, qui ont obtenu d'autant plus de succès qu'elles ont l'avantage de donner une très-grande économie dans le métal employé.

Les lampes de M. Jaime présentent de nouveaux perfectionnemens.

149 M. MICHEL, *rue du Parc Royal.*

Groupe de Héro et Léandre, sujet en bronze ciselé, destiné à servir de support pour une pendule.

M. Michel est un jeune artiste formé dans les ateliers de M. Major, il annonce beaucoup de talens dans la ciselure.

CHAPITRE XIX.

DOUBLÉ, PLAQUÉ D'OR ET D'ARGENT.

L'Angleterre nous a long-tems fourni des doublés et plaqués que nous ne pouvions alors que bien imparfaitement imiter; cet art était même si peu connu en France qu'on n'en trouve aucune description dans les ouvrages d'art et d'industrie : ce n'est que depuis peu d'années que quelques artistes français s'y sont livrés; mais ils l'ont fait avec un tel succès qu'il serait aujourd'hui impossible aux fabriques anglaises de soutenir la concurrence avec les nôtres, nos doublés et plaqués ayant suivi l'impulsion donnée à notre orfévrerie, et se distinguant comme elle par le goût le plus pur et le plus délicat, autant que par l'élégance des formes et la perfection du travail. (1)

(1) Plusieurs de nos fabricans de doublé et plaqué ont reçu les propositions les plus avantageuses pour porter leurs procédés et découvertes en Russie, en Angleterre, en Autriche, etc.

150 M. TOURROT, *fabricant de doublé, rue Ste.-Avoye, n. 47.*

Elève de MM. Jecker, Argand et Bordier-Marcet, ingénieurs, constructeurs d'appareils d'éclairage, M. Tourrot est aujourd'hui un de nos premiers et de nos plus habiles fabricans de doublé. Il s'est formé sous les yeux de ces célèbres artistes, et après avoir étudié avec soin les doublés et plaqués anglais, il est parvenu, à lui seul, à créer, après bien des peines, des veilles et des sacrifices, un genre de fabrication entièrement neuf et distinct de tous ceux qui étaient jusqu'alors pratiqués.

Par son nouveau procédé il a opéré dans nos fabriques une véritable révolution, en faisant abandonner et les vieilles routines, et toutes les collections de matrices qui s'y trouvaient pour adopter le tour et le mandrin, avec lesquels on exécute aujourd'hui d'un seul morceau les pièces les plus composées et des plus grandes dimensions.

C'est après être entré dans tous les détails et développemens de la fabrication et des procédés de M. Tourrot, que le Jury a pu en reconnaître l'importance; et c'est pour l'avoir bien appréciée qu'il signale cet artiste laborieux et intelligent, comme digne, à tous égards, des encouragemens du Gouvernement.

Le bel assortiment de doublés que présente M. Tourrot se compose :

1°. D'un service de table;

2°. D'une fontaine à thé;

3°. D'un vase Médicis formé d'une seule plaque et sans soudure;

4°. D'un déjeûner complet;

5°. D'une lampe astrale;

6°. D'une exposition de Saint Sacrement, d'un soleil, d'un ciboire et de toutes les pièces d'accompagnement;

7°. D'une croix de procession, avec les flambeaux ;

8°. Enfin d'une grande lampe d'église, faite sur le tour de quatre pièces développées et repoussées par une forte compression, sans le secours ni du maillet ni du marteau, et sans aucune soudure.

Cette lampe présentée par le Jury d'admission à plusieurs de nos premiers orfèvres de Paris, et bons juges en cette matière (MM. Biennais, Fauconnier, Cahier, Jecker, etc. etc.) a été jugée par eux « *le chef-d'œuvre de l'art, la plus* » *grande difficulté vaincue, un morceau de réception de* » *maître, unique en son genre, enfin la pièce la plus* » *digne de l'attention des connaisseurs et du Jury central,* » *qui n'en récompenserait pas le mérite avec dix médailles.*

Nous ne pouvons terminer cet article sans recommander à la bienveillance de S. E. M. Tourrot, auquel notre industrie est redevable du procédé le plus avantageux pour la fabrication du doublé, et qui mérite d'autant plus d'être distingué que des offres avantageuses lui ont été faites pour porter son industrie dans l'étranger, mais que cet artiste, vraiment Français, a repoussées en répondant qu'il aimait trop son pays pour jamais le quitter, et qu'il s'estimait trop heureux d'avoir pu y créer un nouveau genre de fabrication.

151 **MM. CHATELAIN et Comp^e.** *fabricans de doublé d'or et d'argent, rue du Faubourg du Temple, n. 91.*

Grand assortiment de divers produits de leur fabrique, de toutes formes et pour tous usages, tels que des fontaines à thé, soupière, verrière, corbeille, calice, ciboire, porte-liqueur, cafetière, salière, flambeaux, casques, cuirasses, etc.

La manufacture de MM. Châtelain est une des plus considérables en ce genre. Ses produits sont parfaitement exécutés et d'un goût exquis; le plaqué au 10e. imite l'argenterie jusqu'à parfaite illusion et avec tout l'avantage des formes qui se font mécaniquement d'après les nouveaux procédés du doublé rond, soudé en tube, du renversement des bords sur le tour dans la fabrication de la vaisselle, enfin dans la partie de la rétreinte ou du marteau.

C'est dans la fabrique de MM. Châtelain qu'a été découvert, en 1818, le nouveau procédé de M. Michaud-la-Bonté, pour souder et planer le platine sur le cuivre, de manière à supporter toutes espèces d'épreuves.

152 M. CHRISTOPHE, *fabricant de plaqué d'or et d'argent, rue des Enfans-Rouges, n. 7.*

Feuilles de plaqué or et argent fabriquées par un procédé de son invention, qui n'exige pas l'action du feu dans la jonction des deux matières.

Ce doublé, qui est propre à être employé à tous les objets qui se font dans ce genre, diffère de beaucoup de celui que l'on a fait jusqu'à présent en France et même en Angleterre.

Le doublé ne s'était encore fait qu'à chaud ou par l'action du feu, d'où résultait l'inconvénient que le cuivre, qu'il faut chauffer à un très-haut degré de chaleur, s'imbibe et attire dans son intérieur un grande partie de l'or ou de l'argent, de sorte que ce doublé, qui est annoncé pour un titre que l'on a réellement mis, ne produit jamais à l'usage la durée que l'on en doit attendre.

Le doublé fait à froid n'a pas cet inconvénient: l'or et l'argent qu'on y met ne supportant pas l'action du feu, ces métaux ne sont nullement altérés, ils se trouvent en entier sur la surface du cuivre; d'où résulte, au contraire, ce grand avantage que le doublé à froid, à moitié titre de celui à chaud, fait encore plus d'usage, et qu'à titre égal il dure deux fois plus; ce procédé est en outre plus prompt et moins dispendieux de plus de moité que celui à chaud.

Le procédé de M. Christophe a été si bien apprécié par les étrangers qu'on lui a garanti 100,000 fr., et 20,000 fr. d'indemnité pour porter sa fabrication en Angleterre, et que tout récemment un officier au service de Russie lui a encore fait les offres les plus brillantes, mais que ce célèbre fabricant a repoussée avec autant d'énergie que de noblesse.

Ses procédés sont si parfaits que les Anglais ne timbrent plus les boutons qu'ils veulent encore introduire en France, qu'au nom de *Christophe* : enfin, il est à remarquer que la grosse de boutons n'emploie que 5 fr. 50 c. de plaqué d'or et 2 fr. de plaqué d'argent.

153 M. PILLIOUD, *fabricant d'orfévrerie plaquée, rue des Juifs, n.* 11

Grand assortiment d'argenterie d'usage habituel, provenant de sa fabrique.

La manufacture de M. Pillioud a trois manèges, douze laminoirs et trois moutons qui travaillent également :

1°. L'orfévrerie-plaquée ;

2°. Les ornemens pour voiture ou harnois;

3°. Le doublé d'or sur argent et or ou argent sur cuivre.

4°. L'estampe pour les ornemens;

5°. Les souderies pour les ornemens ;

Et 6°. La fonderie pour l'or et l'argent.

154 M. LEVRAT François, *fabricant de plaqué d'or et d'argent, rue de Popincourt, n.* 66.

Les plaqués d'or et d'argent de M Levrat rivalisent, pour les formes, le bon goût et l'exécution du travail, avec tout ce que nos meilleures fabriques peuvent exécuter de plus parfait en ce genre.

155 MM. LECOUFLÉ et BAUDIN, *fabricans-bijoutiers, rue St.-Denis, n.* 242.

Tabatières et montres de plaqué et doublé d'or.

MM. Lecouflé et Baudin, brévetés pour 10 ans, et pourvus d'un brevet d'addition et de perfectionnement, paraissent arrivés à un degré de supériorité qu'on pourra bien atteindre, mais difficilement dépasser. Ils se sont emparé, par des procédés de leur invention, d'une branche d'industrie dans laquelle ils ont de nombreux concurrens français ou étrangers; mais ils ont si bien réussi, que tous les objets établis d'après leur mode de fabrication, peuvent se livrer avec bénéfice, matière, façon et contrôle, pour ce que coûte ordinairement la seule façon des mêmes objets en or pur.

CHAPITRE XX.

ORFÉVRERIE.

La supériorité de l'orfévrerie française, sur celle de toutes les autres fabriques de l'Europe, est trop connue et trop bien prouvée pour que personne puisse jamais nous la contester; d'ailleurs il suffirait de voir dans nos fabriques les riches commandes des Princes et Souverains étrangers, pour ne conserver aucun doute à cet égard. C'est particulièrement aux travaux des Odiot, des Biennais, des Auguste, des Cahier, des Fauconnier, etc., que notre orfévrerie doit la haute réputation dont elle jouit, et qui est fondée sur les connaissances et les talens de ces artistes distingués, autant que sur le bon choix de leurs modèles, l'élégance des dessins, la variété des formes, la richesse des détails, la perfection de la ciselure, enfin l'harmonie de l'ensemble.

I. ORFÉVRERIE.

156 M. ODIOT, *manufacturier d'orfévrerie, rue l'Évêque, n. 1.*

Il présente une belle suite de modèles d'orfévrerie, exécutés en bronze, qu'il offre au gouvernement comme la base d'une collection qui serait destinée à faire l'histoire de l'art.

Parmi ces superbes bronzes, qui sont chacun séparément, autant de chefs-d'œuvre de tout ce que l'antiquité nous a laissé de plus pur et de plus parfait, nous citerons:

1°. Une soupière à femmes ailées posées sur consoles, plateau avec griffes chimères, le couvercle surmonté d'un Ganimède;

2°. Un vase de forme étrusque, pour fontaine ou bouilloire orné de bas-reliefs, anses arabesques et tête de Jupiter Ammon.

3°. Un trépied de 0m. 80c. de haut, pouvant servir de cassolette, avec bas-relief, pilastres et arabesques.

Ces trois pièces de la plus grande beauté, du meilleur goût et du fini le plus précieux, exécutées en argent, obtinrent la médaille d'or aux expositions de 1802 et 1806.

4°. Autre vase, forme Médicis, orné d'un bas-relief (le triomphe de Bacchus), et anses à tête de poisson.

5°. Une coupe pour sucrier, ornée d'une frise très-riche, anses à enfans sur socle carré, avec griffes;

6°. Un pot à eau orné de bas-reliefs, anses-cignes et roseaux;

7°. Une soupière ovale, frise riche, supportée par deux figures ailées sur plateau avec griffes, chimères, anses, cignes;

8°. Un porte-huillier orné d'une Léda, de deux griffons, plateau carré supporté par des chimères à têtes de femmes;

9°. Une saucière, lampe antique, anses à enfant tenant deux cornes d'abondance;

10°. Une salière double, à femmes drapées adossées à une colonne;

11°. Un moutardier, femme à genoux;

Et 12°. Un satyre supportant une couronne.

Outre cette riche collection de modèles, qui sont tous du plus grand prix et du travail le plus parfait, M. Odiot a encore exposé:

1°. Un magnifique déjeûner exécuté en vermeil sur plateau à mouvement circulaire, porté par des griffons à tête de chimères, avec galerie à pilastre ; le tout richement décoré de vases, statuettes, chimères, arabesques : dans les épaisseurs du plateau sont des tiroirs contenant les assiettes, et et dans les socles les couverts et les couteaux; cette magnifique composition, ornée de figures allégoriques, du meilleur style et d'une charmante application, présente un service complet pour table de déjeûner.

2°. Une superbe écritoire de vermeil sur une estrade portée sur des griffes de lion, ornée de ciselures imitant diverses mosaïques; au dessous est un tiroir à secret, dans le fond est un stylobate enrichi des figures des muses. Celle d'Apollon est au milieu sur un piédestal; enfin aux deux extrémités sont deux trépieds et deux sphynx ;

3°. Un riche assortiment de diverses pièces d'argenterie dans les formes les plus gracieuses, décorées de figures, chimères et ciselures les plus parfaites, les plus distinguées et les mieux composées.

La réputation de M. Odiot est si étendue qu'elle est véritablement devenue Européenne. Les objets qu'il expose sont de la plus grande beauté et dignes, à tous égards, de cette haute réputation. L'idée qu'il a conçue d'offrir au gouvernement des bronzes modèles des plus beaux morceaux d'orfévrerie qu'il a successivement exécutés pour toutes les cours de l'Europe, lui fait beaucoup d'honneur. Ses bronzes, qui sont d'un goût exquis, pourraient en effet devenir les élémens d'une collection précieuse pour l'histoire de l'art.

Cette idée est grande, elle est noble, elle est digne d'un artiste aussi distingué et aussi passionné des beaux arts. M. Odiot avait obtenu la grande médaille d'or en 1802; le jury central a déclaré, en 1806, qu'il lui en aurait donné une nouvelle, si déjà il n'en avait obtenu une en 1802.

C'est contre ce motif que nous nous sommes élevés dans notre discours préliminaire, en demandant qu'à l'avenir, sans avoir égard aux prix antérieurs, nos artistes reçussent les médailles de récompense qu'ils auraient méritées, ainsi que cela a lieu dans les universités, dans les académies et autres institutions de ce genre.

157 M. BIENNAY, *orfèvre rue St.-Honoré, n.* 283.

Un grand vase en vermeil de forme Médicis.

Le beau vase de vermeil de M. Biennay est destiné par l'armée russe à son général M. le Comte de Worouzoff. Ce vase est digne de la réputation de M. Biennay, qui s'est fait distinguer pendant plus de vingt ans par tout ce qu'il y avait de plus parfait en orfévrerie. En 1806, M. Biennay obtint la médaille d'or.

Le piédestal de bronze qui supporte son superbe vase a été exécuté par M. Ledure, que nous avons déjà nommé sous le n°. 146.

158 M. CAHIER, *orfèvre du Roi, quai des Orfèvres, n.* 58.

Grand assortiment d'argenterie de table ou d'usage habituel, et d'argenterie d'église.

M. Cahier, qu'on retrouve dans toutes les institutions utiles et de bienfaisance, est un de nos meilleurs orfévres; ses ateliers jouissent d'une haute réputation, il y entretient un grand nombre de famille et forme annuellement beaucoup d'élèves.

Parmi les pièces qu'il a exposées, nous distinguerons particulièrement :

1°. Une vierge d'argent de la plus grande beauté;

2°. Un superbe soleil avec un ange adorateur;

3°. Un calice et le ciboire;

4°. Une très-belle aiguière d'après le dessin de M. Montagny;

5°. Des soupières variées et très-élégantes;

6°. Une superbe fontaine à thé en forme de vase antique, de 1 mètre de hauteur environ, posé sur un grand plateau : les anses sont composées d'enfant sur des têtes de fleuve, surmontées de serpens enlacés qui, appuyés sur des corbeilles de fleurs, se rattachent à la partie supérieure et la terminent.

Le vase est fermé par un couvercle surmonté d'une petite figure de génie marin pinçant de la lyre; la figure du bas-relief placé sur le corps du vase, représente Esculape assis sur un cheval marin. La partie inférieure, ainsi que le socle supportant le vase, et la frise du plateau, sont décorés de divers ornemens dont l'exécution laisse peu à désirer. Cette fontaine a été exécutée d'après les dessins de M. Lafitte.

159 M. **FAUCONNIER**, *orfèvre, rue du Bac, passage St.-Marie.*

Service d'argenterie, avec grands vases, statues, figures et diverses pièces de haute orfèvrerie montées.

La fabrique de M. Fauconnier est une des premières de Paris. Elle se distingue particulièrement pour la pureté des formes, les grâces des ornemens et le précieux fini des détails.

Sa superbe fontaine de vermeil est un véritable chef-d'œuvre; elle peut rivaliser avec tout ce qui existe de plus beau en ce genre, et elle offre un nouveau degré de perfection jusqu'ici inconnue en orfèvrerie, dans l'application ingénieuse d'un mouvement de pignon et de crémaillère qui fait rentrer dans la base ou piédestal de la fontaine les robinets, qui font toujours un mauvais effet.

160 M. **BUISSON**, *orfèvre, rue St.-Honoré, n.* 140.

Grande fontaine d'argent, en forme de vase antique, de 0,60 centimètres de hauteur, richement décorée.

II. FILIGRANES.

161 M. **BEAUGEOIS**, *orfèvre-joaillier, rue de Chabanais, n.* 11.

Bouquet en or, dans une corbeille, pouvant former cassolette pour mettre des parfums. Le bouquet de M. Beaugeois est tout ce qu'il est possible d'exécuter de plus gracieux, de plus vrai et de plus naturel. Il n'est personne qui ne puisse reconnaître et nommer les fleurs qui le composent; elles présentent toutes leurs caractères particuliers, tant dans leur port que dans leurs feuilles et dans les organes de leurs fleurs. Ce magnifique bouquet, qui a été apprécié par tous les connaisseurs, suffirait à lui seul pour établir la réputation de l'auteur, et lui assurer le premier rang dans tout concours.

162 M. FIRMIN, *orfèvre joaillier, rue des Bons-Enfans, n. 2.*

Un petit navire en argent.

CHAPITRE XXI.

PLATINE

Personne n'ignore combien est difficile et longue la purification du Platine, que c'est un des métaux les plus réfractaires; que c'est en France qu'on est d'abord parvenu à travailler en grand ce précieux métal, dans les ateliers des sieurs Janety; enfin que ces artistes ont été long-tems les seuls qui ajent eu le talent de le réduire et d'en faire des pièces de bijouterie et d'orfévrerie.

Depuis la première application que MM. Janety ont fait du platine à la fabrication des ustensiles des laboratoires de chimie, plusieurs autres artistes se sont occupés d'en forger des vases, et après bien des tentatives, ils sont parvenus à en faire également des chaudières de concentration et des appareils pour nos grandes manufactures d'acides minéraux ; mais cette fabrication est encore particulière à la France, et ce sont ses Platineries qui fournissent tous les pays voisins des vases et ustensiles de platine dont ils ont besoin.

---

163 M. JANETY, *fabricant d'objets en platine, rue du Colombier, n. 21, faubourg St.-Germain, près l'Abbaye.*

Riche assortiment de divers objets de bijouterie et joaillerie en platine, dans lequel on remarque entre autres 1°. un nécessaire garni de toutes ses pièces; 2°. différens ustensiles de laboratoire de chimie, et 3°. Un alambic de la contenance de soixante litres pour la concentration des acides.

La fabrique de platine de MM. Janety père et fils est connue avantageusement ; elle fut long-tems la seule pour fournir aux demandes de tous pays, puisque les Espagnols et même les Américains étaient obligés de s'adresser à eux pour faire travailler leur platine.

C'est à M. Janety que fut confiée la fabrication des médailles de platine pour la pose des premières pierres des monumens publics de Paris depuis l'année 1806 jusqu'en 1814.

Dans le grand nombre d'objets capitaux que ces habiles artistes ont exécutés nous devons citer :

1°. La belle chaîne de platine de Louis XVI (1).

2°. Le service de platine de la Reine Marie-Antoinette ;

3°. Le nécessaire de la Reine d'Espagne;

4°. Le premier grand vase de platine d'un seul morceau,

---

(1) M. Janety a eu l'honneur d'offrir cette superbe chaîne à S. M., le samedi 28 août, et en l'agréant, S. M. a exprimé, avec des paroles pleines de bienveillance, le prix infini qu'elle mettait à cette superbe chaîne.

fait en 1808 pour la concentration de l'acide sulfurique, pour M. Alban;

5°. La grande coupe de platine d'un seul morceau également et sans aucun défaut, de la contenance de quatre cents litres, fournie pour l'Empereur d'Autriche;

Et 6°. les deux grands vases de concentration de MM. Baudin-Joly, de la contenance de cinq cents litres.

A l'exposition de 1808, M. Janety père obtint la médaille d'argent, et depuis cette époque jusqu'au moment où il a malheureusement perdu la vue, cet artiste infatigable s'est attaché à perfectionner ses procédés.

En admettant à l'exposition les divers objets de platine présentés par M. Janety fils, qui marche sur les traces de son père et qui en soutient dignement la réputation, le jury d'admission saisit cette occasion pour recommander au jury central M. Janety père, vénérable octogénaire, bientôt le doyen de nos artistes, privé de la vue par suite de ses longs et pénibles travaux sur le platine.

164 MM. CUOQ, COUTURIER et Comp^e., *fabricans de platine, rue de Richelieu, n.* 107.

Divers objets en platine et particulièrement un très-grand vase ou chaudière destinée à la concentration des acides.

MM. Cuoq et Couturier fabriquent, comme MM. Janety, les grands vases de platine destinés aux acides minéraux. Le vase qu'ils présentent est remarquable par ses dimensions; il pèse vingt kilogrammes et contient deux cents litres; il est fait avec une seule planche de platine, à la retreinte, sans aucune soudure ni défaut; amélioration de la plus haute importance pour les fabriques de produits chimiques, qui jusqu'à ce jour ne pouvaient trouver des vases de platine d'une seule pièce que dans les petites dimensions.

MM. Cuoq et Couturier, qui ont fabriqué ces années dernières quatre cent soixante sept kilogrammes de platine pour une valeur de 279,160 francs, sont parvenus à battre et réduire le platine en feuilles aussi minces que les feuilles d'or à l'usage des doreurs.

Le rapport fait à la société d'encouragement (bulletin 153) le 12 mai 1817 fait connaître tous les avantages de cette fabrication.

165 M. MICHAUD LABONTÉ, *orfèvre, rue Neuve St.-Eustache, n. 4.*

Après s'être livré pendant plusieurs années avec une persévérance sans exemple au travail du platine, M. Michaud Labonté est parvenu à appliquer ce métal sur le cuivre pour en faire des vases, ustensiles et instrumens à l'usage des chimistes, distillateurs et confiseurs.

Dans le grand nombre de pièces de platine exposées par M. Michaud Labonté, le jury a particulièrement distingué : 1°. une capsule de 0,35 d'ouverture sur 0,12 de profondeur, dont l'intérieur est plaqué en platine au 10e, et l'extérieur en argent au 20e; le milieu est de cuivre rouge;

2°. Des tabatières d'écaille garnies ou doublées de plaqué de platine;

3°. Des dés à coudre dont l'intérieur est plaqué en platine et l'extérieur en argent.

CHAPITRE XXII.

MÉCANIQUE.

MACHINES POUR LE COTON,

LA LAINE, LE CHANVRE, LE LIN, POUR TILLER, MACHINES HYDRAULIQUES, etc.

Plusieurs machines importantes, nouvellement découvertes, ont été présentées à l'exposition, et nos fabriques de drap, de coton, de toiles, comme nos manufactures de produits chimiques en ont promptement fait l'application. Les plus remarquables sont les machines à tisser, les tondeuses, les cylindres de cardes, les chardons métalliques, la vis d'Archimède, la pompe à explosion de vapeur, la syrène ou cagnardelle, les nouveaux encliquetages, les machines et pompes pour les incendies, etc. etc.

I. MACHINES A TILLER.

166 M. CALLA, *menuisier constructeur, rue du Faubourg Poissonnière, n. 92.*

1°. Machines à broyer le chanvre et le lin, de l'invention de M. Christian;

2°. Une presse hydraulique;

3°. Des échantillons de garnitures de cadres fabriquées mécaniquement.

M. Calla a obtenu une médaille d'or en 1806, il est un de nos premiers mécaniciens; sa réputation est depuis long-tems établie; sa presse hydraulique est parfaitement exécutée, ainsi que ses échantillons de garnitures de cadres.

167. M. DEHARME, *rue des Petites-Écuries.*

M. Deharme est un des plus habiles mécaniciens de Paris; il y a long-tems qu'il s'est fait connaître par ses belles compositions; c'est à lui qu'est confiée la ciselure de tous les bronzes et des grilles de l'église de St.-Denis.

Sa machine à tiller, sagement conçue et parfaitement exécutée, est d'un trop grand intérêt pour ne pas attirer l'attention du public, qui pourra la comparer avec celles que d'autres mécaniciens ont également présentées.

Enfin la quincaillerie de M. Deharme paraît très-bien fabriquée et en tout digne de la réputation de l'auteur.

168. M. TISSOT jeune, *horloger-mécanicien, rue Bar-du-Bec, n. 25.*

Machine simplifiée et perfectionnée, propre à tiller, mailler, espadonner, etc., les chanvres et les lins.

La machine de M. Tissot est très-bien conçue: dans les essais qu'on lui a fait subir, elle a parfaitement rempli toutes ses conditions et fonctions.

Cette machine pourra être comparée avec celles qui sont déjà répandues dans le public, et il sera facile de juger les perfectionnemens qu'elle présente sur les premières. M. Tissot est un mécanicien très-instruit qui mérite d'être recommandé à la bienveillance du gouvernement.

II. CARDES ET CHARDONS MÉTALLIQUES.

169 **M. LE NAIN**, *rue St.-Antoine, n.* 126.

Peignes et lisses de sa fabrique, à l'usage des tissus en coton et autres.

Les peignes et lisses de M. Le Nain sont très-recherchés par nos fabricans de tissus, à cause de leur supériorité.

170 **M. HEURAUX** jeune, *rue St.-Médéric, n.* 46, *hôtel Jabach.*

Cardes ou chardons métalliques d'une nouvelle invention.

La fabrique de M. Heuraux se compose de laminoirs, de découpoirs et d'un manège. Les principaux perfectionnemens réclamés par l'expérience pour la fabrication du chardon métallique consistaient à multiplier les dents, à l'instar du chardon végétal : elles ont été portées de huit ou dix, à dix-huit dents dans la largeur de 0 m. 027 (1 pouce).

Le placement du chardon végétal sur les cardes est long et dispendieux ; et n'opérant que sur des draps mouillés, il est bientôt imbibé, amolli et hors de service; pour le sécher il faut des étuves et du combustible; il occupe pendant deux ans la terre où on le sème, enfin il est sujet à l'intempérie des saisons, au point qu'on a souvent vu son prix varier de 70 à 300 fr. la balle.

Le chardon métallique est digne de l'attention du jury central : il est d'un prix modéré et invariable, il ne craint ni l'eau ni la rouille, il économise le combustible et simplifie la main-d'œuvre, enfin sa nature et sa consistance lui donnent une durée bien supérieure à celle du chardon végétal : avantages qui se reversent naturellement sur le prix des draps ou le bénéfice du fabricant.

171 M. GOHIN Louis-Julien, *rue Neuve St.-Jean, n. 3, faubourg St.-Martin.*

Déjà connu par sa belle fabrique de couleurs et ses papiers peints, il a présenté à l'exposition : 1°. des rubans de cardes n°. 24 et 26; 2°. des rubans à dents droites; 3°. des plaques à coton; 4°. des plaques et des rubans pour laine.

Les cardes de M. Gohin sont d'une grande perfection ; elles sont faites au moyen d'une machine pour laquelle il est breveté avec M. Mathieu, son associé.

172 M. OLIVE Joseph, *fabricant de mécaniques diverses, rue de la Tixeranderie, n.* 15.

Cardes et cylindres pour les filatures de coton, et serrures de sûreté avec cadenas de combinaison. La fabrique de M. Olive est connue avantageusement; ses cylindres sont parfaits et très-estimés.

173 MM. LAMBERT et MARTIN, *fabricans de cardes, rue du Faubourg St.-Martin, n.* 142.

Plaques et rubans de cardes pour les filatures de coton et les fabriques de draps.

174 M. SOUFFRANT Barthelemy, *fileur en coton et treilleur de laines, demeurant au Point-du-Jour, arrondissement de St.-Denis.*

Machine à laver la laine et machine à battre le coton ou la laine, de son invention.

175 M. DOBO, *manufacturier, rue de Charonne.*

Modèles de machines élémentaires dans lesquelles il a fait l'application d'un nouvel encliquetage.

M. Dobo est un habile mécanicien, auteur du système complet des machines à filer la laine peignée, que MM. Ternaux ont les premiers mis en activité dans leur fabrique depuis six ans, et qui est également établie avec le plus grand succès dans la manufacture de MM. Richard le Noir, Dufresne et comp[e].

La laine peignée, filée par le système de M. Dobo, est la première qui ait paru dans le commerce ; elle fut accueillie avec empressement, et bientôt le prix s'en éleva à 30 p. 100 au dessus de celle filée à la main, par l'avantage que l'on trouvait à l'employer.

En 1815, la société d'encouragement lui accorda le prix de la filature de laine peignée qui était au concours depuis 1811, et reconnut que son système remplissait le but de perfection et d'économie qu'elle s'était proposé.

En 1815, M. Richard le Noir Dufresne donna un grand développement à cette filature dans sa fabrique de Paris; M. Dobo changea alors la destination de ses métiers à coton, pour leur faire filer de la laine peignée. A cette époque il n'y avait pas un seul peigneur de laine à Paris ; on tirait les laines peignées de Champagne et de Picardie. M. Dobo fut donc obligé de former à Paris et dans les prisons de Bicêtre, de nombreux ateliers de peigneurs, et en peu de tems il parvint à réunir dans la même fabrique le triage, le dégraissage, le peignage, la filature et le tissage de la laine peignée.

Les concurrens devinrent bientôt d'autant plus nombreux, que M. Dobo leur avait applani les premières et les plus grandes difficultés, n'ayant eu pour point de départ que l'assurance de la possibilité. Aujourd'hui on trouve dans diverses fabriques plusieurs des moyens de M. Dobo plus ou moins déguisés; mais la priorité de l'invention, ainsi que la supériorité, lui resteront toujours, comme le prouve journellement le commerce, qui accorde une préférence justement méritée à sa filature.

Quant au nouvel encliquetage, destiné à vaincre le mouvement rétrograde que présentent communément les manèges des filatures, et qui gâtent les dents des cardes, le jury reconnaît qu'il obtient le plus grand succès, qu'il ne produit ni bruit, ni recul, ni tems perdu, enfin qu'il rempli toutes les conditions qu'on peut désirer. M. Dobo n'en a poin fait de secret. Il ne s'est point pourvu en demande de breve d'invention. Il l'a laissé publier dans le bulletin de la sociét d'encouragement, qui l'a jugé un *nouvel élément de machine*, et bientôt il a été employé par plusieurs mécanicien qui en ont fait diverses applications très-heureuses.

Nous croyons devoir appeler particulièrement l'attentior du jury central sur M. Dobo, dont l'unique stimulant a ét l'honneur de son pays et l'affranchissement du tribut que lu imposaient les fabriques étrangères. En attendant que cet ar tiste distingué soit récompensé ainsi qu'il le mérite, nou nous proposons de conserver son nom aux nouvelles machines que nous lui devons, notamment à son encliquetage qui serait désigné dans les arts sous la dénomination d'*encliquetage de Dobo*.

III. MACHINES A TONDRE LES DRAPS.

176 MM. J. A. POUPART DE NEUFLIZE *et* Comp^e^, *manufacturiers, rue Notre-Dame-des-Victoires, n. 24.*

Machines à tondre les draps et autres étoffes de leur invention et perfectionnement, pour lesquelles ils sont brévetés sous le nom du sieur Auguste Sévene, leur associé.

Les produits des fabriques de M. Poupart ont été distingués d'une manière honorable aux dernières expositions.

Les succès que les tondeuses ont obtenus sont déjà généralement connus; elles se multiplient de jour en jour, et bientôt elles seront adoptées dans toutes nos manufactures de draps.

177 M. JOHN COLLIER, *mécanicien, rue Richer, n. 20.*

Machines à tondre les draps et cylindres de cardes.

Le jury admet à l'unanimité les machines présentées par M. Collier, mais sans se prononcer sur la priorité de l'invention de la machine à tondre les draps, par M. Poupart de Neuflize ou par M. Collier. Celui-ci est déjà connu avantageusement pour toutes les nouvelles machines qu'il a introduites dans nos manufactures, qui lui doivent, entre autres améliorations de la plus haute importance, les cylindres de cardes de son invention.

Observations.

Telles étaient les deux notices du rapport du jury, lorsque, par lettre du 8 juillet, M. le Baron J. A. Poupart de Neuflize pour sa maison et comp^e. a adressé à M. le Comte de Chabrol, sur la machine à tondre les draps, une note que M. le Préfet a transmise au jury d'admission, qui croit devoir la transcrire littéralement dans son rapport, parce qu'elle fait connaître la part que M. John Collier a eue dans cette importante et admirable invention, et la justice qui lui a été rendue à cet égard par M. le Baron J. A. Poupart de Neuflize, et M. Auguste Sévene, son associé.

« Avant l'existence de cette machine, on s'accordait unani-« mement sur l'insuffisance du tondage au moyen des forces « ordinaires, quelle que fût la manière de les mettre en action;

« On sentait le besoin d'un procédé plus prompt, moins « dispendieux et qui fût ainsi en harmonie avec les hauts « perfectionnemens que l'adoption des mécaniques avait « introduits dans la fabrication des draps. Divers essais avaient « eu lieu en France et à l'étranger pour substituer un mouve-« ment *continu* à celui de *va* et *vient*; mais toutes les ten-« tatives, demeurées infructueuses, avaient fait rejeter ce » principe comme inadmissible pour la tonte des draps.

« Cependant M. de Neuflize, prévoyant tout le parti qu'on « pourrait en tirer, si l'application en était faite d'une ma-« nière convenable et appropriée aux besoins du fabricant, « *engagea M. Collier à s'y consacrer entièrement.*

« C'est ainsi que la tondeuse fut introduite de concert entre « *un artiste qui avait pour lui la connaissance théorique* « *et pratique de son art*, et un manufacturier dont l'expé-

» rience rappelait sans cesse au mécanicien le but auquel il
» fallait arriver.

« Les grandes avances de fonds de M. de Neuflize, l'indus-
» trieuse collaboration de son associé, M. Auguste Sévene,
» au nom duquel les brevets furent obtenus, et la *persé-*
» *vérence infatigable de M. Collier* parvinrent enfin à lever
» les obstacles sans nombre que présentait l'entreprise, et le
» problême fut résolu.

» La première machine de ce genre fut mise en activité
» dans la manufacture hydraulique de M. de Neuflize, à
» Mouzon près Sedan; lorsque le succès en fut assuré, il fut
» ouvert dans sa manufacture à Elbœuf, un atelier public de
» cinq machines, où plusieurs milliers d'aunes tondues
» chaque jour démontraient aux fabricans la supériorité de
» ce procédé. C'est de là que les indications recueillies par le
» mécanicien ont fait jallir les améliorations et perfection-
» nemens consacrés par divers brevets; c'est ainsi que la
» tondeuse devint une machine du premier ordre, dont la
» création doit faire époque dans l'histoire des arts.

» Elle est déjà répandue dans les principales villes manufac-
» turières du royaume, à Limoux, Louviers, Paris, Rheims,
» Vienne (Isère), à Vire, où il existe des ateliers de tondage
» public, et il ne tardera pas à s'en établir dans d'autres
» villes du midi. Vingt fabricans en ont aussi fait l'acquisition
» pour leur propre compte; tous en sont satisfaits. MM. Pou-
» part de Neuflize et fils n'emploient et n'ont aucun autre
» moyen de tondage dans leurs manufactures de Louviers et
» d'Elbœuf; ils l'ont aussi adoptée complètement dans leurs
» ateliers à Mouzon, sur la Meuse, près Sedan, et s'ils ont
» encore conservé à Sedan douze ou quinze ouvriers tondeurs
» à la main, de quatre-vingt-dix qu'ils avaient il y a quinze
» mois, ce n'a été que pour continuer à des ouvriers de choix
» une place due à d'anciens services.

IV. MACHINES A APPLIQUER DANS LES FABRIQUES.

178 M. Le baron CAGNARD DE LATOUR, *rue du Rocher, n.* 36.

1°. Machine soufflante ou application inverse de la vis d'Archimède, au moyen de laquelle on enfonce l'air au fond de l'eau, et en général un fluide léger sous un fluide plus dense; elle est employée dans plusieurs établissemens, entre autres dans la fabrique des ceruses de Clichy, dans les usines de M. Wendel, député, dans l'appareil d'éclairage de l'hospice Saint-Louis, pour le lavage du gaz hydrogène, etc.; elle a été mentionnée honorablement au concours des prix décennaux et approuvée par l'Institut;

2°. Pompe à explosion de vapeur pour élever l'eau par l'action de la chaleur sans l'emploi des pistons.

Cette machine, dont la construction est très-simple, peut être appliquée pour produire l'action motrice comme les machines à vapeur ordinaires;

Et 3°. La syrène ou cagnardelle, machine de rotation, qui produit un son lorsqu'on la fait mouvoir dans l'air ou dans l'eau, et avec laquelle l'on peut connaître très-exactement le nombre de chocs que le fluide reçoit, suivant le ton qu'il produit.

179 M. WAGNER, *mécanicien horloger, rue du Cadran, n.* 39.

1°. Machine de rotation de son invention, pour le service des phares à feux mobiles;

2°. Engrenages de différentes combinaisons et renvois pour les filatures.

V. MACHINES HYDRAULIQUES ET POMPES D'INCENDIE.

180 M. MONGOLFIER, *ingénieur, rue de Bondi, n. 18.*

Une presse et un bélier hydraulique. Le nom de l'auteur et le succès de ses machines nous dispensent de tous détails.

181 M. GODIN, *rue de Poliveau, n.* 20.

Modèles d'une machine à élever les eaux, à laquelle il donne le nom de levier hydraulique. Cette machine, qui est d'une très-grande simplicité, peut être employée dans une foule de circonstances et pour toutes sortes d'ouvrages, avec d'autant plus d'avantage qu'elle peut, suivant l'auteur, produire, si elle est bien construite, les trois quarts de la force motrice qui lui est appliquée, et qu'elle rend rarement moins de cette même force.

182 M. GAILARD, *garde-magasin du corps des sapeurs-pompiers, demeurant à l'état-major dudit corps.*

Pompe à incendie, de son invention. Cette pompe peut se transporter de trois manières différentes:

1°. Lorsqu'elle est placée à terre sur son plateau, le transport se fait au moyen des chaînes de l'avant et de l'arrière; lesdites chaînes servent en même tems à faire les mêmes conversions à droite et à gauche, au besoin;

2°. En la chargeant sur son haquet à deux roues pour des distances plus longues à parcourir, elle est alors traînée par des hommes tenant la flèche, moyen usité pour le service ordinaire dans les rues de Paris;

3°. Le dernier moyen de transport est plus à l'usage des campagnes; dans le délai d'une minute on ajoute au même haquet à deux roues, deux siéges et un avant-train avec une limonière après laquelle on peut atteler un cheval ou deux au besoin; d'où il résulte que les quatre hommes arrivent au feu en même tems que la pompe, sans être fatigués ni essoufflés, de manière que les secours sont bien plus promptement donnés.

Au nombre des avantages que présente ce train, est, entre autres, celui de ne point déplacer la pompe de dessus son haquet pour lui donner un autre moyen de transport, puisque, lorsqu'on a de grandes distances à parcourir, il faudrait la mettre dans une voiture souvent nullement disposée pour la recevoir, et d'où il résulte des fractures et des dégradations qui la mettent quelquefois hors d'état de service à son arrivée à l'incendie.

Indépendamment de tous les perfectionnemens que le sieur Gailard a apportés et introduits dans la fabrication des pompes, il s'est encore particulièrement occupé de la solidité de toutes les pièces qui les composent, sans cependant augmenter de beaucoup le poids de la machine ni son volume, et sans en rendre la manœuvre plus difficile. Par tous ces perfectionnemens, M. Gailard a obtenu, dans le jet de cette pompe, une différence sur les autres, de plus de vingt pieds en hauteur, quoiqu'il ait cependant augmenté l'orifice d'une ligne, en comparaison des autres. Enfin, au moyen de deux vibrations de deux balanciers par seconde, on élève le jet d'eau à plus de cent pieds de hauteur.

PRIX:

1°. Une pompe toute montée	1,080 fr.
2°. 100 pieds de boyaux à raison de 3 f. 50 ...	350
3°. 4 raccordemens pour ces boyaux, à 12 f...	48
4°. Un boudin garni de ses deux vis	18
5°. Une lance garnie de ses pièces	30
6°. Une pièce à deux écroux	10
7°. Une hache	14
8°. Un cordage	15
9°. Une paire de leviers	6
	1,571

	de l'autre part...	1,571
10°.	Une paire de tamis de bache	6
11°.	Une clef à vis	6
12°.	Une triquoise avec une petite clef à becs ..	9
13°.	Un charriot à 4 roues, suivant le modèle ..	600
	TOTAL......	2,192 fr.

NOTA. Pour que la pompe soit foulante et aspirante à la fois, il faut ajouter, pour les accessoires d'aspiration à la pompe........... 150 fr.

Et pour un tuyau d'aspiration de 15 pieds, garni intérieurement de viroles en cuivre................................ 100

183 M. VERNON, *mécanicien, rue de Bellefond, n. 4, faubourg Poissonnière.*

Nouvelles pompes à incendie.

Le jury, après avoir fait manœuvrer cette pompe en sa présence, l'admet à l'exposition, parce qu'elle lui paraît pouvoir être employée avec avantage toutes les fois qu'ayant l'eau près du niveau du sol, on voudra la porter à peu de frais à une hauteur moyenne.

184 M. PORCHÉ, *mécanicien, rue des Fourreurs, n.* 6.

La pompe que M. Porché a désignée sous le nom de pompe *intermède* et *portative*, peut être d'un très-bon emploi pour l'arrosage des jardins, l'épuisement des marais, la vidange des fosses d'aisances et des incendies.

185 M. LAUNAY, *propriétaire, rue faubourg St-. Honoré, n.* 100.

Pompe à incendie et tuyaux de plomb sans soudure.

186 M. DERGNY, *pompier mécanicien, demeurant rue de la Tour, n.* 12.

Pompe portative pour l'arrosage des jardins, celui des voiles des vaisseaux et pour les incendies.

187 M. Jean-François HARMOIS, *corroyeur, rue de Marivaux, n. 9, près celle des Lombards.*

Boyaux de pompe et seaux servant aux incendies, garnis de peaux à l'épreuve de l'eau.

188 M. RAYMOND, *mécanicien, rue Coquenard, n. 10.*

Machine propre à faire remonter les rivières, à l'usage de la navigation marchande.

Cette machine consiste en deux bateaux, dont un, chargé de la mécanique, fait remonter celui qui est en avant, chargé de marchandises; le bateau moteur porte un manège qui correspond par des rouages en arrière du bateau, à un arbre auquel est adapté un volant servant de point d'appui.

VI. MACHINES DE CONSTRUCTION.

189 M. MURAT, *ancien ingénieur des mines, rue de Vaugirard, n. 42.*

Machine pour battre les pieux pour la construction dans l'eau.

190 MM. BOURLA ET MATHIEU, *mécaniciens, rue de la Harpe, n. 92.*

Machines à l'usage des constructions, etc., savoir :

Une sonnette à déclic avec treuil, de deux diamètres différens, et dont le petit peut se détacher du grand pour diminuer ou alonger la corde selon la hauteur du battage.

2°. Une chèvre portative qui peut se ployer sur elle-même. Elle est destinée à faire les enlèvemens de fardeaux du poids de 2,000, et peut enlever d'une profondeur de 8 m. (24 pieds);

3°. Une chèvre à deux treuils simples avec engrenage sans pignon, pour remplacer l'effet du treuil à deux diamètres ; à l'aide de cette chèvre on peut élever un fardeau à une grande hauteur ;

4°. Une grue à deux volées, conforme au dessin exposé ;

5°. Une machine pour élever de très-gros fardeaux, mue par le moyen d'une petite roue à chevilles. Le fardeau reste en route à volonté sans le secours d'aucun encliquetage;

6°. Une machine pour les ravalemens, ou pour tendre des tapisseries dans les églises à quelque hauteur que ce soit. L'homme peut, lui seul, se mouvoir, s'enlever ou descendre;

7°. Une machine pour enlever les terres dans la construction d'un puits;

8°. Une petite chèvre pour enlever de très-gros fardeaux, ayant l'avantage de pouvoir se placer dans l'intérieur d'un bâtiment en construction.

M. Bourla est un jeune mécanicien d'une grande espérance, qui s'annonce pour devoir soutenir dignement la réputation de son père.

191 **M. CASTERA**, *rue de Beauregard, n.* 15.

Modèles : 1°. de voitures à six et huit roues, pour porter les fardeaux indivisibles par leur nature;

2°. D'embarcation pour les pays de rivière;

Et 3°. de paniers de secours pour les incendies.

8

VII. MACHINES DIVERSES DE PRÉCISION ET DE COMBINAISON.

192 M. REGNIER, *ingénieur mécanicien, rue du Colombier, n.* 30.

Collection de machines et d'instrumens de son invention,

SAVOIR :

1°. Des dynamomètres de différentes grandeurs, employés, tant pour mesurer la force des pompes à feu et des charrues, que pour les exercices gymnastiques ;

2°. Instrumens pour connaître, en fabrique, la force et la qualité des différens fils de soie, de coton, de lin et des laines prises sur les animaux ;

3°. Éprouvettes pour les poudres de chasse et de guerre, et d'autres pour connaître la force et la vîtesse des rivières, etc. etc. ;

4°, Anémomètres nouveaux ;

5°. Méridiens à canon, de différentes grandeurs ;

6°. Nouveau méridien avec une harmonie d'horlogerie qu'on entend à midi ;

7°. Diverses serrures et cadenas à combinaisons ;

8°. Nouveaux serrepapiers et portefeuilles à secret, à l'abri de toute indiscrétion ;

9°. Nouvelles presses à timbre sec ;

10°. Divers instrumens d'agriculture, tels que balance, taillant, greffoirs, pince nouvelle à incision pour la vigne et les arbres à fruits, un sécateur ;

11°. Un piquet à thermomètre pour les jardins, et un autre pour le décuvage des vins ;

12°. Un grand thermomètre métallique pour l'usage publ' : il marque l'état de la température comme une horloge de paroisse indique les heures;

13°. Un nouveau modèle d'échelle à incendie ;

14°. Divers objets pour la sûreté des voyageurs;

15°. Nouvelle cafetière en plaqué, très-commode en voyage et pour la toilette;

16°. Modèle d'une grande marmite à deux roues, destinée au service des hôpitaux ambulans et aux ouvriers des grands ateliers des travaux publics.

193 M. CHAMPION, *mécanicien, demeurant rue du Coq St.-Jean, n. 3.*

Cordeaux pour loks, lignes de sonde, cordes d'arpentage, mesures linéaires sur rubans, jeauges diverses et autres instrumens de précision.

194 M. HAMELIN BERGERON, *marchand et fabricant de tours et outils pour les arts, rue de la Barillerie, n. 15, à la flotte d'Angleterre.*

Manuel du tourneur par L. E. Bergeron; ouvrage dans lequel on enseigne aux amateurs la manière d'exécuter sur le tour à pointes, à lunettes, en l'air, à guillocher, carré, à portraits, à graver le verre, et avec les machines excentriques ovale, épicycloïde, etc., tout ce que l'art peut produire d'utile et d'agréable, précédé de notions élémentaires sur la connaissance des bois, la menuiserie, la forge, la trempe, la fonte des métaux et autres arts qui se lient avec celui de tour.

195 M. MAUPASSANT DE RANCY, *rue du faub. St.-Jacques, n°. 241, vis-à-vis l'institution des Sourds-Muets.*

Tour mécanique de son invention, au moyen duquel il exécute des cylindres de liége pour les filatures, en remplacement des anciens cylindres de bois ou de carton revêtus de peau ou de drap, qui ont l'inconvénient d'éprouver les effets de la dilatation suivant les variations de l'atmosphère, ce que n'éprouvent point les cylindres de liège. Les propriétaires de filature et en général ceux qui connaissent les recherches auxquelles se sont livrés les manufacturiers anglais, et les dépenses considérables qu'ils ont faites pour parvenir à faire des cylindres à l'abri des influences de l'atmosphère, sauront apprécier l'importance du tour à liège de M. Maupassant de Rancy, que le jury a particulièrement distingué dans les nouvelles inventions et qu'il désigne en conséquence, comme digne d'une des premières médailles.

196 M. CHAMPANOIS Gabriel, *ancien maître de forges, rue Descartes, n. 14, près la fontaine Ste.-Geneviève.*

Machine soufflante ou pompe à air, destinée à remplacer les soufflets des grosses forges et des hauts fourneaux.

Le modèle que présente M. Champanois est celui d'une machine soufflante propre à deux feux d'affinerie et à un haut fourneau; mais en augmentant les dimensions on pourrait l'appliquer à un plus grand nombre de feux.

197 M. BINGANT, *mécanicien, rue des Gravilliers, n. 46.*

Laminoir à dégrossir, à l'usage des bijoutiers et orfèvres, avec divers perfectionnemens dont il est facile d'apprécier les avantages.

198 M. TOUSSAINT, *mécanicien, rue Basse-du-Rempart, n. 64.*

Un coffre-fort de son invention.

Ce coffre, d'un très-beau modèle et richement décoré, est un chef-d'œuvre : il peut faire ornement dans un cabinet.

VIII. LITS MÉCANIQUES A RESSORTS.

199 M. CARDINET, *inventeur des fonds de lit à ressort, faubourg du Temple, n. 57.*

Lits dont les ressorts élastiques ont pour objet de remplacer avec économie les sangles, la paillasse ou le sommier, enfin le lit de plume des lits ordinaires.

200 M. DAUJON, *mécanicien, rue des Vieux-Augustins, n. 40.*

1°. Une échelle à incendie avec son couloir;
2°. Un lit mécanique;
3°. Un lit portatif;
4°. Un modèle d'échelle à incendie;
5°. Un modèle de lit mécanique;
6°. Un modèle de lit pour les femmes en couche;
9°. Un modèle de fauteuil mécanique;
8°. Quelques modèles de fauteuils à rouages.

M. Daujon a exécuté pour S. M. un lit mécanique à rouages et à ressorts, qui est regardé comme un chef-d'œuvre.

201 M. GROS, *médecin, rue des Amandiers Ste.-Geneviève, n. 3.*

Un lit à l'usage des malades.

IX. MANEQUINS OU MAQUETTES MÉCANIQUES.

202 M. LEBEL, *mécanicien, rue du Colombier, n.* 16.

Manequins ou maquettes mécaniques en cuivre, à l'usage des peintres, sculpteurs et statuaires.

Ces petites maquettes, qui se font depuis deux décimètres jusqu'à dix, se recouvrent ensuite de cire sous la forme du corps humain et peuvent se placer dans l'attitude qu'il convient à l'artiste de leur donner pour établir l'esquisse d'une scène ou d'un tableau.

203 M. SOUNECK Georges, *mécanicien, rue de la Licorne, n.* 13,

Expose : 1°. une jambe mécanique à charnières dans les chevilles et dans le genou. Cette jambe, qui est exécutée en bois de tilleul ou de saule, présente de très-grands avantages sur celles d'ancienne construction. Elle est déjà connue et adoptée par un grand nombre de militaires qui en sont très-satisfaits, pouvant à leur volonté mouvoir cette jambe, sans aucune difficulté.

Et 2°. un pilon ployant, de nouvelle invention, pour jambe amputée.

204 M. M.-H. DUPRÉ, *mécanicien, rue de Condé, n.* 34.

Jambe artificielle de son invention.

Cette jambe, dont le corps est en cuir et l'intérieur en bois et en fer, quoique d'un volume extraordinaire, est d'une très-grande légèreté et cependant très-solide à raison de la manière dont elle est faite, et que M. Dupré a démontrée au jury, mais qui doit rester secrette, jusqu'à ce qu'il se soit pourvu d'un brevet d'invention.

CHAPITRE XXIII.

HORLOGERIE.

L'horlogerie est un art sur lequel nulle nation ne peut aujourd'hui nous disputer la supériorité, et dans lequel nous avons fait de tels progrès, qu'aucun de nos voisins ne pourrait comme nous, et à meilleur marché, fournir également la haute horlogerie et la médiocre ou celle de simple fabrique. Il est peu de professions qui offrent autant de talens, autant de mérite, enfin autant de connaissances entre leurs deux extrêmes. Aussi, parmi nos premiers horlogers, nous comptons des savans distingués et même des membres de l'Institut; et avant de passer aux simples horlogers, nous trouvons encore un grand nombre de gens instruits, de bons mathématiciens, de physiciens et d'artistes éclairés.

Cet art nous présente une foule de noms avantageusement connus dans les sciences de l'astronomie et de la physique, tels que les Bréguet, les Berthoud, les Janvier, les Robin, les Lepaute, les

Bourdier, les Pons et plusieurs autres dont les noms, aussi distingués, semblent héréditaires ou devoir se perpétuer dans l'horlogerie française, pour en soutenir la supériorité.

---

205 M. BRÉGUET, *horloger, quai de l'Horloge, n. 79, place Dauphine, à Paris.*

Il est le premier en France qui ait traité la haute horlogerie en fabrique ; cet artiste célèbre a obtenu à chaque exposition des médailles ou des mentions honorables. C'est en grande partie à ses travaux que notre horlogerie doit la réputation dont elle jouit dans l'étranger pour sa régularité, son exécution, sa justesse et la précision de tous les mouvemens.

M. Bréguet présente plusieurs objets de haute horlogerie, destinés à être exportés dans les deux continens, tels que : 1°. une pendule astronomique double ; 2°. une montre double sur les principes des horloges marines ; 3°. un nouveau compteur astronomique ; 4°. une horloge marine marchant huit jours ; 5°. une autre marchant cinquante heures, les mouvemens sont à découvert ; 6°. une autre horloge marine ; 7°. un garde-tems de poche, ordinaire ; 8°. montre à simple élévation ; 9°. garde-tems à quantième perpétuel ; 10°. petite montre établie pour S. A. R. le Duc de Cambridge ; 11°. montre établie pour S. M. l'Empereur de Russie ; 12°. horloge marine et montre à longitudes exécutées pour le Comte de Sommariva, 13°. pendules et montres sympatiques ; 14°. montre marine portative d'une nouvelle disposition ; 15°. montre astronomique nouvelle et portative ; 16°. montre à longitude, à tourbillon ; 17°. compteur militaire ; 18°. nouveau thermomètre métallique d'une sensibilité extraordinaire ; 19°. pendule de voyage à répétition, à grande sonnerie ; 20°. pendule de voyage plus petite et seulement à répétition.

206 MM. BERTHOUD frères, *horlogers, rue de Richelieu, n.* 103.

Montres marines.

Le nom de Berthoud est, comme celui de Bréguet, connu dans toute l'Europe; les frères Berthoud, par leurs talens et leurs précieux ouvrages, sont dignes de la réputation de leur père.

207 M. LEPAUTE, *horloger du Roi, rue St.-Thomas-du-Louvre, n.* 42.

Pendules astronomiques et une grande horloge à équation.

Le nom de M. Lepaute interdit tout éloge; il est un de ces noms qu'il suffit d'énoncer pour déterminer le mérite de l'ouvrage.

208 M. ROBIN, *horloger du Roi et de S. A. R. Madame la Duchesse d'Angoulême, rue de Richelieu, n.* 45.

Pendule astronomique de nouvelle construction, selon le principe du remontoir inventé par Lebon, mais avec diverses corrections. Cette pendule indique l'heure, les minutes et les secondes du tems moyen et les équations du soleil.

Sa hauteur est de deux mètres et sa largeur de soixante centimètres.

209 M. BOURDIER, *horloger mécanicien, rue St.-Sauveur, n.* 4.

1°. Un meuble secrétaire, avec pendule et concert mécanique de jeu de flûte;

2°. Une pendule astronomique, marchant un an sans être montée;

3°. Une pendule scientifique et astronomique, un globe

terrestre mobile contenant le mouvement, un limbe horizontal indiquant les heures dans tous les pays suivant les méridiens;

4°. Un concert mécanique composé de flûte et de piano, à découvert, monté sur un pied.

M. Bourdier est un de nos mécaniciens les plus distingués; il est le premier en France qui ait exécuté soit les concerts mécaniques de flûte et piano-forté, soit les jeux de flûte de toutes dimensions.

Après avoir rappelé qu'en 1805 le Ministre de l'Intérieur se transporta en personne chez M. Bourdier pour voir une magnifique pendule que cet habile mécanicien venait d'exécuter pour le Roi d'Espagne (moniteur du 21 mars 1805), le jury croit devoir consigner ici que M. Bourdier est auteur: 1°. de deux plateformes ou machines à fendre, l'une les roues de pendules, et l'autre les roues de maître et d'échappemens, de quelqu'espèce qu'elles soient.

2°. D'un instrument pour arrondir les dentures des roues de pendules, depuis le plus petit diamètre jusqu'à celui de 23 centimètres, quelles que soient la longueur et la grosseur de leurs axes: les roues y sont fixées solidement sans pouvoir jamais être déformées;

3°. D'un outil propre à donner la forme convenable aux limes à arrondir;

4°. D'un outil à tailler les fusées et même les tareaux à droite et à gauche au degré de finesse que l'on veut;

5°. D'un outil à tailler les claviers pour recevoir la touche des instrumens de musique;

6°. D'une machine servant à noter avec la plus grande précision les cylindres des instrumens de musique quelles que soient leurs dimensions;

7°. Enfin d'un instrument avec lequel un enfant, d'un seul coup, peut pointer une grosse de dés d'ivoire par jour avec la plus parfaite précision.

210 M. BERGMILLER, *horloger, rue du Petit-Lion-St.-Sauveur, n.* 15.

Montre à équation astronomique et planisphère, qui offre vingt-trois indications différentes ; savoir :

Ire. *Division du tems.*

1°. L'heure du tems moyen ;

2°. L'heure du tems vrai ;

3°. L'heure qu'il est, dans un moment quelconque, dans toutes les principales villes du monde, ou à toutes les latitudes ;

4°. Les secondes ;

5°. Quantième du mois.

II°. *Indications solaires.*

6°. Heure du lever du soleil pour toutes les latitudes ;

7°. Heure du coucher du soleil pour toutes les latitudes ;

8°. Déclinaison du soleil ;

9°. Longitude du soleil ;

10°. Éclipses de soleil ;

III°. *Indications lunaires.*

11°. Heure du lever de la lune pour toutes les latitudes ;

12°. Heure du coucher de la lune pour toutes les latitudes ;

13°. Heure du passage de la lune au méridien de chaque ville ;

14°. Age ou quantième de lune ;

15°. Phases de la lune ;

16°. Déclinaison de la lune ;

17°. Ses quadratures ;

18°. Les éclipses de lune ;

IV°. *Indications astronomiques et physiques.*

19°. Heure des marées dans les principaux ports du monde ;

20°. La force des marées;

21°. Longueur des jours et des nuits dans les principales villes du monde ou à toutes les latitudes;

22°. Les signes du zodiaque.

23°. Dégrés du thermomètre.

211 **BONVALET**, *horloger, rue de la Barillerie, n. 26.*

Pendule composée de douze cadrans indiquant, chacun particulièrement, les heures, les minutes, les secondes, les quantièmes doubles, les mois de l'année, la marche du soleil, les phases de la lune, les signes du zodiaque, les saisons, l'année Grégorienne, enfin l'heure de tous les pays. Le mouvement du centre fait mouvoir tous les autres

212 **M. HARTMANN**, *horloger mécanicien, rue Tiquetonne, n. 17.*

Deux pendules, dont une à sept cadrans et l'autre à cinq. L'une et l'autre sont ornées de bronzes ciselés et dorés.

213. **M. TAVERNIER**, *ancien horloger, rue de Richelieu, n°. 46.*

Nouvel échappement à repos.

Depuis plusieurs années, on a abandonné pour les montres du second ordre, l'échappement à cylindre en acier, et celui à virgule; l'un et l'autre s'usent promptement, et l'échappement à cylindre de Graham, en rubis, et celui à deux roues, de Duplec, sont les seuls adoptés.

Ces deux échappemens sont d'une difficile exécution, ils demandent les premiers talens, et sont d'un prix qui passe la portée de beaucoup de personnes.

L'échappement de M. Tavernier est à plan incliné; la roue

est verticale, en cuivre ou acier, trempé ou non trempé; l'axe du balancier est une simple tige à laquelle l'on adapte un canon, portant un rubis, où se font les levées et repos.

Cet échappement a l'avantage sur celui à cylindre en rubis, de pouvoir décrire 360 degrés; d'avoir, dans les deux levées, une conduite uniforme; enfin, d'être au moins de deux tiers plus facile et moins coûteux; la roue, la pierre, la monture et l'axe, peuvent se faire par des ouvriers différens; la pierre, d'une grandeur et d'une épaisseur donnée, peut servir à des roues de différens nombres et grandeurs.

214. M. PESCHOT, *aîné, mécanicien, rue des Filles-Saint-Thomas, n°. 18.*

Un chronomètre, consistant dans une aiguille traversée, vers le milieu, par une tige fixée au centre d'un cadran vertical. En tournant librement, cette aiguille a la propriété d'indiquer l'heure sur le cadran.

Elle n'est dirigée par aucun mouvement ou force motrice extérieure, et renferme en elle-même tout le principe de sa marche.

Elle achève en douze heures sa révolution autour d'un cadran dont les divisions, non égales, mais proportionnelles, sont parcourues en tems égaux, comme celle d'un cadran solaire par l'ombre.

Elle n'a d'autre point d'appui que l'axe immobile autour duquel elle tourne; ses extrémités sont isolées et n'ont aucune communication avec le centre.

Si on la dirige vers une autre heure que celle qu'elle indique sur le cadran, elle retourne d'elle-même, comme l'aiguille d'une boussole qu'on voudrait écarter de sa direction vers les pôles, et par une oscillation extrêmement libre, elle reprend sa première position, en sorte qu'elle ne peut jamais s'arrêter, et se tenir dans un repos apparent, qu'au seul point de la circonférence qui correspond à l'heure qu'il est.

Si on la sépare de son axe, et qu'on l'éloigne du cadran, quoique dans une situation où elle reste immobile, elle ne perd aucune de ses facultés intérieures ; c'est-à-dire que, replacée sur sa tige, elle va chercher, pour s'y arrêter, non pas l'heure qu'il était quand on l'a retirée, mais l'heure qu'il est au moment où on la replace.

Elle conserve, pendant quinze jours toutes ses propriétés: on les lui restitue par une opération très-simple.

Elle peut être variée dans sa forme et ses dimensions.

Enfin, on peut fixer sur une glace, sans l'endommager, la tige autour de laquelle elle tourne ; les heures sont alors indiquées sur cette glace.

215. M. LORY, *horloger, demeurant place des Victoires, n°.*

1°. Un remontoire à engrenages; 2°. un échappement à force constante ; 3°. une pièce d'horlogerie d'une nouvelle dimension.

Les travaux de M. Lory, horloger distingué, et ses machines, présentent le plus grand intérêt.

216. M. WAGNER, *mécanicien horloger, rue du Cadran, n°. 39.*

1°. Une horloge publique d'une belle forme, marchant huit jours sans être remontée, sonnant l'heure et les quarts, avec un pendule composé de 2 m. 275 (7 pieds) de hauteur.

2°. Une horloge d'un très-petit volume, sonnant l'heure et la demie sur une forte cloche, et pouvant faire marcher un grand cadran.

217. M. TISSOT, *horloger mécanicien, rue Quincampoix, n°. 63.*

Grosse horloge simplifiée.

M. Tissot, est un bon mécanicien. Sa sonnerie présente

plusieurs avantages bien constatés ; elle est composée d'une seule roue de levée de marteau ; elle n'est point sujette à des réparations coûteuses ; la plus faible pendule peut conduire la plus forte sonnerie ; elle n'occupe qu'un très-petit espace ; enfin, elle peut se placer partout.

218. M. DAVID, *horloger, rue St.-Sauveur, n. 22.*

Musique à ressort, pour montres, pendules, boîtes, cachets, tabatières, etc.

219. M. ÉTIENNE, *rue de l'Estrapade, dans l'enclos de Sainte-Geneviève.*

Trois colonnes-pendules, dont une d'ordre dorique, en marbre vert de mer d'Italie, de la hauteur d'un mètre.

Le soubassement, le socle et le fût de la colonne, portent leurs filets, congé, astragale et cannelure ; les bases, corniches et chapitaux, sont en bronze ciselé et doré ; les bronzes sont placés sans vis ni goupilles apparentes ; un thermomètre est dans une cannelure.

Cette colonne est évidée de manière à recevoir dans l'intérieur un baromètre, et la tige de la quadrature du cercle des heures et minutes, avec le mouvement d'une pendule à sonnerie, marchant vingt jours sans être remontée.

220. M. PECQUEUR, *chef des ateliers du Conservatoires des arts et métiers.*

Pendule marquant le tems sydéral et le tems moyen, avec un balancier à compensation, mis en mouvement par le mercure.

CHAPITRE XXIV.

INSTRUMENS DE PHYSIQUE, D'OPTIQUE, DE MATHÉMATIQUES, ET BALANCIERS.

Les artistes qui se livrent à la construction des instrumens de physique et de mathématiques de tous genres, méritent les plus grands éloges pour la perfection qu'ils ont apportée dans la construction des machines.

Les instrumens de physique et d'optique qu'ils exécutent maintenant avec une grande habileté, sont recherchés des étrangers. Nos lunettes ne le cèdent en rien aux lunettes anglaises les plus parfaites. Quant à nos instrumens de mathématiques, ils sont remarquables par la justesse et la beauté de leurs divisions. Nous ajouterons ici que les artistes Français, au mérite d'égaler les Anglais, dans la précision du travail, joignent celui de les surpasser par la forme et l'élégance qui caractérisent les instrumens sortis de leurs mains.

Les balanciers, qui formaient autrefois une maîtrise en communauté, soumise à la juridiction de la Cour des Monnaies, ne sont pas non plus restés en arrière : de leur côté, ils ont fait, depuis plusieurs années, de grands perfectionnemens dans la construction des balances. Les Anglais ont eu long-tems, en ce genre, la supériorité sur nous, et nos laboratoires semblaient même ne pouvoir se passer de leurs balances pour les essais docimastiques. Mais nos balanciers et ingénieurs en instrumens de physique ne nous laisseront désormais plus rien à désirer.

I. INSTRUMENS DE MATHÉMATIQUES, OPTIQUE, PHYSIQUE.

221 **M. LEREBOURS**, *ingénieur en instrumens d'optique, physique, mathématiques, quai de l'Horloge du Palais, n. 81.*

Instrumens de physique, mathématiques et optique.

Savoir :

1°. Six lunettes à grande ouverture et de grandes dimensions;

2°. Plusieurs baromètres de différentes constructions pour mesurer la hauteur des montagnes;

3°. Divers hygromètres;

4°. Des miroirs noirs de grandes dimensions;

5°. Divers instrumens thermométriques, aréométriques;

6°. Une règle pour les courbes assymptotiques;

7°. Deux microtélescopes, etc.

M. Lerebours fabrique tous les instrumens d'optique, physique, mathématiques et généralement tout ce qui est relatif aux sciences.

Le nombre d'ouvriers est de cinquante, environ, dont vingt dans les ateliers et trente au dehors.

Il emploie des cristaux, des glaces de France et de l'étranger.

Les perfectionnemens dont on est redevable aux soins de M. Lerebours, s'étendent sur tous les instrumens relatifs aux sciences, mais particulièrement sur ceux de l'optique.

Il établit en ce moment une grande plate-forme, ou machine à diviser, de 1 mètre 45 centimètres de dimension. Les plus grands instrumens de mathématiques pourront s'y fabriquer.

Le bureau des longitudes a donné un témoignage éclatant de sa confiance à M. Lerebours, en lui commandant une lunette dont les dimensions surpassent toutes celles qui ont été faites jusqu'à ce jour.

Le Roi a bien voulu accorder les fonds nécessaires pour la confection de cet instrument.

222 M. LENOIR, *ingénieur du Roi, pour les instrumens à l'usage des sciences.*

1°. Un grand cercle répétiteur d'un mètre de diamètre;
2°. Deux cercles semblables, de plus petite dimension;
3°. Deux cercles géodésiques;
4°. Un cercle de réflexion, de nouvelle disposition;
5°. Deux boussoles, l'une d'inclinaison et l'autre de déclinaison;
6°. Un grand miroir parabolique, construit d'après les nouvelles découvertes de M. Lenoir sur les avantages du plus petit diamètre à donner à la lumière.

M. Lenoir a toujours été mis, dans les précédentes expositions, au premier rang parmi nos ingénieurs en instrumens à l'usage des sciences. Il avait obtenu, en 1801, une médaille d'or; en 1806, les commissaires, en rappelant cette récompense, déclarèrent que M. Lenoir avait encore perfectionné ses instrumens.

Le premier fanal à miroir parabolique fut construit, en 1788, dans son établissement; il est sur la tour de Cordouan, près Bordeaux. Depuis cette époque il a perfectionné les fanaux, et l'institut a fait constater, par des commissaires, une de ses plus importantes découvertes, que plus on diminue le diamètre de la mèche placée au foyer d'une parabole, et plus la lumière réfléchie devient intense; précieux résultat qui diminue la dépense et augmente les produits.

223 MM. JECKER *frères, manufacturiers d'instrumens d'optique, de mathématiques et de marine, rue de Bondy, n. 30.*

Bel assortiment d'instrumens, exécutés dans leurs ateliers, pour l'usage des ingénieurs de terre et de mer, tels que : 1°. un grand cercle de réflexion; 2°. un sextant; 3°. un cercle théodolite; 4°. une mire à coulisse; 5°. diverses lunettes pour la marine; etc. etc.

L'établissement de MM. Jecker, qui a déjà obtenu plusieurs médailles et mentions honorables aux précédentes expositions, emploie annuellement plus de cinquante ouvriers, fondeurs, forgerons, tourneurs, ébénistes, mécaniciens, opticiens, graveurs, etc. etc. On y fabrique tous les instrumens de réflexion, d'astronomie, de géodésie, de mathématiques et de physique, à l'usage de la marine, du génie, du cadastre, des ponts et chaussées, des mines, etc. etc.

MM. Arago, Burckardt, de Rossel et l'Évêque, de l'institut, après avoir décrit l'établissement de MM. Jecker frères, firent, le 3 août 1812, un rapport à l'académie des sciences, 1°. sur sa machine à diviser, exécutée d'après celle de Ramsden; 2°. sur sa machine à tailler les vis avec régularité (elle est entièrement de l'invention de MM. Jecker); 3°. sur son insſtrument à tailler les vers plans, à faces parallèles; et 4°. sur ses prismes de cristal de roche.

Si l'approbation de l'académie des sciences, dont fut revêtu le rapport des commissaires, dut flatter MM. Jecker, la lettre qui leur fut écrite par M. Thomas Brisbane, major-général de l'armée anglaise, le 12 septembre 1815 (*Moniteur* du 21 octobre 1815, n°. 294), est pour ces habiles ingénieurs un monument aussi précieux, puisque le major-général, habitué à se servir des meilleurs instrumens anglais, lui exprime dans cette lettre, de la manière la plus authentique, sa satisfaction sur l'exactitude de ses instrumens, avec lesquels il a obtenu des résultats de la plus grande précision.

224 M. CAUCHOIS, *opticien, quai Voltaire, n.* 17.

1°. Une lunette méridienne portative;

2°. Une lunette murale, remarquable par sa simplicité et sa solidité;

3°. Divers instrumens de polarisation;

4°. Le calorigrade;

5°. Un sphéromètre;

6°. Des lunettes polyades;

7°. Une nouvelle cameralucida, d'après M. Amici de Modène.

8°. Un instrument pour les expériences de la diffraction de la lumière;

9°. Un instrument de construction nouvelle pour mesurer les angles de réflexion, ceux de réfraction et ceux des prismes à faces polies;

10°. Un microscope composé, propre à mesurer : 1°. le pouvoir refringent des corps demi-transparens, et 2°. les degrés de transparence des corps diaphanes;

11°. Une chambre noire périscopique;

12°. Des loupes périscopiques;

13°. Un nouveau compas pour les corps mous et qui donne

directement, à l'aide du microscope, des centièmes de millimètres;

14°. Une grande lunette acromatique;

15°. De nouveaux cadrans solaires, indiquant l'équation, imprimés sur faïence et porcelaine.

Les instrumens de M. Cauchois sont déjà connus avantageusement par les divers rapports qui ont été faits à l'Institut et insérés dans ses mémoires, ou dans le *Moniteur;* plusieurs de ses instrumens sont nouveaux, ou offrent des perfectionnemens d'une haute importance.

Tels que : 1°. Sa lunette méridienne, portative, qui se place et se déplace, et s'adapte partout, en offrant en même tems les avantages et la solidité de celles de nos observatoires;

2°. Sa lunette murale;

3°. Son calorigrade, instrument entièrement nouveau, dû à M. Biot, qui est pour les couleurs ce que le thermomètre est pour la chaleur;

4°. Son sphéromètre, qui sert à déterminer : 1°. les rayons d'un segment de sphère; 2°. les épaisseurs avec une précision qui peut aller jusqu'à des fractions de millièmes de millimètres; et 3°. les changemens de forme que peuvent présenter les surfaces régulières des corps polis;

Et 5°. ses grandes lunettes polyades, ou à grossissemens variables, ont l'avantage de pouvoir donner des mesures approximatives d'angles horizontaux et verticaux et de s'accommoder aux circonstances que présente l'athmosphère.

225 GAMBEY, *ingénieur en instrumens de mathématiques et de physique, rue du Faubourg-Saint-Denis, n. 52.*

M. Gambey, artiste justement renommé, a exposé plusieurs

instrumens qui méritent d'être distingués d'une manière particulière ; savoir ;

1°. Un cercle répétiteur de 0m,330 (14 pouces) de diamètre, à alidade concentrique, dont les verniers marquent les secondes centésimales de 20 en 20. Ce cercle présente plusieurs améliorations, telles que l'ajustement de ses axes, qui, par leurs constructions particulières, rendent les mouvemens de l'instrument infiniment doux, de manière qu'on peut le faire mouvoir dans toutes ses positions sans le moindre effort. Ses vis de rappel sont aussi d'une construction nouvelle ; leurs mouvemens se font dans de petites sphères, lesquelles, au moyen de ressorts qui pressent dessus, détruisent le ballottage que l'usure pourrait occasionner. La vis du tambour est aussi remplacée par une vis de rappel qui permet à l'observateur de fixer l'instrument sur un point quelconque, avec toute la justesse qu'on peut désirer.

2°. Un théodolite répétiteur, de 0m,21 (8 pouces) de diamètre, à alidade concentrique, dont les verniers marquent les secondes centésimales de 20 en 20. La lunette supérieure de ce théodolite peut, à volonté, se placer parallèlement au plan de l'instrument ; et, au moyen d'un mouvement placé dessous le cercle, on peut mettre l'instrument dans le plan des objets, et par conséquent s'en servir comme d'un cercle répétiteur ordinaire.

Ce bel instrument et le précédent appartiennent au dépôt général de la guerre.

3°. Une boussole de variation microscopique, au moyen de laquelle il est possible de mesurer la variation diurne de l'aiguille aimantée, à cinq secondes près.

4°. Un comparateur pour la comparaison des étalons. Cet instrument marque leurs différences à un cinq cent millième de mètre près.

Ce comparateur et la boussole de variation ont été faits pour un général russe, aide-de-camp de S. M. I.

5°. Un comparateur à lunette, pour comparer la dilatation du mercure dans des tubes de verre.

Cet instrument fait partie du cabinet de physique de l'école royale Polytechnique.

6°. Un cercle de réflexion à l'usage de la marine.

226. Léopold HURET, *ingénieur mécanicien, bréveté du Roi et de S. A. S. Madame la Duchesse douairière d'Orléans, et du garde-meuble de la couronne.*

1°. Étuis de mathématiques complets du plus beau fini;

2°. Compas à tracer des volutes de toutes grandeurs, aussi vite que des circonférences.

3°. Nouveaux dynamomètres perfectionnés et pouvant servir de peson pour toutes espèces de pesées.

227 M. ALLIZEAU, *fabricant d'instrumens de physique, et marchand d'histoire naturelle, quai Malaquais, n.* 15.

Figures de géométrie en relief.

M. Allizeau est avantageusement connu des physiciens et des mathématiciens pour l'exactitude et la précision de ses figures de géométrie. La belle collection de reliefs qu'il présente à l'exposition est destinée à faciliter aux jeunes gens l'étude de la géométrie élémentaire, les préliminaires de la géométrie descriptive, les principes de l'optique et ceux de la cristallographie.

228 M. SOLEIL, *opticien, passage Feydeau, n.* 21.

Pronopiographe ou chambre noire, de son invention, offrant le même tableau répété trois fois, et conservant les objets dans leur véritable position.

229 M. PECQUEUR, *chef des ouvriers du Conservatoire des Arts et Métiers.*

1°. Un compas à tracer les élipses ou ovales, approuvé en 1814 par l'Athénée des arts.

2°. Une machine à calculer, disposée de manière que les nombres à additionner, soustraire, multiplier ou diviser étant posés, il ne s'agit que de faire tourner la manivelle d'un sens ou d'un autre, pour obtenir le résultat cherché, sans que celui qui s'en sert soit obligé de rien compter de mémoire.

3°. Une pendule marquant à-la-fois les heures, minutes et secondes du tems sydéral; le rouage qui met les indicateurs de ces deux tems en rapport de vitesse, est calculé d'après des principes présentés à l'Institut en septembre 1818, et au moyen desquels on obtient avec exactitude des rapports de vitesse dans les rouages, tels qu'ils existent dans les révolutions périodiques des corps célestes (suivant l'expression des astronomes), quelque fractionnaires qu'en soient les expressions.

Et 4°. le balancier de cette pendule est compensé pour les changemens de température, par le moyen du mercure.

230 M. Vincent CHEVALIER aîné, *ingénieur opticien, quai de l'Horloge, n. 69.*

Assortiment de solides en glaces pour les démonstrations d'optique sur la lumière.

La belle collection présentée par M. Chevalier aîné comprend:

1°. Un cube de 0^m,060^c (26 lignes) de côté, remarquable par la pureté de la matière et la régularité du travail;

2°. Un cône d'une pureté parfaite et d'un travail très-régulier;

3°. Une pyramide régulière, *idem*, *idem*;

3°. Un prisme triangulaire de deux matières différentes, dont une en crown-glass, et l'autre en matière de flint-glass;

5°. Un prisme triangulaire en glace, pour remplacer le miroir de la chambre noire;

6°. Un prisme triangulaire, à surfaces convexes, pour servir à de nouvelles illusions;

7°. Une nouvelle chambre claire, construite d'après celle du professeur J.-B. Amici, de Modéne, mais perfectionnée.

Tous ces solides en glaces sont généralement de la plus grande pureté; ils ont été fondus et travaillés par M. Vincent Chevalier, qui est un de nos meilleurs opticiens.

231 M. HOYAU, *ingénieur mécanicien, dessinateur, graveur, et membre de la société d'encouragement, rue Saint-Martin, n. 299.*

1°. Des cercles et tabatières au moyen desquels on peut faire tous les calculs possibles, nécessaires au commerce, sans employer la plume et le papier;

2°. Des presses à copier les lettres, portatives, très-simples, d'un prix peu élevé, et donnant avec une très-grande facilité la copie d'une lettre que l'on vient d'écrire;

3°. Un hache-paille très-simple, qui n'exige, pour être mis en œuvre, que le mouvement du couteau, et dans lequel on peut tailler à volonté plus de 1000 kilog. de paille par jour, de telle longueur qu'on désire.

M. Jomart, dans son rapport à la société d'encouragement (août 1816, n. 146), a fait connaître tous les avantages des boîtes ou tabatières logarithmiques de M. Hoyau. Le hachepaille et la presse à copier prouvent les connaissances variées de cet habile ingénieur, qui ne peut manquer de rendre les plus grands services aux arts.

232 MM. RICHER père et fils, *ingénieurs en instrumens à l'usage des sciences, boulevart Saint-Antoine, n.* 71.

Pied d'un globe ou sphère, de 1 mètre 66 centimètres de diamètre, exécuté pour le Roi, par M. Poirson, et destiné à être placé dans la galerie d'Apollon, au Muséum royal. Ce pied de sphère peut peser de 5 à 600 kilogrammes. La difficulté de monter cette pièce ne permettant pas de la déposer dans les salles destinées à l'exposition générale des produits de l'industrie, elle a de suite été portée dans la galerie d'Apollon, où est placé le globe terrestre de M. Poirson.

MM. Richer père et fils se sont fait connaître et distinguer depuis long-tems parmi nos meilleurs ingénieurs en instrumens de mathématiques et de physique.

233 M. DUCHEMIN, *quai de l'Horloge, n.* 115.

1°. Un chronomètre à remontoir d'égalité;

Et 2°. une machine à sonder la profondeur de la mer, dont S. Exc. le ministre de la marine a fait faire l'essai.

234 M. HARING, *au Palais-Royal, n.* 63.

Déjà distingué dans l'exposition de 1806, par les instrumens de sa fabrique, qui lui valurent une mention honorable.

1°. Un baromètre à siphon, placé dans une colonne de bois d'acajou;

2°. Une longue-vue de 1 mètre 35 centimètres, sur son pied en acajou.

Et 3°. diverses lunettes acromatiques.

II. ARÉOMÉTRIE.

235 M. ASSIER PERICA, *ingénieur du Roi, rue Montmartre, n. 20.*

Instrumens de physique expérimentale, savoir :

1°. Un aéromètre universel;

2°. Un nouveau thermomètre;

3°. Un siphon à pompe en verre pour les acides et dissolutions;

4°. Une balance hydrostatique universelle;

5°. Le thermoscope de Rumford perfectionné;

6°. Le thermomètre différentiel de Leslie;

7°. Le tube de sûreté de Welther;

8°. Un baromètre portatif à robinet, etc.

236 M. RICHER, *fabricant d'instrumens d'aréométrie, quai Pelletier, n. 32.*

La fabrication de M. Richer est connue depuis longtems, pour les soins, la précision et l'exactitude qu'il apporte dans la construction de ses instrumens.

Cet habile artiste est parvenu, autant qu'il est possible de le faire, à rendre rigoureusement identiques les divisions de ses aéromètres, quelle que soit la différence de dilatation des fluides à peser et celle des tubes qu'il est presqu'impossible d'avoir parfaitement égaux.

237 Mme. HERVIEUX-FONTENAY, *rue de la Lune, n. 37.*

Aréomètre thermomètre.

238 M. COLLOT, *boulevart des Filles-du-Calvaire, n. 17.*

Deux thermomètres de poche, l'un au mercure, l'autre à esprit-de-vin ; un *id.* avec boussole.

III. BALANCIERS-AJUSTEURS.

239 M. CHEMIN, *balancier mécanicien, rue de la Féronnerie, n. 4.*

Balances de Medhuet, perfectionnées par M. Chemin.

240 M. Guillaume-Emmanuel HANIN, *mécanicien, rue Neuve Notre-Dame, en la Cité, n.* 11 et 13.

Peson en romaine à double cadran, qui présente le précieux avantage aux commerçans et fabricans, de leur donner dans leurs cabinets la vérification de la pesée faite dans leurs magasins, au moyen d'une seconde aiguille diamétralement opposée à la première, et qui indique sur le revers du limbe, également gradué, les mêmes poids et quantités pesés d'autre part.

IV. MODÈLES.

241 M. DACHEUX, *préposé des douanes au port Saint-Nicolas.*

Modèles de vaisseaux et divers bâtimens.

CHAPITRE XXV.

TYPOGRAPHIE.

FONDERIE DE CARACTÈRES,

IMPRIMERIE, OUVRAGES IMPRIMÉS ET RELIURES.

Il n'est point de partie de notre industrie qui puisse présenter autant de perfectionnemens que la Typographie. Déjà le Jury central avait été frappé, en 1806, des grandes améliorations qui avaient été faites depuis les expositions précédentes, et nous aimons à penser qu'il en trouvera encore plus dans les produits divers qui lui sont soumis cette année.

Les fonderies de caractères se sont surpassées, et l'admiration est partagée entre les nouvelles machines du fondeur et les superbes caractères qu'il en obtient dans tous les numéros.

L'imprimerie française semble n'avoir plus qu'à soutenir la haute réputation que lui ont faite les presses des Didot, des Herhan, des etc.

La reliure est un art dans lequel les Anglais se sont glorifiés long-tems de nous être supérieurs; mais les travaux des Thouvenin, des Simier, des Purgold, des Lunier-Bellier, etc. etc., ont porté nos reliures au même rang que les premières de Londres, et nous avons vu récemment des amateurs anglais donner la préférence aux reliures françaises.

Nous devons rapporter ici un fait constaté par nos premiers relieurs sur la supériorité qu'ils ont tous également trouvée et reconnue dans les maroquins de la fabrique de M. Mattler de Paris, sur ceux des premiers maroquiniers de Londres, avec lesquels ils ont fait des essais comparatifs qui tous ont été à notre avantage.

I. FONDERIES DE CARACTÈRES.

242. M. Pierre DIDOT aîné, *rue du Pont de Lodi, n. 6.*

1°. Jets de plusieurs caractères d'imprimerie, fondus à-la-fois ;

2°. Exemplaire de son édition de *Boileau*, in-folio, dédié au Roi ;

3°. Exemplaire de la *Henriade*, dédiée à MONSIEUR ;

Et 4°. un Spécimen de tous les caractères de sa fonderie ;

Son imprimerie est composée de vingt-cinq presses ; ses produits sont répandus dans toute l'Europe ; en y comprenant les ouvriers de sa fonderie, elle occupe cent cinquante ouvriers.

La plupart de ses caractères sont fondus à l'aide d'un nouveau moule, pour lequel il a obtenu un brevet d'invention en communauté avec M. Vibert. Son nouveau moule contient dix-neuf lettres différentes et pourrait contenir et fondre l'alphabet complet. Un seul ouvrier peut produire à lui seul autant de lettres, chaque jour, que cinq et même six ouvriers, et les faire beaucoup mieux. Il est vrai, dit M. Didot, que les frais de ces premiers moules sont considérables, toutes les pièces en ayant été faites à la main et au moyen de la lime.

M. Pierre Didot a obtenu une médaille d'or à l'exposition de 1798; il obtint une mention honorable à celle de 1806.

243 M. Henri DIDOT, *inventeur de la fonderie polymatique, demeurant rue du Petit-Vaugirard, n. 13.*

Jets polymatiques portant de 100 à 140 lettres fondues simultanément.

Cet établissement, qui n'est en activité que depuis le mois d'octobre 1816, a déjà livré au commerce plus de 100,000 fr. de ses produits. Les imprimeurs qui se sont adressés à lui ont prouvé qu'ils n'avaient qu'à s'en louer, puisqu'aucun d'eux n'a cessé depuis de s'y approvisionner.

Ce procédé est dû entièrement à M. Henri Didot, qui y a consacré quinze années et des sommes considérables. Son premier essai fut soumis au public, à l'exposition de 1806. Il se bornait alors à fondre une à une et au moyen d'un refouloir de son invention, les grosses de fonte et les lettres de deux points; mais depuis, ses recherches, qu'il a suivies avec la plus grande constance, l'ont conduit aux résultats les plus heureux; il est parvenu à fondre jusqu'à cent quarante lettres, ou espaces d'un seul, et à obtenir de deux ouvriers, sans connaissance de l'art du fondeur, le travail de quinze ouvriers, obligés de faire un long apprentissage.

244 M. MOLÉ jeune, *graveur et fondeur en caractères d'imprimerie, rue de la Harpe, n. 78.*

1°. Quatorze tableaux ou grands cadres, contenant une collection complète de 206 caractères, modernes, français et étrangers, depuis et compris la *parisienne*, jusques et compris la *grosse sans pareille*, tous sortis de son burin; avec une belle collection;

1°. De *fleurons* et *vignettes* modernes;

2°. D'*accolades*, de *filets anglais* et de *tremblés*;

3°. De 300 sortes de *filets* en *lames;*

4°. De *lettres* de *deux points*, depuis la parisienne, jusques aux doubles grosses de fonte;

5°. Enfin, un tableau contenant le dessin et l'explication des *nouvelles garnitures à jour*, dont il est l'inventeur et pour lesquelles il a obtenu un brevet;

II°. Une grande boîte contenant des modèles de garnitures à jour, ci-dessus mentionnées;

III°. Une forme imposée avec des garnitures à jour, et une autre avec des garnitures anciennes;

Et IV°. un tableau imposé avec des garnitures à jour, et un autre avec des garnitures anciennes, pour servir de point de comparaison.

L'établissement typographique de M. Molé est un des plus considérables qui existent en Europe. L'immense et magnique collection qu'il présente ne peut manquer d'attirer l'attention des étrangers, par son importance majeure en typographie autant que par la beauté de ses caractères, fleurons, vignettes, accolades, tremblés, etc. etc.

Tous les imprimeurs s'accordent à regarder l'invention des garnitures *à jour* de M. Molé comme un véritable service rendu à la typographie et comme un pas important vers la perfection de l'art. Aussi ses formes sont elles aujourd'hui généralement adoptées, non-seulement en France, mais encore dans toute l'Europe et même en Amérique, où un grand nombre en a déjà été envoyé.

Le jury le recommande spécialement à la bienveillance de S. Ex., comme un des artistes qui méritent le plus d'être distingués autant par ses admirables travaux, que pour ses soins, ses veilles et les sacrifices immenses qu'il a faits pour parvenir à ce haut degré de perfection.

245 M. LÉGER, *graveur et fondeur en caractères d'imprimerie, demeurant à l'Estrapade, n. 28.*

1°. Divers tableaux de vignettes, lettres ornées et caractères nouveaux, gravés par lui.

2°. Le modèle d'une machine à fondre les caractères, inventée et perfectionnée, en commun, par MM. Didot, Saint-Léger et Léger.

Les avantages de cette machine consistent, 1°. à fabriquer toutes espèces de caractères ou vignettes, sans rien changer d'ailleurs aux moules et matrices qui composent une fonderie, et 2°. à pouvoir livrer tous les caractères et vignettes, au-dessous du cours, en n'employant plus que les premiers ouvriers, venus ou inhabiles.

246 M. GILLÉ, *fondeur-imprimeur, rue Saint-Jean-de-Beauvais, n. 18.*

Recueils de divers caractères, vignettes, fleurons et ornemens.

La belle collection que présente M. Gillé, et dont le Jury prononce l'admission à l'unanimité, est le résultat de plus de 30 années de sacrifices, de veilles, de recherches et de travaux non interrompus. En 1802, M. Gillé obtint une médaille d'encouragement, et aux expositions suivantes, il reçut des témoignages authentiques de la satisfaction du gouvernement et des sociétés savantes. Ce célèbre fondeur est passionné de son art; les services qu'il a rendus à la typographie sont incalculables. Son établissement est un des premiers de l'Europe; il en est sorti une foule d'élèves et de collections qui ont formé, en France et dans l'étranger, autant d'établissemens publics.

II. IMPRIMERIE.

247 M. HERHAN, *imprimeur, rue Servandoni, n.* 18.

1°. Matrices en cuivre frappées à froid ; 2°. des clichés ; 3°. plusieurs ouvrages imprimés avec des clichés perfectionnés, de formats in-18, in-12, et grand in-8°.

M. Herhan obtint, en 1797, le premier brevet pour l'invention et l'exécution du stéréotypage en matrices mobiles de cuivre, et le Jury le plaça, dans son rapport, au nombre des artistes les plus distingués.

En 1800, il obtint un brevet de perfectionnement à son premier procédé. Le Jury lui décerna la médaille d'or.

Depuis cette époque, M. Herhan a constamment cherché les moyens de rendre sa méthode d'opérer plus sûre, plus agréable à l'œil pour les caractères, et plus économique, sans nuire à la perfection.

248 M. FIRMIN-DIDOT, *imprimeur du Roi et de l'Institut, rue Jacob, n.* 26.

1°. Une édition in-4. de la Henriade.

2°. Une idem de Camoëns.

3°. Une édition in-f°. de Salluste.

4°. Des exemples de caractères imitant l'écriture française, d'après ses procédés typographiques.

Et 5°. des cartes géographiques exécutées par un nouveau procédé

Le nom de M. Firmin Didot est un de ces noms qui désignent la plus haute perfection, et qui impriment le cachet de la supériorité à tout ce qui paraît sous de tels auspices.

249 MM. TREUTTEL et WURTZ, *libraires, quai Voltaire, n.* 12.

Voyage pittoresque de Constantinople et des rives du Bosphore.

En 1806, MM. Treuttel et Wurtz, obtinrent une médaille d'argent de 1re. classe, pour les premières livraisons de cette magnifique entreprise dont ils présentent aujourd'hui les livraisons complémentaires, sous tous rapports dignes des premières, et qui sont, comme elles, entièrement et uniquement dues aux talens d'artistes français.

250 M. EBERHARDT, *rue du Foin-St.-Jacques.*

1°. Premier et cinquième volume du Xénophon grec, latin et français, de M. Gail, en dix volumes. Ce bel ouvrage, orné de magnifiques gravures, imprimé sur peau vélin satiné, le plus beau de tous nos livres classiques, est un véritable chef-d'œuvre de typographie.

2°. Premier et sixième volume de Thucydide, latin, grec et français, imprimé avec le même soin que le Xénophon.

251 M. ARGANT, *commis, demeurant rue Montmartre.*

Collection de tablettes imprimées pour résoudre, sans calcul, les arbitrages les plus usuels.

L'ouvrage de M. Argant est destiné aux maisons de banque qui se livrent aux opérations d'arbitrages; il donne le moyen d'obtenir, par un procédé mécanique des plus simples, les résultats qui exigent des calculs quelquefois très-compliqués.

Le principe sur lequel sont construites les tablettes est le même que celui qu'a employé Wollaston, pour son échelle des équivalens chimiques, et dont on a également tiré parti en Angleterre pour diverses applications; mais les arbitrages mécaniques de M. Argant ont paru dès le commencement de l'année 1812, ainsi qu'il est constaté par un certificat de plusieurs banquiers et agens de change. Ils sont donc beaucoup antérieurs à ceux de l'échelle de Wollaston.

III. PRESSES D'IMPRIMERIE.

252 **M. AMÉDÉE DURAND**, *ancien pensionnaire de l'académie de France à Rome, demeurant rue du Colombier, n. 26.*

Presse typographique de son invention et pour la construction de laquelle il s'est renfermé dans ces trois conditions :

1°. L'emploi des matières telles qu'elles sont en usage, et des ouvriers tels qu'ils se trouvent formés par les habitudes des anciennes presses :

2°. Le perfectionnement et l'accélération, ainsi que l'économie dans l'emploi des matières, telles que le noir, les huiles, les étoffes, etc.

Et 3°. de se renfermer, pour les frais d'établissement, dans le prix des presses aujourd'hui en usage.

Cette presse diffère de toutes celles actuellement en usage, par ses moyens d'opérer, par sa forme, son volume, son poids, etc.

Elle peut s'établir sur toute espèce de plancher; elle n'a pas besoin d'être étançonnée contre les murailles, elle se renferme dans des dimensions infiniment moindres. Elle distribue elle-même l'encre d'impression comme celle de Kœnig; un seul ouvrier, une femme même peut facilement la mettre en action; enfin elle offre encore les avantages suivans :

1°. Une pression facile, déterminée, invariable et sans secousse, tandis que la presse à la Stanhope, qui seule a une pression déterminée, donne une secousse très-fatigante à l'ouvrier.

2°. Une distribution d'encre également déterminée et renouvelée à chaque feuille d'impression, condition qui garantit une parfaite égalité de couleur, tandis qu'aucune presse en usage (celle de Kœnig exceptée) ne distribue l'encre, et que cette opération qui emploie un ouvrier, se fait d'ailleurs d'une manière très-inégale;

3°. Une économie considérable résultant de la conservation des caractères et du procédé qui remplace celui de balles sans aucune dépense journalière ;

4°. L'accélération dans le travail et dans la mise en train ;

Et 5°. un seul ouvrier en remplaçant deux, on évite l'inconvénient du compagnonage.

253 M. BOUVIER, *demeurant rue d'Argenteuil, n. 33.*

Tampons ou balles d'impression à l'usage des bureaux. Ces tampons de nouvelle invention présentent l'avantage de ne se point dessécher, ni durcir, et de toujours donner pour le timbre le même degré d'encre d'impression.

IV. RELIURE.

254 M. THOUVENIN Joseph, *relieur, rue Saint-Victor, n.* 36.

Echantillons de reliures à la Thouvenin, savoir :

1°. L'imitation de J. C., maroquin vert, grand papier vélin à compartimens ;

2°. Montaigne, maroquin bleu, grand papier vélin, à compartimens ;

3°. Montaigne, dos de maroquin rouge, grand papier vélin ;

4°. Senecæ Syri Sententiæ, dos de maroquin rouge ;

5°. Antonius liberalis, dos de maroquin rouge ;

6°. Terentius, reliure à la façon de Derome;

7°. Voyage aux Indes-Orientales, veau à compartimens, filets noirs ;

8°. Mirabeau, Considérations sur l'ordre de Cincinnatus, demi-reliure, cuir de Russie ;

9°. Fontenelle, demi-reliure dos de veau;

10°. Paul et Virginie, maroquin bleu, reliure extraordinaire ;

11°. La Pucelle, in-4°. demi-reliure extraordinaire pour le corps de l'ouvrage.

Ce qui distingue particulièrement les magnifiques reliures de M. Thouvenin de toutes les autres, c'est 1°. le soin qu'il met à battre, coudre, endosser les livres ; 2°. le laminage du carton pour le rendre à la fois plus dur et plus égal; 3°. la substitution des ais de métal aux ais de bois; l'application des dentelles et filets noirs, combinés avec ceux en or; 5°. les dentelles et filets en relief, etc.

Malgré la beauté et le luxe de ses reliures, M. Thouvenin les tient à des prix moindres que ceux des relieurs anglais dont il égale et surpasse même la perfection.

Il se relie annuellement dans ses ateliers de 2500 à 3000 volumes suivant les reliures demandées, ce nombre augmentant à raison des reliures ordinaires et diminuant au contraire suivant les reliures de luxe; beaucoup de ses reliures de luxe sont pour l'étranger, notamment pour la Russie et l'Angleterre.

C'est à M. Thouvenin que nous devons particulièrement les essais comparatifs des maroquins français et étrangers et par suite desquels il a été constaté et reconnu que ceux de la belle fabrique de M. Mastler sont supérieurs et cependant à un prix de beaucoup inférieur.

255 M. SIMIER, *relieur du Roi, rue St.-Honoré.*

Reliures diverses de sa façon, savoir :

1°. L'Oratio dominica, ou Pater Polyglote, de l'imprimerie royale, reliée avec la plus grande perfection, en maroquin bleu. Les ornemens sur les plats sont nouveaux, toutes leurs lignes courbes sont en or plein, les gardes de l'intérieur des volumes sont en veau, le mors de maroquin fait le tour de la feuille en face, et le même ornement fait le tour des volumes; la jaspure est très-fine, très-délicate et très-belle;

2°. L'Imitation de J. C., reliure extraordinaire en veau; le dos est à triple nervure avec des compartimens de plusieurs couleurs sur les nervures. Les plats présentent, dans une belle composition, une croix sur son socle.

3°. Un Milton, maroquin amaranthe, remarquable par la beauté des dorures et un paysage sur la tranche;

4°. Fables de Lafontaine, maroquin citron, à compartimens bleus et rouges, d'un très-bel effet; mors de maroquin et gardes en papier d'or flambé;

5°. Paul et Virginie, maroquin citron, à reliure très-élégante;

6°. Mérite des femmes, maroquin imitant l'écaille fondue, doublé de moiré rose;

7°. Rabelais, Elzévir, 2 vol.;

Et 8°. Marot, 2 vol. en maroquin amaranthe.

M. Simier, ancien militaire, après être rentré dans ses foyers, s'est livré, d'abord en amateur et ensuite par passion, à l'art du relieur, en s'attachant particulièrement aux reliures de luxe à grand caractère, suivant le goût des amateur. Il surpasse aujourd'hui tout ce que les Anglais ont fait de plus beau en ce genre; il prouve et justifie qu'il était à tous égards digne de la faveur dont S. M. a daigné l'honorer en le brevetant du titre de Relieur du Roi.

Enfin c'est M. Simier qui a relié les volumes qui sont dans l'intérieur de la statue de Henri IV, et qui lui ont valu les plus grands éloges (*Journal des Débats*, du 27 novembre 1818, et *Journal de Paris*, du 25 juillet 1819).

256 M. J.-G. PURGOLD, *rue Cassette*, *n.* 18.

Diverses reliures.

Savoir :

1°. Un simple cartonnage à la Bradelle ;
2°. Demi-reliure ;
3°. En veau ;
4°. En parchemin vélin ;
Et 5°. en parchemin.

M. Purgold est un de nos meilleurs relieurs ; il a été chargé, par la société Biblique, de la reliure de la Bible. Il est aussi recommandable par l'exécution et la beauté de ses ouvrages, que par les prix modérés auxquels il les livre au public.

257 M. LESNÉ, *relieur*, *rue des Grès*, *n.* 5.

Reliures de son invention.

L'art du relieur doit plusieurs perfectionnemens à M. Lesné, auteur d'un très-bon mémoire sur les moyens de conserver les reliures, ou de retarder de plusieurs siécles leur renouvellement. M. Lesné s'est livré à de très-grandes recherches à cet égard, et il a posé des principes d'après lesquels on peut espérer que les reliures seront moins sujettes à se déformer et qu'elles auront une solidité au moins égale à la durée des ouvrages précieux qu'elles sont destinées à conserver.

258 M. ASTRUC, *rue J. J. Rousseau*, *n.* 13.

Registres d'une reliure particulière et de son invention.

CHAPITRE XXVI.

URANOGRAPHIE ET GÉOGRAPHIE.

La construction des Globes terrestres, et des Planétaires a été long-tems négligée en France, et depuis bien des années nos marchands de cartes de géographie se contentaient de suivre, dans leur fabrication, les erremens de ceux qui les avaient précédés; mais les travaux de MM. Poirson et Lapie leur ont assigné une autre marche, et ont enfin mis cette importante fabrication au niveau des progrès de la science, pendant que plusieurs habiles mécaniciens s'occupent, de leur côté de la construction des planétaires.

259 M. POIRSON, *ingénieur géographe, demeurant chez M. André, libraire, quai des Augustins, n.* 59.

Deux globes, l'un céleste et l'autre terrestre.

Ces globes, jugés dignes de l'attention des membres du bureau des longitudes et de l'observatoire de Paris, ont été adoptés pour leur usage, ainsi que pour l'école polytechnique, les lycées et autres établissemens publics; ils sont d'une sphéricité parfaite; ils ont 0, 437 mm., ou 18 pouces de diamètre; ils ont été projetés et dressés d'après les cartes géographiques et marines les plus récentes et les dernières découvertes des plus célèbres voyageurs. La gravure en est parfaitement soignée, ils sont montés sur un pied en acajou en forme de colonne, avec chapiteau doré, le méridien et le cercle horaire sont en cuivre, et exécutés avec soin. Leurs divisions se projètent parfaitement sur celles de ces globes dignes, à tous égards, de la haute réputation de leur auteur, qui expose en outre, dans la galerie d'Apollon, un globe terrestre d'un mètre soixante cinq centimètres de diamètre, de la plus grande beauté, construit par de nouveaux procédés qui mettent les cartons à l'abri de tous les accidens résultant communément de leur propriété hygrométrique.

Ce superbe globe, manuscrit, est le fruit de vingt années de travail. Il est au courant de toutes les nouvelles découvertes, et aussi remarquable par la savante exactitude de la partie géographique que par la composition de la boule qui, étant en pâte de papier, mâchée et préparée, est à la fois plus légère que du bois et presqu'aussi lisse que du métal.

Nous renvoyons à l'article de MM. Richer père et fils, n. 232, pour les autres détails concernant ce globe qui est un chef-d'œuvre d'exécution.

260 M. LANGLOIS, *géographe, rue de Seine, faubourg Saint-Germain, n.* 12.

1°. Deux globes terrestres de M. le chevalier Lapie, chef d'escadron des ingénieurs géographes; l'un de 0, 50 centimètres de diamètre; l'autre de 0,38 cent.

2°. Une carte topographique, minéralogique et statistique de France.

Les deux globes présentés par M. Langlois sont d'un très-beau travail et dignes, à tous égards, d'être exposés.

La carte topographique, minéralogique et statistique de France est précieuse en ce qu'elle est la seule carte minéralogique que nous ayons, celle de Monnet n'ayant jamais été terminée.

261 M. ROUY, *mécanicin, demeurant rue Hauteville, n.* 36.

Mécanisme uranographique de son invention.

Ce mécanisme uranographique, pour nous servir des expressions du rapport de MM. les commissaires astronomes de Milan, du 13 mars 1813, à Son Exc. le Ministre de l'intérieur, est portatif, simple, économique, d'un usage commun et satisfaisant dans la représentation des phénomènes célestes. Il peut être utile et très-convenable dans les lycées et les établissemens d'éducation.

262 M. DUCATEL, *employé à la Banque, demeurant rue Saint-Martin, n°.* 228.

Machine astronomique de son invention.

Cette machine comprend tous les mouvememens vrais des corps célestes, leurs mouvemens apparens et la mesure du tems.

Sa forme est celle d'une sphère entourée de cercles, dont la hauteur, compris son support, n'excède pas 81 centimèt. sur 40 centimèt. de face ; son moteur est un grand ressort ou une manivelle, selon l'objetq u'on se propose. Par le premier de ces moyens, que gouverne un régulateur à spirale, on suit le cours naturel des astres; par l'autre, on le modifie tellement qu'on peut substituer à un état donné du ciel celui qu'il présenterait à tout autre instant demandé.

263 M. JAMBON, *professeur d'astronomie, rue des Rosiers, n. 6, au marais.*

Planétaires de son invention.

264 MM. DELAMARCHE frères et Charles DIEU, *ingénieurs mécaniciens pour les globes et sphères, rue du Jardinet, n. 13, quartier Saint-André-des-Arcs.*

1°. Un grand globe terrestre de 0,40 centimètres environ de diamètre, dressé par ordre du Roi, d'après les nouvelles découvertes, avec méridien en cuivre, boussole et roulettes; et 2°. un grand globe céleste de même diamètre, augmenté des nouvelles constellations, et corrigé par Méchain, astronome de la marine, avec méridien en cuivre, boussole et cercle vertical.

CHAPITRE XXVII.

BEAUX-ARTS.

PEINTURE, GRAVURES, LITHOGRAPHIE, TACHYGRAPHIE.

D'après le principe établi de n'admettre à l'exposition que des produits de l'industrie manufacturière, le Jury semblait devoir renvoyer à l'exposition de peinture et sculpture tous les objets de beaux-arts, tels que gravures, lithographie, peinture, tachygraphie, etc.

Cependant, en considérant qu'ils peuvent être le motif d'une entreprise commerciale, et par conséquent le résultat d'une spéculation des capitalistes, il a cru pouvoir admettre les produits des beaux-arts qui lui ont été soumis, toutes les fois qu'ils lui ont offert les conditions d'admission, ainsi que le prouvent les divers ouvrages présentés qui ne pouvaient manquer d'avoir l'assentiment du Jury.

I. PEINTURE.

265 M. REY, *restaurateur de tableaux et marchand de couleurs, demeurant rue de l'Arbre-Sec, n. 46.*

1°. Des toiles absorbantes conservant la fraîcheur des couleurs et ayant l'avantage de n'être point cassantes;

2°. Des taffetas souples comme la peau et destinés aux tableaux de petites dimensions, nommés *Fixés;*

3°. Des toiles absorbantes et imperméables;

4°. Des toiles, cordes, rubans et papiers *Joseph*, imprimés au bitume;

5°. Un tableau peint moitié sur des toiles d'ancienne fabrique et l'autre moitié sur toiles absorbantes.

Dans son rapport à la Société d'Encouragement, M. Merimée, au nom d'une commission spéciale, a fait sentir toute l'importance des procédés et des découvertes de M. Rey.

266 M. Joseph BODSON, *peintre et graveur, rue Grange-aux-Belles, n. 29.*

Objets, meubles, bijoux, etc., avec application de métaux, émaux, etc., tels que :

1°. Des peintures sur toutes matières;

2°. Des objets de meubles et de bijoux décorés, tant en or, qu'en argent et autres métaux, avec peintures et émaux sous glaces;

3°. Des modèles et objets décorés d'ornemens et figures, appliqués sur bois, à l'instar des meubles de Boule;

4°. Des vitraux d'appartemens, décorés d'ornemens transparens et opaques;

5°. Des dessins applicables à la décoration de toutes sortes d'appartemens et de meubles, par impression en place, sur toutes sortes de fonds, formes et profils, tant avec des couleurs à l'huile qu'en détrempe;

6°. Des modèles d'échantillons d'application sur étoffes imprimées en couleurs, tant sur satin que sur toiles de coton, mousselines et perkales;

Et 7°. des dessins de différens genres, applicables aux fabriques qui ont le dessin pour base.

267 M. RASCALON, *rue Saint-Martin, n.* 228.

Différens objets de peintures et d'ornemens, dont le principal est une glace dorée et ornée, de forme octogone, garnie en or et en argent. Le milieu offre une mosaïque avec arabesques et autour différens groupes.

La fabrique de M. Rascalon est connue depuis long-tems avantageusement. En 1806, elle obtint une mention honorable.

II DESSIN, CHALCOGRAPHIE.

268 M. BIARD *jeune, boulevard du Mont-Parnasse, n.* 63.

Quatre grands dessins, exécutés d'après un nouveau procédé de son invention, qui paraît susceptible d'être appliqué avec avantage dans les arts qui ont le dessin pour base.

Les sujets exposés par M. Biard sont :

1°. Une Vierge assise sur les genoux de St.-Anne;

2°. La Vierge et l'enfant Jésus;

3°. Une tête de Vierge;

Et 4°. une autre tête de Vierge avec l'enfant Jésus,

269 M. Henri LAURENT, *graveur du cabinet du Roi, demeurant rue Neuve-des-Mathurins, n. 20.*

MUSÉE ROYAL DU LOUVRE.

Le magnifique ouvrage de MM. Robillard-Péronville et Laurent, sous le nom de Musée royal, surpasse tout ce qui a été entrepris jusqu'à ce jour, en ce genre.

La superbe collection du Musée-Français, digne à tous égards de la munificence et de la libéralité d'un grand gouvernement, semblait devoir être au dessus des forces de toute entreprise particulière. Cependant MM. Robillard et Laurent ont surmonté toutes les difficultés qu'elle présentait, et avec une exactitude et des efforts dont il n'existe aucun exemple que celui (plus surprenant encore) que nous offre aujourd'hui M. Henri Laurent et ses associés. Ils ont non-seulement rempli, mais encore outrepassé les engagemens qu'ils avaient pris à l'égard du public.

Le Musée-Royal de MM. Henri Laurent et compagnie, sous quelque rapport qu'on le considère, est digne du Musée-Français, dont il est la continuation; et en l'admettant à l'exposition, le jury croit devoir lui appliquer les propres expressions des commissaires chargés, en 1806, d'examiner les produits de l'industrie française : « Cette grande entreprise » de gravure et de librairie est parfaite dans l'exécution. » Elle a soutenu et relevé l'art de la gravure qui commen» çait à décliner en France, pendant que tous les arts du » dessin se régénéraient. Aussi, depuis peu d'années la gra» vure a fait de tels progrès que nous pouvons espérer de » voir bientôt nos graveurs l'emporter sur les plus habiles » des autres pays ».

270 Mme. veuve FILHOL, *rue de l'Odéon*, *n*. 33.

Suite du Musée de France et gravures du concours décennal, pour lesquelles l'éditeur obtint, en 1806, la médaille d'argent.

271 M. REDOUTÉ, *peintre d'histoire naturelle*, *rue de Seine St.-Germain*, *n°*. 6.

Série complète de ses ouvrages.

La collection des magnifiques ouvrages de l'auteur des liliacées, de la flore de la Mal-Maison, du jardin de Cels, de la botanique de J.-J. Rousseau, des plantes grasses, du Sertum - Anglicum, de l'Astragalogia, etc. etc. est un des articles capitaux de l'exposition et un de ceux qui contribuent le plus à caractériser à la fois les progrès de l'art et de la science.

272 M. DESÈVE, *dessinateur et graveur*, *rue de la Harpe*, *n°*. 57.

Exemplaire en noir, de son ouvrage intitulé la Galerie de Rubens, avec quatre gravures dudit ouvrage, coloriées et encadrées.

Le talent de M. Desève et la réputation dont il jouit parmi les artistes de la capitale, ne peuvent manquer d'attirer l'attention publique sur sa Galerie de Rubens et sur ses gravures coloriées.

273 M. HARDY, *imprimeur-libraire*, *rue du Bac*, *n°*. 136.

Chalcographie de F. Piranesi.

La belle collection des Piranesi fut, en grande partie, gravée par des artistes français, lorsque les Piranesi furent retirés en France. Cette immense collection est et sera toujours l'admiration des artistes, des amateurs et des savans français et étrangers.

274 M. LAVALÉ, *graveur en taille douce, rue de la Harpe, n.* 80.

Vues pittoresques et perspectives des salles du Musée des Monumens français, et des principaux ouvrages de sculpture, d'architecture et de peinture sur verre quelles renfermaient.

Le Musée des Monumens français, qui a attiré pendant tant d'années une foule d'étrangers, devant être supprimé, le bel ouvrage de MM. Lavallée et Reville acquiert un nouveau prix aux yeux des amateurs, en perpétuant le souvenir de cette riche collection, formée par les soins de Lenoir, des débris des monumens échappés aux fureurs de notre révolution.

275 M. PONCE, *graveur, cul-de-sac des Feuillantines, n.* 10.

1°. Ouvrages intitulés, les Illustres Français ; 2°. les peintures antiques des bains de Titus, et 3°. la Charte constitutionnelle.

Le Jury ne pense pas déroger à l'ordonnance en admettant à l'exposition les trois ouvrages qui manifestent à la fois les principes, le dévouement et le talent supérieur de M. Ponce; ils tiendront d'ailleurs dignement leur rang parmi les divers recueils de gravures qui ont été présentés.

276 M. LEBLANC, *dessinateur-graveur, rue de Crussol, n.* 15.

Recueils des machines, instrumens et appareils qui servent à l'économie rurale.

277 MM. GASTEL et Compagnie, *propriétaire d'un établissement de gravures et de coloriage de gravures en fabrique, rue de Cléry, n.* 42.

Gravures coloriées, représentant des études de paysages, figures et animaux, soit en noir, soit en couleurs, d'après la manière de *faire* des écoles françaises, allemandes, anglaises, etc. etc.

L'établissement des gravures coloriées de MM. Gastel et Compagnie, doit être recommandé au Gouvernement comme digne de sa bienveillance et d'une heureuse application dans nos écoles gratuites de dessin, ou d'arts et métiers.

III. LITHOGRAPHIE.

278 M. le comte de LASTEYRIE, *lithographe du Roi et de S. A. R. Monseigneur le duc d'Angoulême, passage Ste.-Marie, rue du Bac, n.* 58.

M. de Lasteyrie a ajouté à la grande réputation dont il jouissait parmi les naturalistes et agriculteurs, celle d'un superbe établissement lithographique. Les divers objets qu'il expose, ne peuvent augmenter sa réputation; mais ils prouvent que son établissement est digne d'être placé au premier rang de ceux de ce genre.

Ces objets sont :

1°. Un portrait en pied, par mademoiselle Boutillier.

2°. Portrait de famille, par M. Vigneron.

3°. Portrait de Goethe, par M. Jacob.

4°. Portrait du Roi, par M. Jacob.

5°. Portrait de M. Dumeril, par M. Jacob.

6°. Vue du Montblanc, par Isabey.

7°. Un sujet d'après Teniers, par Moiette.

8°. Une rose, par Bessa.

9°. Rosace, par Mun.

10°. Une chasse à la bécasse.

11°. Deux têtes, d'après Raphael.

12°. Le tombeau de Poniatowski.

279 M. ENGELMANN, *imprimeur lithographique, rue de Louis-le-Grand, n. 27.*

Dessins et modèles d'écriture lithographiés.

Tout le monde connaît les succès que la lithographie, encore dans son enfance, a déjà obtenus.

La presse lithographique de M. Engelmann s'est distinguée, dès l'origine de la lithographie, pour la beauté des épreuves qui en sont sorties.

280 M. MOTTE, *imprimeur lithographe, rue des Marais, faubourg St.-Germain, n. 13*

Cadre de diverses impressions lithographiques, parmi lesquelles on distingue, entre autres, deux planches des antiquités de la ville de Nîmes, une belle vue de côteaux de Sèvres, diverses études d'intérieurs, de paysages et de plusieurs portraits.

La lithographie de M. Motte est une des plus considérables et des mieux organisées du royaume. On lui doit une foule d'impressions de la plus grande beauté, qui lui assurent une place distinguée parmi les établissemens de ce genre.

281 M. ALOYS SENEFELDER, *auteur de l'art de la lithographie, de la papyrographie, etc., demeurant rue Servandoni, n. 13, faubourg St.-Germain.*

1°. Echantillon de nouvelles découvertes, qu'il nomme papyrographie, pour laquelle il a reçu un brevet d'invention du gouvernement français, et qui tend à remplacer avec avantage les pierres dans les impressions lithographiques et chimiques, même à suppléer à l'emploi du cuivre et de l'étain, pour la gravure de la musique, etc.

2°. Une petite presse de nouvelle invention, propre à simplifier les impressions papyrographiques.

3°. Un ouvrage sous ce titre :

L'art de la Lithographie, ou l'instruction pratique pour dessiner, graver et imprimer sur pierre, etc. etc., 1 vol. in-4°, avec un atlas ou collection de 21 planches.

M. Senefelder est étranger; mais ses établissemens sont en France; son ouvrage sur la lithographie, et les procédés variés qu'il emploie, présentent des résultats intéressans.

282 M. MARLET, *dessinateur-lithographe, au palais des Beaux-Arts, rue de Seine, n. 1.*

Gravures lithographiées, dessinées par lui, et imprimées dans le nouvel établissement qu'il vient de former. Sa collection se compose : 1°. de treize dessins pour la Henriade de Voltaire.

2°. De vingt et un dessins pour les croisades de M. Michaud.

3°. Du siége d'Huningue.

4°. Des missionnaires au mont Valérien.

5°. De la rentrée de l'exilé (M. de Forbin-Janson.)

Et 6°. de M. le duc d'Angoulême, visitant l'administration du Mont-de-Piété.

IV. GRAVURES SUR PIERRE ET SUR BOIS.

283 M. **DUPLAT**, *graveur, cloître St.-Benoit, n.* 26.

Cadre renfermant des gravures en taille de relief gravées sur pierre.

M. Duplat après, avoir gravé sur bois, l'espace de vingt ans, est parvenu à tirer des matrices sur métal, afin d'obtenir de cette première opération des clichés pour l'impression typographique.

La société d'encouragement, en 1806, lui donna la grande médaille d'argent pour ses perfectionnemens du polytypage.

En 1810, d'après ses essais pour graver la pierre calcaire à la manière du bois, la même société lui accorda son grand prix de 2000 fr. promis à celui qui présenterait une gravure en taille de reliefs, la mieux faite et la plus économique.

La même année il obtint un brevet d'invention.

Les matrices qu'il obtient par ce mode de gravure sont parfaitement droites, ce qu'on ne fait que difficilement avec la gravure en bois.

On peut en outre faire des gravures en relief de la plus grande dimension.

Enfin, on peut faire les ouvrages les plus soignés en employant de bons dessinateurs et de bons graveurs à l'eau-forte.

284 M. **CORNOUAILLE**, *graveur, demeurant rue Contrescarpe, porte St.-Marceau, n.* 21.

Collection de vignettes exécutées pour l'imprimerie Royale.

M. Cornouaille est un de nos meilleurs graveurs en acier; c'est lui qui, d'après les dessins de M. Normand, a gravé les billets de la banque de Rouen et qui grave en ce moment ceux de la banque de Bordeaux; la comparaison de ces billets et de ceux de la banque de France est tellement à l'avantage de M. Cornouaille, que M. Normand, en félicitant les directeurs de la banque de Rouen sur la beauté de leurs billets, leur a témoigné le désir que *ses dessins fussent toujours aussi bien exécutés.*

285 M. BOUGON, *graveur en vignettes sur bois, rue St.-Jean-de-Beauvais, n.* 16.

Gravures exécutées sur bois.

Le talent de M. Bougon dans les gravures sur bois, depuis long-tems connu, l'a fait nommer Médailliste de la société d'encouragement, qui lui a donné sa grande médaille d'or en 1810; l'imprimerie lui doit une collection considérable de vignettes du meilleur choix et d'un fini précieux.

Il présente à l'exposition un choix de gravures en bois :

SAVOIR :

1°. Une main, gravée en deux planches de deux couleurs;

2°. Un pied de cheval, grandeur de nature ;

3°. Un pied de bœuf, *idem* ;

4°. Les armes de S. A. R. Madame;

5°. Le cadre des actions de la compagnie d'assurance de la ville de Bordeaux ;

6°. Quatre fables de La Fontaine ;

7°. Rachel et Lia, sujet de la Bible ;

8. Une tête de Minerve ;

9°. Une étude de paysage ;

10°. Une planche de vignettes, pour le temple de Gnide;

Et 11°. La Cathédrale de Milan, de 0m,70c. (26 pouces) sur 0m,50c. (19 pouces). Cette vue de la Cathédrale de Milan est un chef-d'œuvre pour le travail et la pureté du trait ; c'est enfin une des plus grandes difficultés qui aient encore été exécutées dans les gravures en bois.

286 Mme. BOUGON, *graveur*, *rue St.-Jean-de-Beauvais*, *n.* 16.

Cadre renfermant des gravures sur bois debout.

Mme. Bougon, par la délicatesse de son travail, s'est mise au même rang que nos meilleurs artistes, ses gravures ne laissent rien à désirer ; elles offrent une exécution et un fini du plus grand prix.

287 M. THOMPSON, *graveur*, *rue des Noyers*, *n.* 33.

Cadre renfermant des gravures sur bois debout.

Le mérite de M. Thompson est généralement connu ; ses gravures en bois sont très-estimées et très-recherchées.

V. OUVRAGES IMITANT LA PEINTURE.

288. M. GALLET, *dessinateur*, *rue Montorgueil*, *n.* 96.

Tableaux mosaïques en insectes, représentant des fleurs, fruits, vases, etc.

289 M. COLOMBART, *rue du Temple*, *n.* 7.

Cadre renfermant un sujet exécuté en cheveux.

VI. TACHYGRAPHIE ET ECRITURE.

290 Madame veuve COULON DE THÉVENOT, *professeur de tachygraphie, rue de la Harpe, n. 78.*

Objets applicables à la tachygraphie et à l'écriture en général, savoir :

1°. Un nouvel album renfermant un papier sur lequel, en écrivant avec une plume ordinaire ou une plume métallique et de l'eau, ou de la salive, on obtient des caractères ineffaçables, et aussi noirs qu'avec de l'encre.

2°. Un papier géométrique pour apprendre à écrire seul et en très-peu de tems; ce papier a eu l'approbation de l'Académie des sciences.

3°. Des plumes tachygraphiques, dites sans fin. Ces plumes sont commodes en ce qu'elles fournissent l'encre plusieurs heures de suite. Elles conviennent beaucoup pour prendre des notes. Elles doivent leur naissance à la tachygraphie.

4°. Des plumes d'argent, d'une forme nouvelle, désignées sous le nom de Tilsits.

291 M. DEJERNON (Jacques), *maître de pension, rue St.-André-des-Arcs, n. 68.*

Nouvelle méthode d'écrire approuvée par la commission de l'instruction publique; plus, un nictographe, ou pupitre à l'usage des aveugles.

292 M. BARBIER, *propriétaire, quai de la Cité, n. 1, au coin de la rue des Chantres.*

Instrument d'écriture mécanique de combinaison.

Cet instrument a déjà été soumis à l'examen de l'Institut, et il a été reconnu que, sans y voir, on peut graver les planches de l'écriture secrète de combinaison, plus facilement qu'on écrit avec la plume par les procédés ordinaires.

CHAPITRE XXVIII.

BEAUX-ARTS.

ARCHITECTURE, SCULPTURE,

MOSAÏQUE, INCRUSTATIONS, RELIEFS.

Le Jury ne pouvait se flatter de voir se présenter à l'exposition de l'industrie l'architecture et la sculpture, qui semblent en effet plutôt devoir figurer dans la grande exposition de peinture et de sculpture; mais, d'après la nature des objets présentés, il n'a cependant pas cru devoir leur refuser leur admission à l'exposition.

I. ARCHITECTURE.

293 M. DENUELLE, *architecte-expert, rue de la Ville-l'Évêque, n. 46.*

Collection complète de corps solides et de surfaces pour

l'étude de l'architecture et applicables à la construction des bâtimens civils.

A sa collection des solides, M. Denuelle a joint un traité manuscrit de géométrie pratique.

294 M. MÉNAGER, *architecte.*

Modèle de la fontaine de la place St.-Sulpice.

II. ARCHITECTURE MOULÉE.

295 M. CHABANNE, *entrepreneur de maçonnerie, Grande rue de Passy, n. 64.*

Trois colonnes portatives, à l'aide desquelles il construit dans les chantiers toutes espèces d'édifices, pour les transporter ensuite par partie, à destination, soit à la ville, soit à la campagne, ou même en province.

M. Chabanne exécute également tous les ordres d'architecture qui lui sont commandés; on peut voir à Passy un bâtiment de plus de trente mètres de façade, qu'il a construit et décoré d'après ses procédés.

296 M. HIRSCH, *sculpteur, demeurant rue Porte-foin, n. 30, au Marais.*

Objets de sculpture exécutés en carton-pierre.

La matière connue sous la dénomination de *carton-pierre*, inventée par M. Mezière, présente l'avantage d'être légère, et infiniment plus solide que le plâtre et même le bois, de ne point se gonfler ni se retirer selon l'état de l'atmosphère, de ne jamais se fendre ni se gercer, d'être blanche et de recevoir la dorure, qui s'y soutient d'une manière remarquable, sans les apprêts nécessaires pour le bois et le plâtre.

Les sculptures exécutées avec cette matière s'appliquent indistinctement sur bois, plâtre, chaux, pierre et marbre. Peintes à l'huile, elles résistent long-tems à l'injure du tems. Ces sculptures sont employées avec le plus grand succès aux châteaux des Tuileries, de Versailles, Saint-Cloud, Fontainebleau, à la galerie du Louvre, à l'Hôtel-de-Ville de Paris, dans les églises de Paris et à la basilique royale de Saint-Denis, dans différens théâtres, et tout récemment à la salle de l'Académie Royale de musique, et au nouveau théâtre de Bruxelles, ainsi que dans un grand nombre de palais, châteaux et hôtels de Paris, de France et de l'étranger; La plupart des armes du Roi et des Princes qui décorent *extérieurement* les magasins des négocians et marchands brévetés de la Cour, sont exécutées en carton-pierre.

Enfin, une grande partie des cafés et des lieux publics de la capitale est embellie par ce procédé, dont la fabrication emploie environ vingt-cinq ouvriers.

III. SCULPTURE.

297 M. GATTEAUX, *graveur des médailles du Roi, rue de Bourbon, n. 35.*

Trois bustes et une statue, dimension de petite nature, faits par un procédé mécanique auquel il donne le nom de *pantographe* de sculpteur.

Tous les statuaires conviennent qu'ils ne peuvent obtenir, dans l'exécution en marbre de leurs ouvrages, toute la précision nécessaire pour reproduire avec exactitude leurs modèles, et qu'il n'est point d'ouvrage sortant des mains, même des plus habiles praticiens, qui n'offre quelques points inexacts; le sculpteur, pour ne pas altérer la forme d'un ouvrage, étant quelquefois forcé de laisser apparens des points trop enfoncés.

M. Gatteaux a donc rendu un service essentiel à l'art du statuaire, en composant une machine qui pose elle-même les points avec toute la précision désirée, et qui agit avec assez de facilité pour qu'on puisse promptement multiplier les points sur toutes les surfaces présentées, sans employer ni compas ni chassis, les seuls moyens aujourd'hui en usage, et par leur nature sujets à erreur.

Le petit modèle de cette machine a été soumis à la classe des beaux-arts de l'Institut, en 1812; et depuis, M Gatteaux en a fait établir une capable de reproduire une figure de 2 mètres (six pieds) de hauteur. Elle est en activité depuis deux ans; plusieurs bustes ont été faits, ainsi qu'une figure de 1^{m},78^{c}. (cinq pieds et demi) traduite en sens inverse de l'original. Cette figure, qui offre tous les genres de difficultés, est exécutée avec une rare précision.

M. Gatteaux présente un buste de Faustine, en marbre. Cette tête, seulement ébauchée, est faite pour démontrer le procédé, et quoique ce travail soit désagréable à la vue, il n'en sera que plus intéressant pour les personnes de l'art qui verront que le compas, les chassis et les équerres ne peuvent donner un semblable résultat. Ce marbre est épannelé à la pointe d'un côté, et avancé au ciseau de l'autre : ainsi, d'une part, on peut juger de l'exactitude des points, et de l'autre, on voit comment ils se placent, et à quelle profondeur; on en remarquera même derrière le col, qui sont enfoncés à trente-six millimètres, et qui traversent le tenon.

Cette machine place les points, par le moyen des trépans, avec une exactitude mathématique, et il faudrait un manque d'attention inexcusable pour commettre une erreur.

298 M. DOUHAULT - WIELAND, *sculpteur en ivoire, rue Sainte-Avoye, n. 19.*

Buste en ivoire : 1° de S. M. Louis XVIII;

2°. De S. M. I. et R. l'empereur Alexandre;

Et 3°. du Grand Frédéric;

M. Douhaut-Wieland, que nous avons déjà cité sous le n°. 133, et que nous retrouverons sous le n°. 434, s'était particulièrement livré à la sculpture en ivoire avant d'embrasser les deux autres parties dans lesquelles il s'est distingué d'une manière si brillante.

Les trois bustes que M. Douhaut-Wieland expose sont d'une grande vérité et du travail le plus précieux. Il est bien rare de voir un artiste réussir avec cette même perfection dans trois genres aussi différens.

299 **M. GOZZOLI**, *artiste-sculpteur en albâtre, rue J.-J. Rousseau, n. 20.*

Il y a douze ans on connaissait à peine en France, l'art de travailler les albâtres. On doit au sieur Gozzoli, établi à Paris, le développement de cette branche d'industrie, qui a longtems prospéré en Toscane. Il a fait plusieurs élèves qui ont successivement établi diverses fabriques. Celle du sieur Gozzoli est aujourd'hui uniquement composée de Français.

Les débouchés de sa manufacture, sont particulièrement toutes les grandes maisons de commerce qui expédient pour l'étranger, notamment pour les Pays-Bas.

L'albâtre se tire de Toscane, par Livourne. Il paie à la sortie un droit d'exportation, et à l'arrivée au Hâvre un droit d'entrée, dont le sieur Gozzoli demande la suppression, à titre d'encouragement, pour pouvoir former à Paris une école de sculpture.

IV. MARBRERIE.

300 **MM. VALIN**, père et fils, *marbriers, rue Moreau, n. 3, faubourg St.-Antoine.*

1°. Une coupe d'albâtre oriental, exécutée d'après l'antique, de 0m. 40cm. de diamètre.

2°. Une coupe en feldspath de Labrador, de 0m. 30cm. de diamètre, morceau unique et précieux par son travail, sa grandeur et la rareté de la pierre.

3°. Une pendule de même substance ; le socle en chaux fluatée (spath fluor), et la plinthe en granit vert des Vosges, avec divers ornemens de bronze, et un *Janus*.

4°. Deux superbes tables de granit gris-bleu, orbiculaire de Corse, d'un mètre de diamètre.

5°. Une table ronde, de serpentin oriental, de 0m. 60cm. de diamètre ; table remarquable pour le volume, la rareté et le prix de la matière.

C'est d'après les conseils de M. le comte de Choiseul-Gouffier et de plusieurs minéralogistes et antiquaires, que MM. Valin ont formé leur bel établissement, dans lequel ils ont inventé et mis en pratique des procédés et mécanismes nouveaux pour débiter et ménager les belles substances qu'ils travaillent, de manière à en tirer le plus grand parti possible, et n'avoir jamais, quelleque soit la concavité des vases et des coupes, que le déchet absolument inévitable pour le jeu des instrumens à découper et à détacher.

Tout en travaillant les porphires, les syénites, les serpentins et les marbres étrangers les plus rares, MM. Valin se sont cependant plus particulièrement attachés aux marbres indigènes. Ces deux célèbres artistes sont très-versés dans la connaissance des marbres, ils ont fait une étude particulière de tous ceux que l'antiquité a pu employer. Le Jury s'empresse de les signaler au Jury central, en le priant de les faire connaître au Gouvernement, dont ils méritent les encouragemens.

V. MOSAÏQUES.

501 M. STRAUBARTH, *artiste-mécanicien, rue Gérard-Beauquet, n. 2, au coin de la rue des Lions-Saint-Paul, breveté pour l'invention d'une mosaïque d'un nouveau genre.*

Table ronde d'environ un mètre de diamètre, exécutée en mosaïque et ornée de bronze doré.

Ce meuble, qui n'est encore qu'un des premiers essais de l'artiste, en ce genre, est d'un aspect fort agréable, et suffit pour faire voir tout le parti qu'on peut tirer de cette invention pour la décoration des appartemens.

502 M. BELLONI, *chef de l'école de mosaïque.*

Voyez aux Manufactures royales, n°. 506.

VI. PLASTIQUE.

503 M. SOUILLARD, *restaurateur d'objets précieux en porphyre, émaux, agathes, etc., rue Pagevin, n. 24.*

Reliefs exécutés avec une matière plastique de son invention, avec laquelle il est parvenu à exécuter différens ouvrages, tels que bas-reliefs, camées, médailles, empreintes de pierres gravées et les ouvrages les plus délicats, sans aucun retrait, ni même sans altérer en rien le fini de l'ouvrage le plus précieux.

Ce plastique se compose de diverses couleurs appliquées

intérieurement et imitant différentes matières; il a la dureté du stuc et prend le poli de l'ivoire, qu'il imite; il réunit l'utile à l'agréable, pouvant servir 1°. à *la restauration des objets précieux*, comme le porphyre, les émaux, l'agathe, l'albâtre, les groupes en biscuit; 2°. à remettre les parties manquantes, et 3°. à reboucher les accidens occasionnés par le feu. Toutes ces opérations se font avec ce plastique, sans aucune crainte de l'action du feu, parce que les réparations ont lieu avec des liqueurs et n'exigent que trois heures au plus pour acquérir la plus grande ténacité.

Nous avons particulièrement remarqué, parmi les objets exposés: 1°. une théière en quatre morceaux et raccommodée, servant à prouver que ce plastique est à l'épreuve de l'eau bouillante.

Et 2°. un grand vase de porcelaine du Japon, brisé en plus de quarante morceaux et qui avait un grand trou dans le milieu. Il a été si parfaitement restauré, qu'on ne peut suivre et distinguer les fractures.

Dans le grand nombre de pièces, du plus grand prix, qui ont été restaurées par M. Souillard, nous citerons : 1°. une superbe table en pierres, jaspes et agathes incrustés, pour M. le Baron de Breteuil; 2°. deux grands vases d'albâtre oriental de Madame de Matignon; 3°. un grand vase étrusque, trouvé dans la mer et couvert de corail; le beau groupe de porcelaine que M. Lefebvre exposa en 1806; 4°. plus de 80 pièces en porcelaine, terre d'Egypte, ivoire, cristaux, ambre et antiquités du Musée-Royal; 5°. les deux superbes bustes de Louis XVI et de Marie-Antoinette, qui sont au Ministère des affaires étrangères; 6°. la belle collection de vases étrusques de Madame la Duchesse de Raguse, etc. etc.

VII. RELIEFS.

304 M. VERZY, *artiste, plaine des Sablons, n.* 48.

Plan en relief de Paris et ses environs.

Le jury, tout en considérant que le plan de Paris en relief de M. Verzy laisse beaucoup à désirer, tant sous le rapport de l'exactitude de la topographie que sous celui de l'exécution et de la projection verticale respective des hauteurs des environs de Paris, croit cependant, à titre d'encouragement, devoir admettre ce relief à l'exposition.

CHAPITRE XXIX.

OUVRAGES D'ÉBÉNISTERIE, MENUISERIE, TABLETTERIE, ET AMEUBLEMENT.

I. Les meubles présentés aux dernières expositions annonçaient le haut degré de perfection auquel est parvenue l'ébénisterie française. De riches et magnifiques mobiliers ont été faits depuis, soit en bois indigènes, soit en bois exotiques, et ils prouvent que notre ébénisterie, sous le rapport de la précision et de l'execution, mérite toujours les plus grands éloges, et que, sous celui du goût, de l'élégance et des ornemens, il est impossible de faire mieux que les habiles artistes qui obtinrent des médailles d'or et d'argent aux précédentes expositions, et qui se représentent aujourd'hui d'une manière encore plus distinguée.

II. La dorure de nos meubles et ornemens d'ameublement ne le cédera en rien à la dorure ancienne tant vantée que l'on remarque dans les palais, lorsque les doreurs prendront les précautions nécaires, comme le fait M. Pieri, qui a rétabli la réputation de la dorure française, et prouvé qu'elle n'avait pas dégénéré dans ses ateliers.

III. Les marchands de nécessaires se sont très-multipliés depuis quelques années : on doit établir une grande différence entre les marchands et les fabricans de nécessaires, qui ne font de cet état qu'une partie accessoire de leur commerce, les uns étant orfévres, les autres ou couteliers ou marchands de portefeuilles, etc.; à ces divers états, beaucoup ajoutent actuellement celui de fabricans de nécessaires, et il en est cependant bien peu qui soient uniquement *fabricans de nécessaires.*

IV. La tabletterie et les ouvrages de tour ne sont pas restés en arrière dans cette grande lutte de toutes les branches de notre industrie, et plusieurs tabletiers prouvent leur supériorité, par la délicatesse des ouvrages qu'ils présentent.

V. Nos fabriques d'éventails, anciennement tant renommées, étaient depuis quelques années tombées dans une sorte d'inaction, ou même d'abandon, la mode des éventails ayant cessé en France; ce genre de fabrication semble se relever aujourd'hui, et nous doutons qu'on puisse rien faire de mieux fini et de plus précieux pour le travail, que les éventails qui sont présentés.

VI. La parqueterie mosaïque est un art nouveau, qui peut avoir d'autant plus de succès que, faite par des procédés mécaniques, elle ne sera guère plus dispendieuse que nos parquets ordinaires.

I. SCIAGE DE FEUILLES DE BOIS DE PLACAGE.

305. M. LEFEBVRE, *marchand de bois des isles, rue St.-Bernard, n. 21, faubourg St.-Antoine.*

Feuilles de bois d'acajou, refendues par un procédé de son invention.

L'art de refendre les bois de placage pour les ébénistes a de très-grandes difficultés, soit qu'on fasse usage de la scie ordinaire des scieurs à bras, ou de la presse, soit qu'on se serve de machines qui n'exigent, pour produire leur effet, qu'un simple mouvement *de volution* continuée dans le même sens; la principale difficulté consiste à diminuer la résistance de la scie ou à la rendre égale, quelle que soit la largeur des bois; la seconde, à fournir des feuilles minces, de 0^{m}. 0011 (une demi ligne), et d'une épaisseur égale dans toute son étendue.

Par le moyen d'un moteur, tel que celui d'une machine à vapeur, M. Lefebvre refend les bois de toutes dimensions et qualités, jusqu'au nombre de dix-sept à dix-huit feuilles dans $0^m.027^{mm}$. (un pouce) d'épaisseur, sur $0^m.595^{mm}$. (vingt-deux pouces) de largeur.

306. M. JOSSET, Louis-Benoni, *marchand de bois d'acajou, rue du faubourg St.-Antoine, n. 34.*

Feuilles de bois d'acajou qu'il débite au moyen d'une scie de son invention, qui est en activité depuis plus de dix-huit mois.

M. Josset présente, comme exemple des produits de sa scie mécanique, dix feuilles tenant ensemble, sur $0^m.40^{cm}$. (quinze pouces) de largeur, et $0^m.65^{cm}$. (deux pieds) de longueur.

307. M. HACKS. *mécanicien, rue du faubourg St.-Antoine, n. 47, cour St.-Louis.*

Feuilles de bois de placage, de $3^m.57^{cm}$. (onze pieds) de long sur $0^m.54^{cm}$. (dix-neuf et vingt pouces) de large, refendues au moyen d'une scie circulaire de son invention, mue par un manége attelé de deux chevaux.

Il tire de treize à quatorze feuilles au pouce ($0^m.027^{mm}$.).

En 1814, la Société d'encouragement lui a décerné une médaille de 2e. classe.

II. ÉBÉNISTERIE.

308. M. JACOB DÉMALTER, *fabricant de meubles et bronzes, demeurant rue Meslé, n. 57.*

Ce célèbre ébéniste a obtenu, à chacune des précédentes expositions, des médailles d'or et d'argent, ou des mentions honorables. Ses ouvrages, d'un mérite supérieur, sont au-dessus de tout ce qu'on a jamais vu dans l'ébénisterie du premier ordre, pour la précision et l'exécution, comme pour l'élégance, la magnificence et le goût exquis des ornemens.

309 M. RÉMOND, *ébéniste du Garde-Meuble de la Couronne, rue des Champs-Élysées, n. 6.*

Un meuble en bois d'Amboine et frêne, exécuté pour S. A.R. Mme. la Duchesse de Berry, et contenant une balance peson.

C'est M. Remond, un de nos meilleures ébénistes, qui a exécuté l'ébénisterie du superbe berceau en bois indigène, qui est compris dans l'exposition de MM. Deniers et Matelin.

310 M. PAPST, *rue St.-Sébastien, n. 1, ébéniste, de la bibliothèque particulière du Roi.*

Écran de trois feuilles ou cadres en bois indigène pour la manufacture Royale des Gobelins.

M. Papst est un de nos meilleurs ébénistes; ses travaux sont recommandables par leur fini; mais comme ils sont particulièrement destinés pour les manufactures royales ou les ameublemens du palais de S. M. ses ouvrages sont fréquemment confondus avec ceux des tapissiers et décorateurs, dont il est cependant essentiel de les distinguer.

311 MM. DENIERS et MATELIN, *rue Vivienne, n. 15.*

Berceau en bois indigène, avec bronzes dorés, de la plus grande beauté, exécuté pour S. A. R. Madame la Duchesse de Berry.

L'ébénisterie est de M. Remond ébéniste du garde-meuble de la couronne.

312 M. PUTEAUX, *fabricant d'ébénisterie, rue d'Argenteuil, n.* 23.

1°. Un bureau à cylindre; 2°. un petit guéridon; 3°. un secrétaire confectionné avec des bois indigènes.

M. Puteaux est un ébéniste intelligent, très-actif et qui paraît s'être attaché particulièrement à faire valoir nos bois indigènes pour prouver qu'ils pourraient être employés avec au moins autant de succès que les bois étrangers.

313 M. WAGENER, *ébéniste, rue des Bernardins, n.* 34.

Il présente un bureau à cylindre composé de cinq corps, savoir : sur une face, bureau, corps de tiroir et bibliothèque; et sur l'autre face, secrétaire et bibliothèque.

M. Vagener a obtenu une médaille en 1811; il est avantageusement connu par le fini de ses ouvrages.

314 M. VERNER, *tapissier, rue de Grenelle St.-Germain, n.* 126.

Différens meubles en bois indigènes.

M. Verner s'est particulièrement attaché à l'ébénisterie et à l'ameublement en bois indigènes; ses meubles sont faits avec toute l'élégance, le goût et la richesse de la plus belle ébénisterie.

315. M. VACHER (père), *directeur du grand établissement de l'Union des Arts, rue Grange-Batelière, n.* 2.

Sous l'emblème de l'Union des Arts, M. Vacher a formé une exposition des plus belles productions de notre industric ; son magnifique établissement offre une collection considérable et choisie, de bronzes, pendules, meubles, ébénisteries en tous genres ; il y a réuni toutes sortes d'objets d'art ou de curiosité, et l'assortissement le plus complet de toutes espèces d'étoffes des fabriques de Lyon et de Tours, pour l'ameublement. Déjà nos artistes et fabricans viennent déposer journellement leurs plus belles compositions à l'Union des Arts, d'où M. Vacher leur en procure un placement prompt et avantageux.

La beauté du local, sa situation favorable dans le quartier le plus agréable et le plus fréquenté de Paris, y attire des étrangers les plus distingués, qui ne peuvent refuser leur admiration aux divers objets curieux qui y sont réunis. Plusieurs souverains l'ont honoré de leur présence, ils ont daigné donner aux chefs de l'établissement des commandes importantes qui ont été exécutées avec le plus grand soin.

Ce bel établissement, sous la protection du gouvernement, et sous la direction de M. Vacher, connu depuis long-tems dans le commerce, par son expérience, ses succès et sa considération, deviendra très-utile pour nos fabricans, qui y trouveront toutes les ressources dont ils auront besoin. Des capitaux suffisans y sont affectés pour faciliter toutes les opérations. Enfin tout a été parfaitement combiné, concerté et calculé pour assurer une entreprise qui doit encourager et favoriser les progrès de tous les genres de notre industrie.

516. M. BURETTE, *mécanicien ébéniste*, *rue des Marais*, *Faubourg St.-Martin*, *n.* 47.

Meubles et divers objets d'ébénisterie en bois indigène qui ont obtenu une médaille d'argent à l'exposition de 1806 et une d'or en 1810, de la société d'encouragement.

M. Burette a représenté ces mêmes meubles à cette exposition pour faire voir qu'ils n'ont point changé de couleur et qu'ils n'ont éprouvé aucune altération, ayant été bien travaillés et préparés convenablement.

317 M. DUVAL, *tapissier, rue des Petits-Augustins, n. 17.*

Un berceau en acajou en bois doré, sous forme de nacelle, sur mer argentée, destiné pour un jeune prince. La beauté et le précieux fini des sculptures méritent l'attention particulière des connaisseurs.

318 M. WILLAMS SCHMITH, *vernisseur, peintre en armoiries et blasons, rue et cul-de-sac Coquenard, n. 22.*

Il présente :

1°. Une table ronde recouverte de carton et préparée avec la laque de Chine, contenant une peinture chinoise avec plusieurs arabesques chinois, le piédestal en pieds de griffons;

2°. Un fauteuil à bras, peint de la même manière que la table ;

3°. Plusieurs plateaux de carton, vernis en laque de Chine.

Ces meubles sont d'une forme élégante et d'un aspect agréable.

319 M. MAUGET, *rue de Bourgogne, n. 45.*

Char triomphal, dans la construction duquel il s'est particulièrement attaché, dit-il, à faire entrer toutes sortes de bois indigènes et exotiques.

III. AMEUBLEMENT ET DORURES SUR BOIS.

320. M. PIERI, *peintre, doreur du Roi, rue Fromenteau, n.* 1.

Divers objets dorés dans ses ateliers, savoir :

1°. Un fauteuil non garni, sculpté sur bois, et doré selon *l'ancienne méthode*, dont la perfection, la solidité de la dorure sont attestées par les fragmens de dorure qui se voient dans les anciens palais.

Ce morceau a été exécuté pour prouver qu'on peut encore aujourd'hui faire aussi bien et aussi solidement qu'autrefois.

2°. Trois échantillons de cadres.

3°. Une chaise ; le tout garni avec des ornemens en pâte, dont la composition permet de leur donner la plus grande délicatesse, et une certaine pureté qu'on n'a pu obtenir encore que dans les ornemens moulés avec des fonds et réparés.

321. M. GANERY fils, *doreur sur bois, rue St.-Honoré, n.* 123.

Vases, pendule et corbeilles.

M. Ganery a souvent fait preuve d'un grand talent dans la dorure des ornemens et sculptures qui lui ont été commandées. Les objets qu'il présente sont dignes de sa réputation.

322. MM. CHANON et Compagnie, *tapissier-ébéniste, demeurant rue de Bourgogne, n.* 40.

1°. Des thyrses en or, consolidés par le secours du carton.

2°. Des thyrses en or faux, à l'abri des dégradations occasionnées par l'humidité.

3°. Des *tors* en or, par le moyen de cordes qui rendent les thyrses plus solides, et qui remplacent la sculpture en bois.

4°. Des *tors* en couleurs rouge, bleue et bronze, à l'aide d'un vernis à métal supérieur au vernis à bois.

Et 5°. des plaques de bois indigène, recouvert d'un vernis inaltérable, rivalisant avec les plus beaux bois étrangers.

IV. NÉCESSAIRES.

323. M. MAIRE, *fabricant de nécessaires du Roi, rue St.-Honoré, n.* 154.

Depuis trente ans M. Maire s'est exclusivement livré à la fabrication des nécessaires, et son magasin est peut-être le seul de Paris qui en soit uniquement garni.

M. Maire réunit dans ses ateliers des ouvriers en tout genres, savoir :

1°. Les orfévres; 2°. les cristalliers; 3°. les ébénistes; 4°. les tabletiers; 5°. les aciéristes; 6°. les bronzeurs; 7°. les doreurs, etc.

Plus de quarante ouvriers travaillent dans cette belle et importante fabrique.

M. Maire emploie, en bois indigènes, l'if, l'orme, le tortillard, le fresne, l'érable; et en bois exotiques, l'acajou, l'if des Indes, le bois citron, etc.

Le couvercle du riche nécessaire qu'il présente se lève de lui-même, et les parties de droite et de gauche s'ouvrent également d'elles-mêmes, par le moyen d'un mécanisme très-compliqué de son invention. Au deuxième tour de clef, les parties de droite et de gauche s'ouvrent en plusieurs morceaux, et offrent à la main tous les instrumens et autres pièces de détail. Ce magnifique nécessaire, creusé dans un bloc d'acajou, est le chef-d'œuvre de l'art. Il offre les plus grandes difficultés vaincues, par l'ensemble parfait d'une foule innombrable de pièces remarquables par leur utilité, leur élégance et leur richesse.

M. Maire, connu par la magnifique cassette des timbres et sceaux de l'état de la Chancellerie de France, a porté, depuis l'exposition du Louvre de 1802, dans laquelle il a obtenu une médaille d'argent, sa fabrication au plus haut degré de perfectionnement.

324. M. DESMARETS, *place de l'Hôtel-de-Ville, n.* 35.

Assortiment de nécessaires, tableaux et bureaux.

V. TABLETTERIE ET OUVRAGES AU TOUR.

325 M. CHÉRON, *tabletier du Roi, demeurant rue des Petits-Champs, n.* 58, *près la rue Gaillon.*

Sujets exécutés au tour et qu'on ne peut désigner autrement que sous le titre de *morceaux de difficulté* d'exécution. Ces objets, qui sont de la plus grande délicatesse et du travail le plus parfait, sont, à tous égards, dignes de la réputation de M. Chéron.

326 M. Joseph WILMS, *tourneur, rue de Charenton, n.* 32.

M. Wilms est un de nos meilleurs tourneurs. Le morceau de difficulté d'exécution qu'il présente est du plus grand intérêt, ainsi que son cartel d'acajou, en ivoire et ébène, son nécessaire de dames et son essai de temple.

327 M. TALON, *tabletier, rue Beaubourg, n.* 26.

Trois temples d'ivoire sur colonnes, avec dôme, coupole et couronnement. Deux de ces temples sont d'ordre dorique, et le troisième est sur colonnes torses à deux spires évidées.

Chacun de ces trois temples, qui sont autant de morceaux de difficulté d'exécution, et par conséquent autant de chefs-d'œuvre, est tiré d'un seul morceau d'ivoire.

328 M. HUE, *tabletier, sculpteur en ivoire, rue du Caire, n.* 32.

M. Hue est un artiste habile qui se livre avec le plus grand succès à la tabletterie en ivoire et en bois des Indes. Ses ouvrages sont aussi distingués par leur fini et leur précision, que par leur élégance et leur bon goût.

329 M. CHARPENTIER, *tourneur, rue du faubourg Saint-Antoine, n.* 86.

Ouvrages de tour qui paraissent parfaitement exécutés.

330 M. DAILLY, *sculpteur-tabletier, rue du Caire, n.* 22.

Ouvrages d'agrément, modèles.

M. Dailly a créé un genre de tabletterie qui n'était pas connu, et qui doit obtenir un très-grand succès, à raison des avantages que présentent les ornemens et sculptures qu'il a imaginé de faire par un procédé particulier. M. Dailly a des connaissances très-variées, et est un de nos meilleurs tabletiers.

331 Mrs. COLTETTA frères, *sculpteurs-tabletiers, rue Mandar, n.* 18.

Tabatières de différentes formes, doublées en or, en plaqué d'or, et en écaille, avec sculptures et garnitures d'or, d'écaille et de nacre.

332 M. DEFRANCE, *demeurant rue Charlot, n.* 51.

M. Defrance est un de nos meilleurs tabletiers. Ses ouvrages sont d'une parfaite exécution et d'un très-bon choix.

333 M. GUÉRIN, *sculpteur en bois, entrepreneur de dorures et de peintures, rue Saint-Denis, n.* 374.

Bouclier français, ou trophée à la gloire de Henri IV, avec faisceau d'armes et sujets divers d'allégorie.

M. Guérin est connu avantageusement dans les travaux publics, pour les grandes entreprises dont il a été chargé à différentes époques.

VI. ÉVENTAILLISTES.

334 M. DUFOUR, *fabricant d'éventails, rue Beaubourg, n.* 48.

Les fabriques d'éventails de Paris jouissent d'une très-grande célébrité dans l'étranger. Elles emploient également des matières indigènes et des matières exotiques.

335 M. RENAUD, *éventailliste-découpeur, rue St.-Denis, n. 374.*

Les éventails de M. Renaud paraissent parfaitement découpés et exécutés.

VII. MENUISERIE, PARQUETERIE.

336 M. SIMARD, *menuisier, demeurant rue de la Barillerie, n. 18.*

Feuilles de parquets à compartimens et mosaïques, dont toutes les pièces sont découpées par des moyens mécaniques.

M. Simard n'a point fait connaître les moyens mécaniques qu'il emploie pour la coupe des compartimens de ses parquets mosaïques, ainsi le jury n'a pu prononcer sur le mérite de l'invention; mais il a été informé que M. Simard a fait des parquets mosaïques avec le plus grand succès, pour diverses personnes.

CHAPITRE XXX.

INSTRUMENS DE MUSIQUE.

Nos instrumens de musique de haute fabrication, avaient été distingués aux dernières expositions, et nous nous flattons que les harpes et les pianos qui sont exposés cette année, soutiendront la réputation que les Erard, les Cousineau, les Schmidt, les Pfeiffer, etc. ont donnée à la fabrication des pianos français. Mais ce qui distinguera particulièrement notre lutherie à cette exposition, et ce qui lui donnera la place la plus éminente parmi les premières fabriques de l'Europe, ce sont les précieux instrumens de M. Chanot, ancien officier au corps du génie militaire.

337 **M. CHANOT**, *luthier, rue Saint-Honoré, n.* 216.

Collection complette de ses instrumens de musique à cordes et à archet.

La lutherie française, par les soins de M. Chanot, officier au corps du génie militaire, est aujourd'hui supérieure à la lutherie étrangère, même à l'ancienne lutherie italienne, dont les produits sont si recherchés des artistes et des ama-

teurs, ainsi qu'il est constaté par les rapports de MM. *Chérubini*, *Boieldieu*, *Catel*, *Gossec*, *Lesueur* et *Berton*, les 26 juillet 1817 et 3 avril 1819, à l'Académie des Beaux-Arts. M. Chanot expose la série complette de ses nouveaux instrumens de musique à cordes et à archet, consistant : 1°. dans un *quatuor*, composé de deux violons, d'un alto et d'un violoncelle, renfermé dans un étui vitré (avec pupitres latéraux) de 1 mètre 35 centimètres de hauteur et largeur, sur 0 m. 65 cm. à 0 m. 70cm. de profondeur; et 2°. en une contrebasse, restant à l'air libre, sans étui, de même volume que les contrebasses ordinaires.

Ces instrumens sont actuellement en concurrence, même avantageuse, avec les instrumens anciens, de fabrique italienne, des meilleurs auteurs, tels que *Stradivarius, Amati, Guarnerius*. Le *quatuor*, bien conservé, de leurs instrumens de choix s'est maintenu jusqu'à présent à 10,000 francs, et n'a d'ailleurs d'autres bornes que celles du caprice. Le *quatuor* de M. Chanot, au prix de la lutherie neuve ordinaire de Paris, ne s'élevera pas audessus de 1,500 francs.

358 MM. ERARD frères, *facteurs de forté-pianos et de harpes du Roi, des Menus-Plaisirs et de la cour impériale de Russie, rue du Mail, n. 13 et* 21.

Harpes et pianos.

Les instrumens de MM. Erard sont connus dans toute l'Europe, par leur supériorité.

359 M. PFEIFFER, *facteur de pianos, rue du Mail, n. 29.*

Piano provenant de ses ateliers, et auquel il fait plusieurs perfectionnemens.

340 M. COUSINEAU *luthier, rue Dauphine, n. 20.*

Harpe à nouvelle mécanique et à cheville tournante.

Les harpes de M. Cousineau ont déjà été distinguées dans les derniers concours.

341. M. LEMMÉ (Charles) *facteur de forte-pianos, rue d'Orléans au Marais, n. 7.*

Piano carré, à six octaves et à lyre, richement travaillé.

342 M. SCHMIDT, *mécanicien, facteur de pianos, rue des Bons-Enfans, n. 20.*

1°. Un piano-violon;

2°. Un piano ordinaire à nouvelles mécaniques, sans échappemens.

343 M. BECKERS, *facteur de pianos et de harpes, demeurant rue du Roule, n. 3 près le Pont-Neuf.*

Pianos et harpes.

344 M. BOILLEAU fils, *luthier, quai de la Mégisserie, n. 34.*

1°. Un cors d'harmonie en bois, avec pavillon et bocal en cuivre. Cet instrument a la faculté de rendre des sons très-justes et de pouvoir accompagner dans tous les tons, sans le secours des cors de rechange;

2°. Une trompette d'harmonie et de cavalerie;

3°. Une grande flûte-traversière, en *la*, avec petite clef;

Et 4°. une grande clarinette en *sol*, avec petite clef.

345. M. LABBAYE, fils, *facteur d'instrumens, breveté du Roi, rue de Grenelle, faubourg St.-Germain, n. 39.*

1°. Des cors mécaniques portant o^{m}. 65^{cm}. (deux pieds) de long et o^{m}. 24^{cm}. (neuf pouces) de hauteur, avec tous ces tours. Et 2°. une trompette d'un nouveau genre, de o^{m}. 32^{cm}. (un pied) de long sur o^{m}. 11^{cm}. (quatre pouces) de large.

346. M. BOURDIER, *horloger-mécanicien, rue St.-Sauveur, n. 4.*

1°. Concert mécanique composé de flûte et de piano à découvert.

2°. Jeux de flûte pour pendule, de la plus douce harmonie.

3°. Machine servant à noter, avec la plus grande précision, les cylindres des instrumens de musique, quelles que soient leurs dimensions.

M. Bourdier, soit qu'on le considère comme mécanicien ou comme horloger, sera toujours cité comme un de nos premiers et de nos plus habiles artistes. Les mécaniques lui doivent, ainsi que l'horlogerie, plusieurs découvertes importantes.

347. M. DE LA BORNE, *rue de Cléry, n. 84.*

Guitare de son invention.

348. M. PIENNE, *directeur des Annales des Arts et Manufactures, rue de la Monnaie, n. 11.*

Un dactylographe ou clavier destiné à transmettre, au moyen du toucher, les signes de la parole : par exemple, entre un muet et un aveugle.

Cet instrument est double, exécuté sur une table semblable à une table à jouer.

Dans la correspondance muette qu'on veut établir, les interlocuteurs se trouvent placés l'un vis-à-vis de l'autre. Chacun deux pose exactement sa main gauche sur la main dessinée qui est de son côté, tandis que la main droite agit sur le clavier.

Ce clavier est composé de vingt touches qui représentent les lettres de l'alphabet. Chaque lettre, au moyen d'un léger mouvement imprimé à la touche correspondante, est exprimée par un petit cylindre de bois qui s'élève au-dessus du niveau de la table, et se fait sentir sous la main de la personne avec laquelle on correspond.

Pour bien distinguer les vingt-cinq lettres, on en a placé cinq sous chaque doigt; savoir : une à la racine du doigt; une autre à l'extrémité, et trois dans les interstices des phalanges. On sent que les lettres placées sous le pouce n'ont pas une division aussi bien marquée; elle sont cependant espaeées de manière à ne laisser aucune incertitude. Ce sont, d'ailleurs, les lettres les moins usitées.

La disposition du dactylographe, que le Jury admet à l'exposition, est si simple, qu'à la première vue, il n'est personne qui ne la saisisse. Enfin, deux touches isolées à la droite du clavier, sont en réserve pour répondre aux mouvemens vifs du discours, tels que *oui*, *non*, ou pour d'autres significations arbitraires.

Le dactylographe deviendrait bientôt familier aux sourds-muets, chez qui le sens du toucher est si actif et si délicat. Il offre un moyen de correspondance, qui n'a pas encore été trouvé, entre un sourd-muet et un aveugle. Enfin, il mettrait les sourds-muets en rapport avec les personnes qui ne connaissent pas les signes dont ils font usage.

349. M. MOULET, *maître de harpe, rue du Bac, n. 15.*

Cycle harmonique, qu'il a dédié à S. M., et au moyen duquel, en douze leçons, il apprend à ses élèves l'harmonie pratique.

CHAPITRE XXXI.

ARTS ET PRODUITS CHIMIQUES.

APPAREILS, VINAIGRE, SELS, MINIUM, CÉRUSE, VERMILLON, COULEURS, CRAYONS, CIRE, etc.

Jusqu'à l'époque où la science vint déterminer la plus étonnante révolution dans les arts, notre industrie fut esclave et tributaire des fabriques et manufactures de l'étranger. La France achetait de ses voisins des matières qu'elle possédait ; nous disons plus, ces matières, pendant plusieurs siècles, sortirent de notre sol, pour nous être revendues, préparées ou fabriquées, au centuple de leur valeur.

La balance de l'ancienne exportation des produits de nos manufactures, comparée à celle d'aujourd'hui, et la différence des importations passées et actuelles, fait voir les grands et puissans effets de l'impulsion qu'ont éprouvée nos fabriques, et toutes les améliorations ou perfectionnemens que la chimie a successivement introduits dans leurs opérations; mais si quelqu'un pouvait encore douter des importans service rendus par les Chimistes Français aux arts et aux manufactures, pendant les vingt dernières années, nous lui citerions la fabrication du sel amoniac, celle du salpêtre et de la poudre, la composition des acides, la préparation des aluns, la décomposition du sel marin et l'extraction de la soude, l'aménagement des combustibles, la distillation du vin, le perfectionnement du tannage, la découverte de nouveaux mordans pour les teintures, l'apprêt des étoffes, l'impression des couleurs, le blanchiment des toiles et cotons, l'amélioration des savons, la fabrication du sucre et celle des sirops, les nouveaux procédés pour le traitement métallurgique du plomb, du cuivre, de l'argent, l'affinage de la fonte, du fer et de l'acier; enfin toutes les préparations métalliques aux divers états de sel, d'oxide, de verre et de métal; vainement nous passerions en revue tous les arts pour en découvrir un seul qui n'ait point reçu, de la chimie, des lumières, des perfectionnemens, et des améliorations dans tous les genres.

I. APPAREILS DE DISTILLATION.

550 M. DEROSNE, *rue St.-Honoré*, *n.* 115.

Nouveaux appareils de distillation continue. Le jury recommande particulièrement à l'attention des membres du jury central ces appareils, inventés originairement par M. Cellier Blumenthal, auquel la société d'encouragement a décerné, en 1816, une médaille d'or pour cette précieuse invention.

Depuis cette époque, cet appareil a été considérablement perfectionné par M. Cellier Blumenthal, et M. le Ch. Derosne, aujourd'hui seul propriétaire du brevet.

C'est en considération du mérite de ces appareils perfectionnés, que S. Exc. le Ministre de l'intérieur a accordé gratuitement un nouveau brevet de quinze ans, le 12 janvier 1818, depuis lequel M. Derosne a encore fait d'autres additions et de nouveaux perfectionnemens constatés par son dernier brevet du 28 août 1818.

Le nouvel appareil est essentiellement basé sur la continuité, d'où dérivent tous les avantages et perfectionnemens inventés depuis.

On appelle cet appareil *continu*, parce que la matière qui doit y être distillée se renouvelle sans cesse d'elle-même par un point inférieur, mais alors dépouillée de toute l'eau-de-vie qu'elle contenait.

Cet appareil distillatoire est plus ou moins composé, suivant la réunion d'avantages qu'on veut en obtenir.

La disposition et la forme des pièces qui le composent peuvent être modifiées à l'infini; mais M. le Ch. Derosne s'est fixé plus particulièrement à la construction des variétés d'appareils qui conviennent à la généralité des distillateurs, pour distiller soit des liquides, soit des matières pâteuses liquides, tels que les marcs de bières, cidres, mélasses, fécule de pomme de terre convertie en matière sucrée, et autres liquides, et également à la distillation des grains, lies de vin, pomme de terre en nature, fruits fermentés, et autres matières pâteuses convenablement délayées.

351 M. MISTRAL, *chaudronnier, rue de Long-champ, n. 2, à Chaillot.*

Modèle d'appareil de distillation.

M. Mistral est notre premier constructeur d'appareils ; il a des connaissances très-étendues, et souvent nos fabricans et manufacturiers se sont très-bien trouvés de l'avoir consulté.

352 M. OZILE, *demeurant rue St.-Jean-Baptiste au Gros-Caillou, n. 2.*

Appareil de distillation de son invention.

Cet appareil a près de neuf mètres de longueur sur un mètre 40 ^{cm}. de largeur; la chambre à vapeurs a 2 mètres 30 ^{cm}. de largeur environ.

On distille par jour de vingt à vingt-cinq barriques (cinq mille pintes environ).

M. Ozile doit faire construire des appareils avec lesquels on pourra distiller, par jour, depuis trois mille pintes jusqu'à quarante mille.

On fait onze ou douze chauffes par jour.

On peut mettre en ébulition l'eau et le vin en moins de trente-deux minutes, avec toute espèce de combustible : à la première chauffe on élève la température de l'eau à huit ou dix degrés au dessus de l'eau bouillante, pour cinq francs de combustible seulement, calculé suivant son prix à Paris ; et pour un franc par chauffe, on maintient l'eau à cette température.

La quantité d'alcool obtenue par la distillation ne peut être déterminée d'une manière rigoureuse, attendu qu'elle dépend nécessairement de la qualité et de la nature des liquides ou substances soumises à la distillation ; mais, à quantité et qualité égales, si on distille comparativement dans un ancien appareil et dans celui de M. Ozile, on obtiendra dans celui-ci un produit alcoolique qui excédera au moins d'un dixième celui de l'ancien appareil.

Un seul ouvrier suffit pour faire marcher cet appareil, et il n'a pas à travailler huit heures sur vingt-quatre.

Enfin il est impossible de jamais obtenir des alcools de meilleure qualité que ceux de cet appareil, puisque la distillation se fait au bain-marie et à la vapeur de l'eau.

II. MANUFACTURES DE PRODUITS CHIMIQUES.

355 MM. CHAPTAL fils, HOLKER et DARCET, *fabricans de produits chimiques.*

Produits chimiques provenant de leurs laboratoires des Ternés, et de la Folie, près Nantérre.

MM. Chaptal fils, Holker et Darcet sont propriétaires de deux fabriques de produits chimiques, situées, l'une aux Ternes, l'autre à Nanterre, près Paris. Ces deux établissemens fournissent annuellement environ, 1°. 7 à 8 mille bouteilles d'acide muriatique, de 75 kilogrammes chaque ; 2°. 3600 à 4000 bouteilles d'acide sulfurique, du poids de 100 kilogrammes chaque ; 3°. 1,200,000 kilogrammes de soude brute, dont partie est convertie en sel ou carbonate de soude, dont la fabrication s'élève à 400,000 kilogrammes environ ; 4°. l'alun en masse et l'alun épuré en petits cristaux, équivalent à l'alun de Rome, formant une production de 600,000 kilogrammes; 5°. enfin la couperose, l'acide nitrique, l'acide oxalique, l'oxi-muriate et le muriate d'étain, et l'oxi-muriate de chaux.

Ces établissemens, qui fabriquent généralement en grand tous les produits chimiques utiles dans les arts, emploient communément cent cinquante ouvriers de toutes professions.

Ces produits se vendent à Paris et aux environs, en Alsace, en Flandre, à Rouen, etc.

Les teintures, les toiles peintes, les blanchisseries, emploient ces préparations.

Indépendamment de ces deux fabriques, M. Chaptal possède encore en Provence un établissement de produits chimiques, qu'il a créé lui-même depuis dix ans. Cet établissement se compose d'une saline de dix chambres de plomb, pour l'acide sulfurique, de plusieurs fours à décomposer le sel marin, de fours à soude, et des ateliers de lessivage de la soude brute qu'on convertit en carbonate ou sel de soude. La fabrication annuelle de soude brute est d'environ un million 600,000 kilogrammes, et celle du sel marin de quatre millions de kilogrammes. Les produits de cet établissement se vendent aux savonniers de Marseille, et aux blanchisseries, verreries et manufactures de glaces du Royaume.

354 M. ROARD DE CLICHY, *fabricant de céruse, de minium et autres préparations de plomb, demeurant rue Montmartre, n.* 160.

M. Roard est un de nos chimistes les plus distingués; tout le monde sait à quel point de perfection et d'invariabilité il a amené les teintures des Gobelins, pendant le tems qu'il a été directeur des ateliers de teinture de cette belle manufacture.

Son magnifique établissement de Clichy est un immense laboraroire qui présente les plus heureuses applications de la mécanique aux opérations pratiques et manufacturières, et dans lequel de grandes et précieuses découvertes ont été faites pour la préparation du plomb. La fabrication de la céruse française et des miniums de M. Roard, est une importante acquisition pour l'industrie française, qui fut long-tems tributaire de l'étranger, mais qui peut aujourd'hui fournir au contraire au dessous du cours ordinaire des principales places de l'Europe, des céruses et du blanc de plomb de première qualité, et d'une supériorité que nul établissement ne peut se flatter de pouvoir atteindre. Le conseil des travaux publics, la société d'encouragement, les intendances de la guerre et de la marine, l'administration générale des hospices, l'académie de Lyon, etc. etc., ont fait faire des essais en grand qui ont prouvé la supériorité des céruses de M. Roard sur toutes celles du commerce.

L'établissement de Clichy fabrique annuellement :

1°. En céruse .... 350 à 400,000 kilogr.
2°. En minium .... 250 à 300,000 kilogr.
3°. En blanc d'argent, mine et orange. 30 à 40,000 kilogr.

Outre une machine à feu, produisant le travail de 100 ouvriers, M. Roard en occupe encore cinquante et au-delà, suivant les demandes.

Cette belle fabrique, qui a exigé des sacrifices considérables, et que les étrangers ont vue avec peine s'élever en France, est une de celles qui méritent le plus l'attention et la bienveillance du gouvernement.

355 M. DESMOULINS, *rue Saint-Martin*, *n.* 252.

Sulfure de mercure, ou vermillon perfectionné.

L'établissement de M. Desmoulins, commencé au mois d'octobre dernier, a déjà livré au commerce environ 2,400 kilogrammes de vermillon, et les demandes vont en croissant journellement, ce qui prouve sa qualité et la satisfaction des consommateurs; mais il en est de cette fabrication comme de toutes les autres, il faut du tems pour détruire d'anciens préjugés. Cet établissement étant encore à sa naissance, ses produits ne peuvent être généralement connus. Il leur manque cette publicité qui décidera les consommateurs qui tirent encore leur vermillon de l'étranger, à s'adresser à M. Desmoulins, quand ils sauront qu'ils peuvent être plutôt et mieux servis.

Le vermillon n°. 1 est plus beau et meilleur que celui de la Chine. Jamais la Hollande ni l'Autriche n'ont pu parvenir à ce degré de perfectionnement. Nous pensons qu'on pourra fabriquer cette qualité non-seulement pour la consommation de la France, mais encore pour l'étranger. Les prix des vermillons de M. Desmoulins sont tous, à qualité égale, au dessous de ceux de la Hollande et de l'Autriche.

356 MM. PAYEN et PLUVINET frères, *fabricans de produits chimiques, demeurant, l'un plaine de Grenelle, et l'autre, plaine de Clichy.*

Sel ammoniac provenant de leurs laboratoires.

Leur fabrication est de 70 à 80,000 kilogrammes par an, et a été au-delà de 100,000 kilogrammes. Ils emploient de 100 à 120 ouvriers. Les matières premières sont les os, les vieux chiffons et le sel marin. Il n'y a que le sel ammoniac des Indes, que les Anglais font entrer en fraude, qui puisse rivaliser avec celui de MM. Payen et Pluvinet.

357 M. BOBÉE, *propriétaire, à Choisy-le-Roi, d'une distillerie de bois, à vases clos, pour la fabrication des acides pyroligneux et acéteux, et d'autres produits chimiques.*

M. Bobée possède une des plus grandes et des plus belles manufactures d'acide pyroligneux. Ses produits sont bien préparés.

Cette fabrique emploie de 12 à 1,500 décastères de bois,

annuellement, et produit en carbone sec de 45 à 50,000 hectolitres et de 12 à 13,000 hectolitres d'acide pyroligneux, qui est converti en acide acétique pour former les acétates de fer, cuivre, plomb, soude, potasse et l'éther acétique.

La manufacture de teinture et de blanc de plomb emploie une grande quantité de cet acide acéteux, qui est toujours pur et limpide.

III. PRODUITS DES DISTILLATIONS ALCOOLIQUES.

358 M. CLÉMENT, *chimiste, rue du faubourg Saint-Martin, n. 92.*

Esprits et liqueurs produits de la distillation des fécules de pomme de terre.

359 M. LEPAGE, *chimiste distillateur, brévelé de S. M., demeurant à Paris, rue Feydeau, aux Templiers, chez Madame Spring.*

Eau des Templiers ou eau de Cologne balsamée, et rouge des Sultanes ou incarnat végétal d'Ismaël.

L'eau balsamée répond parfaitement à ses dénominations et qualifications. Elle diffère essentiellement, par son arôme et sa suavité, autant que par ses qualités éminentes, de toutes les compositions connues sous le nom d'eau de Cologne. Elle possède au plus haut degré les esprits les plus purs, les principes les plus éthérés et les propriétés les plus précieuses comme les plus salutaires. Elle ne peut ni ne doit être confondue avec les eaux dites de Cologne; enfin elle peut également être employée avec le plus grand avantage sous le rapport de la santé, autant que sous ceux de luxe, d'agrément, de propreté et de toilette.

Le rouge des Sultanes ou incarnat végétal d'Ismaël, d'après les analyses chimiques, n'est réellement qu'un extrait végétal de rose combiné avec des substances aussi pures et aussi douces qu'elles sont suaves et salutaires. Ce rouge n'est point susceptible de s'altérer; il ne peut, par ses principes, qu'entretenir la souplesse, le moëlleux, la douceur et la fraîcheur de la peau: dans ses différentes nuances, il offre les divers degrés du coloris le plus naturel, enfin il a une fixité que ne présente aucun des autres rouges.

360 M. CROZET, *distillateur, rue St.-Marc, n.* 15.

Eau de Cologne. Cette fabrique est une des meilleures de celles qui préparent les eaux spiritueuses. Elle a été examinée par la faculté royale de médecine, qui a fait un rapport à S. Exc. le Ministre de l'intérieur, en sa faveur, le 20 novembre 1817.

361 M. LIAUTAUD, *fabricant d'eau aromatique, rue Saint-Honoré, n.* 141.

Le Conseil médical de salubrité près la Préfecture de Police, et la Commission consultative des Arts près le Ministre de l'intérieur, ont examiné l'eau aromatique des Alpes, de M. Liautaud, et ont demandé dans leurs conclusions qu'elle fût approuvée par le gouvernement.

IV. MANUFACTURE DE SAVONS.

362 M. Auguste ROCLANT, *fabricant de savon, rue Culture Sainte-Catherine, n.* 22.

La belle manufacture de M. Roclant ne compte encore que peu d'années, et déjà elle est parvenue au plus haut point de perfection; et après avoir fourni tout ce que la France tirait de l'Angleterre, elle exporte pour ce pays des savons de toutes qualités à 15 pour o/o au dessous du cours de ses fabriques. M. Roclant occupe de soixante à quatre-vingts ouvriers et au-delà, suivant les circonstances; outre les huiles dont il se sert, il est parvenu, par l'emploi des graisses, à confectionner des savons économiques à 30 c. par kilog. au dessous du cours de Marseille. Cette fabrication emploie plus de 170,000 kilog. de graisses ramassées dans Paris.

V. ROUGE DE TOILETTE.

363 Mme. CHAUMETON, *fabricante de rouge serkis, demeurant rue de la Michaudière, près le boulevart des Italiens.*

Le rouge serkis de Mme. Chaumeton est le produit d'une branche d'industrie peu recherchée en France aujourd'hui, mais qui, à raison de sa supériorité sur les rouges et de la variété de ses nuances, a le plus grand succès chez l'étranger, pour lequel il s'en fait des envois considérables.

364 Mme. SPRING, *Palais-Royal, galerie de pierre, n. 4, côté du théâtre Français.*

Rouge des Sultanes ou incarnat végétal d'Ismaël (voyez ci-dessus le n. 359, M. Lepage, chimiste).

VI. COULEURS, ENCRE, CRAYONS.

365 M. BERGERON, *fabricant de bleus, rue Ste.-Croix-de-la-Bretonnerie, n. 21.*

Les couleurs de M. Bergeron sont connues depuis plusieurs

années Ses boules de bleu anglais, céleste et bronzé, ont obtenu le plus grand succès, et celles de nankin des Indes, fabriquées par un nouveau procédé, se répandent déjà dans le public avec la même rapidité.

M. Bergeron est un artiste habile et qui s'est livré avec ardeur à l'étude de son état. Enfin le tableau qu'il expose de toutes les teintes et couleurs qu'il compose lui-même, prouve l'étendue de ses recherches et les succès qu'il a obtenus.

366 M. L.-Julien GOHIN, *fabricant de couleurs et papiers peints, rue neuve St-Martin, n.* 3

Bleu de Prusse de première, seconde et troisième qualités, qu'il livre au-dessous du prix des plus beaux bleus étrangers de même numéro. La fabrique de M Gohin est une des premières de France; les préparations s'y font avec le plus grand soin; les produits sont très-estimés et recherchés par les manufacturiers et consommateurs.

367 MM. James COLCOMB et BOURGEOIS, *fabricans de couleurs, quai de l'École, n.* 18, *à l'enseigne du Spectre solaire.*

Couleurs fines, propres aux tableaux, découvertes ou perfectionnées par M. Bourgeois.

Savoir :

1°. Oxides fins de fer, — jaune de mars;
2°. Oxides fins de fer, — orangé *id.*;
3°. Oxide fin de fer, — violet;
4°. Bleu de cobalt, — non fritté;
5°. Vert de cobalt;
6°. Laque de garance;
7°. Carmin de garance;

Le vert de cobalt et le carmin de garance sont particulièrement dus aux travaux chimiques de M. Bourgeois; les autres sont des perfectionnemens portés au plus haut degré.

368 M. FERLIER, *fabricant de boules de couleur, rue Notre-Dame-des-Victoires, n. 38.*

Grand assortiment de couleurs et de toutes les parties nécessaires à la fabrication des fleurs artificielles.

Savoir :

1°. Les couleurs qui sont toutes préparées par M. Ferlier ;

2°. Les étoffes qu'il apprête suivant la manière d'être des pétales de fleurs ;

3°. Les feuillages pour lesquels il a fabriqué des papiers gazes et tissus ;

4°. Un grand nombre de moules pour les fleurs et les feuilles.

Malgré cette nouvelle fabrication, M. Ferlier s'est attaché à perfectionner ses belles couleurs qui avaient été admises aux expositions précédentes, et il en a inventé d'autres qui doivent avoir le même succès.

La réputation de M. Ferlier, comme fleuriste, est faite depuis long-tems ; il dispute la palme à M. Baton (n°. 45), et souvent il est impossible de prononcer quel est celui des deux qui a la supériorité.

Cette rivalité entre ces deux célèbres fabricans nous à donné le désir de voir un jour s'établir entre nos fleuristes un concours dans lequel ils devraient s'attacher rigoureusement aux caractères botaniques des fleurs.

369 M. DROUET, *ancien militaire, rue St.-Denis, n. 188.*

Bleu de Prusse de sa composition.

La supériorité des bleus de Prusse de M. Drouet, sur les bleus du commerce, a été constatée dans le rapport fait à la société d'encouragement par le comité des arts chimiques, le 28 janvier et le 25 mars 1818.

570 Mme. COSSERON, *rue des Francs-Bourgeois, St.-Michel.*

1°. Couleurs lucidoniques de différentes teintes ;

2°. Planches peintes en agate et porphyre ;

3°. Carreaux de terre cuite avec application d'ornemens, peints en couleurs lucidoniques diverses ;

4°. Planches de *plâtre frais* peintes en couleurs lucidoniques; sur l'une des deux on a collé un morceau de papier de tenture.

5°. Papier lucidonique, feuilles blanche, verte, rose ;

6°. Cirage français pour les cuirs ;

7°. Morceau de cuir peint avec ce cirage ;

8°. Un carton et une feuille de papier *idem* ;

Et 9°. Un morceau de ferblanc *idem*.

Madame Cosseron a été admise aux dernières expositions du Louvre pour les produits de sa fabrique de couleurs et papiers lucidoniques. Les objets qu'elle présente ont encore acquis une nouvelle supériorité.

571 M. Antoine-Charles-Frédéric DIDIER, *fabricant de noirs et couleurs, rue Neuve-St.-Médard, n. 1.*

Il est propriétaire, sur la rivière de Bièvres, d'une usine dans laquelle il broie des matières employées pour la peinture, au plus grand degré de finesse et de ténacité que l'on puisse atteindre par des moyens mécaniques.

Les matières qu'il broie le plus communément sont les terres, les ocres, et généralement tous les oxides et précipités métalliques, de quelqu'espèce que ce soit. Toutes ces matières, broyées à l'eau et desséchées, s'écrasent ensuite avec la plus grande facilité, et ne laissent rien à désirer aux peintres sous le rapport de la finesse.

372 M. DELUNEL, *ancien professeur de chimie, demeurant rue de l'Échiquier, n. 38.*

Encre indélébile de sa composition.

La facilité avec laquelle on fait disparaître les écritures faites avec les encres ordinaires, pour les remplacer à volonté, fait désirer depuis long-tems une encre qui mette obstacle aux entreprises des faussaires. D'après les rapports de l'Institut, du Comité consultatif des arts et de plusieurs savans, M. Delunel paraît être parvenu à composer une encre qui ne peut être altérée, sans que le papier ne fasse aussitôt reconnaître les traces du crime.

373 M. HUMBLOT-CONTÉ, *fabricant de crayons, demeurant rue de Grenelle-St.-Germain, n. 42.*

L'importance de la fabrique de M. Humblot-Conté, qui emploie quarante ouvriers, fut appréciée par le Jury des arts, qui décerna une médaille d'or à M. Conté, à l'exposition de l'an IX. Depuis ce tems M. Humblot, son gendre et successeur, a encore perfectionné la fabrication des crayons artificiels de plombagine. Le 25 mai 1814, un rapport fut fait à leur sujet, par une commission, à la Société d'Encouragement, qui a témoigné à M. Humblot qu'elle attachait la plus grande importance à sa fabrication.

374 M. DUFRESNE, *fabricant de crayons, rue de la Coutellerie, n. 19.*

Crayons de plombagine.

Cette fabrique est toute nouvelle, et paraît susceptible de prendre un jour beaucoup d'accroissement.

Les matières premières se tirent des mines de l'Argentières et de Briançon. M. Dufresne établit les prix de ses crayons les plus communs, à 7 fr. 20 c. la grosse, et les meilleurs à 20 fr. Il a des qualités intermédiaires, à 12 et 18 fr.

Les mines de l'Argentières sont situées dans la Vallouise, dans le Briançonnais. La plombagine est très-abondante dans la Vallouise. On assure que le molybdène y a été également trouvé dans la chaîne granitique qui sépare ce pays de celui de l'Oisans. Peut-être ce métal s'y trouva-t-il en assez grande masse pour en pouvoir faire des crayons de première qualité.

VII. CIRE A CACHETER.

575. **MM. GRAFE**, *propriétaires d'une manufacture de cire à cacheter, rue St.Thomas-du-Louvre, n. 40.*

Les cires à cacheter de MM. Grafe, approuvées par l'Académie des Sciences en 1781, ont été mentionnées honorablement aux expositions de 1802 et 1806.

Sa manufacture jouit d'une haute réputation qui nous paraît justement méritée. M. Grafe fournit des assortimens variés dans toutes les qualités ; il fait un très-grand commerce avec l'étranger.

576 **M. THIBAULT**, *fabricant de cire à cacheter, rue des Arcis, n. 12.*

Les cires de M. Thibault paraissent parfaitement préparées : les couleurs sont belles, bien nuancées, et d'un beau jaspé. M. Thibault est parvenu à faire la cire rouge cramoisie avec une substance indigène, au lieu du vermillon de la Chine.

VIII. CHARBON ET FILTRES DE CHARBON.

577 **M. DUCOMMUN** Joseph, *brévеté, rue Ventadour, n. 1.*

Le jury, en admettant les filtres charbons de M. Ducommun, ne peut que répéter, avec l'Institut, la Société de médecine, le Ministre de la marine, etc.

1°. Qu'ils ont la double propriété de clarifier en abondance les eaux troubles et vaseuses, et de désinfecter les eaux corrompues, croupies et fétides;

2°. Que cette double faculté est due à la propriété éminemment antiseptique du charbon convenablement préparé et appliqué à cet effet;

3°. Que l'eau putride et cadavéreuse, passée sur ces filtres, est devenue claire, fraîche, sans goût, sans couleur, sans odeur, et incapable de nuire à la santé (rapport de l'Institut);

4°. Que ces filtres ont la propriété de rendre salubre les eaux croupies et fermentées, (marine de Brest);

5°. Que l'eau putride est sortie au bout de 10 minutes aussi limpide et aussi agréable que si elle était prise à la fontaine, (marine du Havre);

6°. Que, surmontant le dégoût et le préjugé que pouvait inspirer le mélange d'une mare, même d'un égout et des baquets d'un amphithéâtre d'anatomie, les professeurs du jardin des plantes en ont tous bu, cette eau étant rendue à sa pureté dans l'instant de sa filtration, (rapport des professeurs du Jardin des plantes);

7°. Que cette découverte intéresse la santé et la vie, (société de médecine) etc.

8°. Enfin que l'Institut, dans son dernier rapport sur l'amélioration des arts depuis 1789, a déclaré que «les *filtres de charbons assurent partout la salubrité des eaux.*» (extrait du Moniteur du 8 février 1808).

378 M. André **FOUCAULT**, *de Bordeaux, demeurant à Bercy, sur le port, n. 29.*

Charbons de bois de diverses essences, carbonisés par un procédé de son invention.

Le bel établissement de M. Foucault mérite, à tous égards, d'être encouragé par le gouvernement.

CHAPITRE XXXII.

BLANCHIMENT, APPRÊTS, TEINTURES.

Les différens genres de fabrication ont suivi l'impulsion que les découvertes de la chimie ont donnée aux arts, dont elle est la première source. Sous ce point de vue, eussions-nous dû, peut-être, les réunir aux produits des arts chimiques, avec lesquels ils ont plus d'un rapport.

Le blanchiment est aujourd'hui un art qui a atteint toute la perfection dont il est susceptible.

Les impressions, apprêts et teintures ne laissent rien à désirer pour la beauté comme pour la solidité des couleurs.

La fabrication des toiles ininflammables, au moyen d'une composition alkalino-terreuse, peut être avantageuse pour les salles de spectacles et doit être encouragée.

Les tapis de feutre végétal ont été déjà présentés aux dernières expositions; ils offrent plusieurs perfectionnemens. C'est une branche d'industrie qui est susceptible des plus grands développemens, et sur laquelle nous croyons devoir appeler l'attention du Gouvernement.

I. BLANCHIMENT.

379 **MM. GOMBERT aîné et MICHELETZ**, *blanchisseurs de toiles de coton, demeurant à St.-Denis, à la blanchisserie de l'hermitage.*

Tissus de coton, de chanvre et de lin, avec des fils blanchis dans leur établissement.

La blanchisserie de MM. Gombert aîné et Micheletz, laquelle doit particulièrement ses succès aux travaux et aux veilles de M. Welter, était primitivement établie à l'Armantière, département du Nord; transportée ensuite à Menin, elle a servi de modèle à toutes celles de ce genre qui se sont établies depuis dans la Flandre. C'est dans cette fabrique que M. Welter employa, pour la première fois, le chlore et les oximuriates en grand au blanchiment des fils à coudre et à celui de toute espèce de tissus de matière végétale.

Lors de la séparation de la Belgique d'avec la France, cet établissement, compris dans les limites des fortifications de la place de Menin, ayant été démoli et entièrement détruit, M. Gombert aîné fit, avec M. Micheletz, l'acquisition de l'Hermitage à St.-Denis, et il obtint, vers la fin de 1816, de M. le Directeur général des douanes un permis d'importer en France tout le matériel de ses ateliers, lequel fut embarqué à bord d'une belandre sur la Lys, pour arriver à sa destination par le canal de St.-Quentin; tandis que d'autre part M. Gombert amenait par terre, sur des charriots flamands, onze familles Belges de ses meilleurs ouvriers, formant en total 52 individus, compris le menuisier de l'établissement.

Ce fut alors que, sur un terrain nu, mais dont une source d'eau faisait tout le prix, on reconstruisit à neuf, par les conseils de M. Welter et sur les mêmes plans qu'en Belgique, ce magnifique établissement avec les améliorations que permettaient les localités. Chaque famille eut sa maison et son jardin dans l'enclos, les ateliers furent promptement réparés et leurs produits offerts au commerce en 1818; depuis ce tems les succès de MM. Gombert et Micheletz ont toujours été en augmentant.

Cet établissement mérite des encouragemens; il offre un exemple unique de la transplantation entière et complète d'une industrie étrangère, celle du blanchîment des toiles de lin. En effet, c'est une fabrique toute vivante, ce sont ses procédés, ses mêmes ouvriers, ses mêmes engins, ses secrets, ses manipulations, enfin ses produits. MM. Gombert et Micheletz maîtrisent leurs procédés, au point de conserver à volonté, aux toiles de lin, toutes les couleurs bon teint qui s'y trouvent; ils blanchissent annuellement plus de 50,000 kilog. de fils, 10,000 pièces de toiles de toute espèce et autant de calicots, perkales et autres étoffes ou tissus de coton.

II. TEINTURES.

380 M. le Comte de LABOULLAYE MARILLAC, *demeurant aux Gobelins.*

1°. Échantillons de soie teinte en couleurs inaltérables;

2°. Échantillon d'une pièce de 71m. (soixante aunes) de damas fabriquée pour le Garde-Meuble de la Couronne.

Le jury n'ayant pu soumettre les échantillons de soie à aucun essai à cause de leur exiguité, n'en a pas moins cru devoir les admettre sans examen préalable; la place de professeur de l'École Royale de teinture que M. le comte de Laboullaye exerce dans la Manufacture des Gobelins lui paraissant devoir être une garantie suffisante.

381 M. BRULLEY, *de Paris.*

Teinture de draps et de schalls rouges, au moyen de la cochenille silvestre recueillie à St.-Domingue.

382 M. GONIN, *rue et île St.-Louis.*

Échantillon de drap teint à la garance.

La fabrique de M. Gonin est une des premières de Paris. Cet habile manufacturier réunit à des connaissances théoriques très-variées, une pratique sûre et éclairée ; ses teintures, très-estimées et très-recherchées à cause de leur beauté et de leur fixité, ont été distinguées aux expositions précédentes, et elles le seront encore infailliblement à celle-ci, M. Gonin s'étant attaché à perfectionner ses procédés, déjà cités comme les plus parfaits par nos meilleurs teinturiers.

383 MM. J.-J. LOFFET, *imprimeurs sur étoffes de laine, boulevart de l'Hôpital, n. 22.*

Schall imprimé par des procédés particuliers.

MM. Loffet sont des chimistes distingués qui se sont particulièrement livrés à l'étude des teintures.

Les couleurs rouges qu'ils donnent aux schalls de cachemire, en bon teint, sont faites par un procédé nouveau qui leur est propre, et qui les met à même de donner leurs marchandises à 25 pour o/o meilleur marché que les autres fabriques.

La manufacture de MM. Loffet se compose de soixante tables d'imprimeurs, lesquelles nécessitent de cent quarante à cent cinquante ouvriers.

384 M. GÉANT, *teinturier, rue de Poissy, n. 3.*

Étoffes teintes par des procédés qui remplacent la cochenille.

Les moyens de M. Géant lui sont particuliers, et donnent des teintes de très-belle qualité.

III. APPRETS.

385 M. MACHAULT fils, *manufacturier de teintures et apprêts, rue du faubourg St.-Martin, n. 39.*

1°. Trois cartons de vingt échantillons chacun, de draps reteints et réapprêtés;

2°. Un carton de vingt échantillons aussi reteints et réapprêtés, et dont l'ancienne couleur a été réservée à l'un des bouts;

3°. Un coupon de drap bronze, dont moitié présente encore le cati de la fabrique, et l'autre moitié l'apprêt de M. Machault;

4°. Six coupons de trois à quatre mètres chaque, portant également d'un côté l'apprêt de la fabrique, et de l'autre celui de M. Machault;

5°. Enfin, douze cartons de couleurs très-variées avec réserve des anciennes teintes. On y voit des nuances vives et claires, obtenues sur le *bleu*, *le noir* et *l'écarlate*.

Les produits de M. Machault furent honorablement distingués aux expositions de 1798, 1802 et 1806. Mais depuis ces expositions, cet habile manufacturier s'est appliqué à perfectionner les procédés de son père; procédés qui ont pour objet l'adoucissement des laines; et peuvent, avec un égal succès, s'appliquer sur les draps neufs et ceux déjà employés. La supériorité et les avantages de ces mêmes procédés furent constatés par un *arrêt du conseil d'état* en 1788, sur le rapport de MM. Berthollet et Brisson.

IV. TOILES ININFLAMMABLES, VERNIES ET IMPERMÉABLES.

386 **MM. VIEILH-DE-VARENNE et LEVASSEUR**, *demeurant rue Culture Ste.-Catherine, n.* 18.

Échantillons de toiles ininflammables, destinées principalement au service des spectacles.

L'académie des Beaux-Arts, dans sa séance du 1er. août 1818, s'est fait rendre compte des procédés de fabrication de MM. de Varenne et Levasseur, et il résulte du rapport des commissaires de l'Académie, que les toiles préparées et quoique couvertes de leur enduit préservateur, sont aussi flexibles que toutes celles dont on a fait usage jusqu'à ce jour, qu'elles peuvent se rouler sur les plus minces rouleaux, et se plier facilement à l'action des cordages; enfin, que, présentant une surface plus unie à la peinture, le décorateur y trouvera une exécution plus facile et plus prompte.

387 **M. DESQUINEMARE**, *rue Meslé, n.* 55.

La fabrication de toiles vernies imperméables est connue depuis long-tems. Ces toiles ont eu le plus grand succès, M. Desquinemare s'est attaché à perfectionner ses procédés depuis plusieurs années, et il a atteint une grande supériorité dans la préparation de ses toiles, qui réunissent aujourd'hui toutes les qualités qu'on peut désirer. Les essais qui en ont été faits par l'Inspection générale des carrières de Paris et par la compagnie des mines de houille de Littry (Calvados), pour les ouvriers obligés de travailler dans des puits et des galeries, où il y a des eaux abondantes, ne permettent plus de douter des avantages que présentent les toiles de M. Desquinemare.

IV. TAPIS FEUTRÉS, APPRÊTÉS, PEINTS ET VERNIS.

383 M. CHENAVARD, *manufacturier d'étoffes de tentures, boulevart St.-Antoine, n.* 65.

Étoffes pour tentures ou tapisseries spécialement destinées à former un intermédiaire, pour le prix, entre les papiers peints et les étoffes de soie. Les matières qui entrent dans sa composition sont de telle nature, dit M. Chenavard, que ces étoffes peuvent rivaliser et même surpasser, pour l'éclat et la somptuosité, les plus belles étoffes, en les livrant cependant à un prix que leur beauté ne permet pas de présumer.

Le fond de ces tapisseries est un composé feutré de filamens indigènes (*bourre et filasse*) très-abondans et de peu d'utilité, enduit d'un mordant et de rapures de draps de diverses couleurs, de manière à imiter les draps les plus fins dans les couleurs les plus vives et les plus variées.

Les objets exposés sont :

1°. Un panneau, tapisserie représentant l'Aurore dans un char d'or et d'azur, atelé de deux cerfs blancs, entouré d'une riche bordure;

2° Un paysage d'Italie avec figures;

3°. Deux panneaux simples et de très-bas prix;

4°. Quatre fauteuils montés, analogues aux tapisseries ci-dessus;

5°. Deux draperies de croisée, assorties aux tapisseries ci-dessus;

6°. Un cuir factice, de deux mètres sur trois, et une feuille de parchemin. Ces deux objets peuvent se fabriquer dans les plus grandes dimensions, à volonté, suivant l'emploi qu'on voudroit leur donner;

7°. Un tapis de pieds, ciré et vernis, imitant les tapis de Turquie;

8°. Un autre, même grandeur, imitant les mosaïques d'Italie;

9°. Un panneau de tapisserie avec dessus à grands décors;

10°. Un autre panneau, même grandeur, dans un genre très-simple;

11°. Deux fauteuils tout montés, pour aller avec les panneaux cirés et vernis à dessin, imitant le point de tapisserie;

12°. Six tapis de table de toutes dimensions, de diverses dessins, plus ou moins riches, vernis et cirés;

13°. Divers tapis à thé, dessous de chandeliers, etc., de diverses grandeurs et en dessins différens.

La belle manufacture de M. Chenavard est unique en son genre. Ce célèbre fabricant qui possède des connaissances très-variées, a fait de très-grands sacrifices pour perfectionner ces tapis feutrés et apprêtés qui ont le plus grad succès en France et dans l'étranger. Il fait exécuter en ce moment un superbe portrait en pied de S. A. R. Madame, avec une riche bordure de lis avec palmettes en or, argent et pierreries.

Cette belle manufacture mérite particulièrement l'attention du jury central et d'être signalée comme digne, à tous égards, d'être encouragée par le gouvernement.

CHAPITRE XXXIII.

PORCELAINE, ÉMAUX,
FAIENCE, POTERIE.

I. Nos porcelaines n'ont plus qu'à soutenir leur supériorité; leur fabrication et leur décoration ont aujourd'hui atteint le comble de la perfection. Quelques perfectionnemens pourront peut-être encore être faits dans les procédés, mais nous doutons qu'il soit possible de rien exécuter de plus parfait que les chefs-d'œuvre qui sont présentés par nos manufacturiers de porcelaine.

II. La fabrication des camées a pris plus de développement, et paraît susceptible d'en prendre un nouveau par l'application qui a été faite des camées dans les ornemens des bronzes, des cristaux et des meubles.

III. Les impressions sur porcelaine se sont singulièrement perfectionnées depuis que cette précieuse découverte a été encouragée par le Gouvernement.

IV. Les émaux ont éprouvé l'heureuse influence des progrès de l'art du porcelainier.

V. Sans se dissimuler que l'art de faire des yeux d'émail est d'un bien faible intérêt commercial, le Jury a cependant cru devoir admettre à l'exposition les yeux artificiels qui lui ont été présentés, attendu que, jusqu'à ce jour, les étrangers ne peuvent absolument rien nous offrir en ce genre qui puisse être comparé à ce qui se fait en France, et que cet art, qui a de tout tems été cultivé chez nous avec plus de succès que partout ailleurs, est devenu, par les perfectionnemens de nos artistes, un art véritablement national.

VI. Aux dernières expositions le Jury central avait

témoigné le désir de voir nos fabriques de poterie s'attacher particulièrement à la composition de la pâte, et à la dureté des couvertes. De grandes tentatives ont été faites à cet égard, et nous pouvons nous flatter que les efforts de nos fabricans n'auront pas été infructueux.

M. de Paroy a continué à se livrer à ses recherches sur la nature des vases étrusques, et les vases qu'il présente permettent d'espérer qu'il en atteindra bientôt la perfection.

VII. Nos fabriques de tuiles ont trouvé, dans les monumens publics de la ville de Paris, un puissant motif d'intérêt pour s'attacher à perfectionner leur fabrication. De grands essais ont été faits, il sera facile de juger les améliorations qui restent à faire en ce genre.

I, PORCELAINES.

389 **MM. NAST** *frères, fabricans de porcelaine, demeurant rue des Amandiers, n. 8.*

Les porcelaines de MM. Nast ont été distinguées aux premières expositions, où elles ont obtenu des médailles, ou mention pour le choix et le bon goût des formes, autant que pour la qualité de leur pâte et la beauté des ornemens.

Cette manufacture, qui emploie plus de cent ouvriers, et qui fait annuellement pour près de 300,000 fr. d'affaires, existe depuis plus de quarante ans; elle a toujours été renommée pour sa bonne fabrication, pour sa blancheur et la pureté de ses modèles, enfin pour la solidité de sa dorure et celle de sa peinture.

390 MM. DARTES, *frères, fabricans de porcelaine, rue de la Roquette, n. 90.*

La manufacture de MM. Dartes est une des plus anciennes de Paris. Les objets présentés pour l'exposition sont :

1°. Deux grands vases forme d'œuf, de 1 mètre de hauteur, garnis de bronzes dorés et peinture de Rogues.

2°. Trois paires de vases, de 65 c. de hauteur ; l'une à figure, la seconde à paysage, et la troisième à fleurs.

3°. Deux grandes corbeilles sur figure, de 63 c. de hauteur.

4°. Un service de dessert à fruits variés, avec le surtout.

5°. Diverses pièces d'art.

Les produits de la manufacture de MM. Dartes, qui jouit d'une haute réputation en France et dans l'Étranger, sont remarquables par la beauté des formes et des peintures, la richesse des bronzes et la belle qualité de la porcelaine.

391 MM. DAGOTY, *fabricans de porcelaine, boulevard Poissonnière, n. 4.*

La manufacture de MM. Dagoty est une des premières de France. Elle s'est, depuis long-tems, distinguée aux expositions. Ses ateliers sont parfaitement organisés. Parmi les nombreux produits qu'ils présentent, on doit remarquer des bas-reliefs exécutés avec succès, sur des vases à l'instar des porcelaines de Wedgwood, un beau trépied et un modèle très-soigné de la fontaine des Innocens.

392 MM. CADET, DEVAUX et DENUELLE, *fabricans de porcelaine, rue de Crussol, n. 8.*

La manufacture Cadet, Devaux et Denuelle obtint une mention honorable à l'exposition de 1806, et depuis cette époque, elle s'est attachée à perfectionner ses produits, ainsi qu'on peut en juger par la belle collection qu'elle présente.

593 M. JULIEN (ci-devant madame Ve. Lalouette) *fabricant de porcelaine, rue des Grésillons, n. 7.*

1°. Deux plaques de porcelaine encadrées, ayant 0m. 395mm. (14 po. 1/2) de haut, sur 0m. 325mm. (12 po.) de large. Sur l'une de ces plaques est peint le portrait de Henri IV, par M. Constant, d'après le tableau de Gérard; l'autre plaque est en blanc.

2°. Deux corbeilles rondes de 0m. 596mm. (22 po) de diamètre, supportées par quatre femmes ailées, et découpées à jour, avec feuilles.

Les porcelaines de M. Julien sont depuis long-tems recherchées pour la beauté des blancs et l'élégance des formes; c'est la première fois que l'on fait des plaques encadrées en porcelaine. Elles présentent de très-grandes difficultés; les cadres sont ornés de palmettes et de rosaces mattes d'un très-bon goût.

594 M. SCHOELCHER, *fabricant de porcelaine, boulevard des Italiens, au coin de la rue Grange-Batelière.*

Les porcelaines de M. Schoelcher sont aussi distinguées par la beauté des formes, des couleurs et des ornemens, que par leur qualité. Son magasin est un des mieux assortis de la capitale; il fait annuellement des exportations considérables pour l'étranger.

II. MASTIC DE PORCELAINE.

395 MM. DIHL, *manufacturier de porcelaine, rue du Temple, n. 37, fabricant de mastic pour la restauration des monumens.*

Les essais qui ont été faits de ce mastic dans la réparation des sculptures de la porte St.-Denis et de divers monumens publics de la ville de Paris, ne peuvent laisser aucun doute sur les avantages qu'il peut présenter dans une foule d'usages particuliers, comme le démontrent d'ailleurs les caisses d'orangers et les figures que M. Dihl a exposées.

III. PEINTURES ET IMPRESSIONS SUR PORCELAINE.

396 M. DESVIGNES, *peintre sur porcelaines et cristaux, rue de Lancry, n. 8.*

Les peintures et dorures sur porcelaines de M. Desvignes sont de la plus grande beauté et présentent des riches effets de gravure et d'ornemens du meilleur goût.

397 M. LEGOST, *peintre et doreur sur porcelaine, rue St.-Sébastien, n. 42.*

Deux vases de 0^{m}. 65^{cm}. environ de hauteur, avec paysages, décors et ornemens; le bon goût, la beauté des couleurs et la richesse des ornemens feront distinguer ces deux vases qui proviennent de la belle fabrique de porcelaine de M. Lefebvre, rue Amelot, mais qui devront en partie leur célébrité aux travaux de M. Legost.

398 M. LECLERC, *peintre sur porcelaine, rue Thévenot, n. 5.*

Deux vases en porcelaine peints avec autant de grâces que de talent.

399. M. GÉRARD, *peintre sur porcelaine, demeurant rue St-Louis, n. 45, au Marais.*

Différentes peintures sur porcelaine, d'un très-beau dessin et variées de couleurs parfaitement choisies et très-bien nuancées.

400 M. FROMENT Louis Pierre, *rue de l'Arbre-Sec, n. 47.*

Plateau de porcelaine de 0 m. 325 mm. de diamètre de la manufacture de M. Nast, sur lequel M. Froment a peint, avec autant de graces et de goût que de vérité, la belle composition de l'amphitrite portée sur les eaux, de Lucas Giordano, d'après la gravure de Marais, de la galerie de Florence.

401 M. SPOONER, *demeurant rue du Cadran, n. 9.*

Porcelaines et faïences imprimées par un nouveau procédé.

402 M. GONORD, *rue St.-Antoine, n. 69.*

Porcelaines avec des impressions variées qu'il obtient par un procédé particulier de son invention, et au moyen duquel il peut avec la même planche tirer des impressions de toutes grandeurs.

M. Gonord s'est déjà fait distinguer à l'exposition de 1816. Sur le rapport de MM. Gay-Lussac et Molard; il a obtenu, le 27 juin 1818, un brevet d'invention de quinze années et une commande d'un service complet de porcelaine représentant la famille Royale, et les cartes de tous les départemens avec la carte générale de la France; depuis, S. M. lui a fait ordonner un nouveau service de table.

Le bel assortiment que présente M. Gonord consiste en cabarets, plateaux, vases et assiettes avec impressions diverses. On doit encore remarquer son beau globe de cristal dépoli représentant le globe terrestre.

403 MM. FREMON ET LEGROS D'ANISY, *rue du faubourg Montmartre, n. 11, tenant manufacture d'impression sur porcelaine, faïence, etc. sous la direction de M. Legros d'Anisy, l'inventeur.*

L'art doit beaucoup aux travaux de M. Legros d'Anisy. Il a été récemment brévété pour de nouveaux perfectionnemens qui présentent de très-grands avantages sur les anciens procédés, par le transport des planches en cuivre sur la pierre lithographique et le passage au feu des couleurs dessous l'émail, quoique cependant l'impression ait réellement lieu sur l'émail.

404 M. BERNARD, *peintre sur porcelaine, demeurant rue d'Angoulême, n. 12.*

Dessin sur or appliqué sur une plaque de porcelaine. Le dessin de M. Bernard promet, pour l'art du doreur sur porcelaine, de nouveaux perfectionnemens.

IV. CAMÉES DE PORCELAINE.

405 M. le chevalier **DE St.-AMAND**, *boulevard Mont-Martre, au magasin des cristaux du Mont-cenis.*

Collection de camées, peintures métalliques, émaux et impression sur porcelaine, incrustés dans le cristal. C'est à M. le chevalier de St.-Amant que nous devons particulièrement cette intéressante branche d'industrie, capable de donner une extension considérable au commerce des cristaux de luxe et d'usage domestique.

406 M. **LELONG**, *fabricant d'émaux de porcelaine en relief, breveté de* S. A. R. Monsieur, *rue des Colonnes, n.* 13.

Superbe suite d'émaux en relief, d'une très-grande beauté et d'un précieux fini.

407 M. **DESPREZ**, *sculpteur, fabricant de camées, rue des Récolets, n.* 2.

Camées de porcelaine.

M. Desprez obtint une médaille à l'exposition de l'an 1806, et depuis il s'est particulièrement livré à perfectionner ses procédés. On lui doit la découverte d'une nouvelle espèce de poterie qui joint à un travail facile l'avantage de l'économie et de la qualité.

V. ÉMAUX.

408 M. LECONTE, *fabricant de bijouterie, demeurant rue Saintonge, n. 44.*

Emaux et bijouterie en porcelaine.

La fabrication de M. Leconte consiste en bijoux de toute espèce exécutés en pâte de porcelaine, tels que bagues, épingles, flacons de col et de poche, boucles d'oreilles, etc. et tous autres objets qui ressortent de l'art du bijoutier, du tabletier, du fabricant de nécessaires, de l'ébéniste, etc. Cette pâte se cuit au grand feu du four à porcelaine. Ce nouveau genre d'industrie doit prendre une très-grande extension.

Les produits de cette fabrique sont expédiés pour l'Espagne, l'Italie, la Hollande, l'Allemagne, la Russie, les États-Unis d'Amérique, le Brésil, St.-Domingue, etc.

409 M. LUTON, *chimiste, rue du Marché-Neuf, n. 7.*

Étiquettes vitrifiées pour vases de verre et de cristal employés dans les laboratoires de chimie et de pharmacie.

Les produits de la fabrication de M. Luton, exposés au Louvre, en l'an IX, dans le portique n°. 78, lui valurent une médaille d'or.

L'importance et les avantages de ses étiquettes vitrifiées, constatés par les rapports des faculté et société royales de médecine, qui ont établi avec raison que *M. Luton avait rendu un grand service à la science et aux arts, en évitant bien des erreurs et des regrets*, et l'usage habituel qu'on fait actuellement de ses flacons à étiquettes vitrifiées dans les cours publics et les laboratoires, déterminent à recommander particulièrement M. Luton à l'attention du jury central.

VI. YEUX D'ÉMAIL.

410 M. HAZARD MIRAULT, *fabricant d'yeux artificiels, demeurant rue Ste.-Appoline, n. 2.*

1°. Yeux artificiels humains, destinés aux personnes privées d'un œil;

2°. L'imitation en émail de plusieurs des maladies qui affectent l'organe de la vue;

Et 3°. collection des yeux de nos plus gros quadrupèdes et oiseaux, à l'usage des naturalistes pour rendre ou donner l'apparence de la vue à leurs préparations zoologiques.

Les yeux artificiels de M. Hazard Mirault ont déjà été mentionnés honorablement dans les précédentes expositions, et son tableau des maladies des yeux est du plus grand intérêt; cet artiste distingué fournit depuis longtems le Muséum d'histoire naturelle, où l'on peut juger la vérité de tous les yeux artificiels qu'il fait journellement pour cet établissement.

411 M. DESJARDINS, *artiste de la faculté de médecine de Paris, boulevard du Temple, n. 33.*

Les yeux artificiels humains de la fabrique de M. Desjardins sont très-beaux et de la plus grande vérité; aussi MM. les professeurs de la Faculté de médecine ont-ils pris, le 29 août 1816, la décision suivante en sa faveur.

« L'assemblée, considérant que les talens reconnus de » M. Desjardins, pour la perfection des yeux en émail, » méritent une distinction particulière, arrête, à l'unani- » mité, que M. Desjardins est nommé artiste de la Faculté » de médecine de Paris. »

VII. POTERIE FAIENCE.

412 M. PIERRE DESFOSSÉS, *manufacturier de terre blanche, à Belleville.*

Il présente des produits de sa manufacture.

413 M. le Marquis de PAROY, *membre de l'ancienne Académie Royale de peinture.*

1°. Plusieurs vases en terre, de forme antique et de genre étrusque ;

2°. Une planche et une épreuve de stéréotypage de son invention.

VIII. TUILERIE ET FABRIQUES DE CARREAUX.

414 MM. Jean-George BILLING et Comp^e., *fabricans de tuiles, rue de Paradis, n. 30 bis.*

Les tuiles perfectionnées de MM. Billing sont employées généralement depuis quelques années pour les travaux publics de la ville de Paris ; les nouveaux marchés, les greniers d'abondance, les abattoirs, etc. en offrent des exemples remarquables.

415 M. BAUDRY DUHAMEL, *manufacturier, rue des Blanchisseuses, n. 8, aux Champs-Élysées.*

Carreaux mosaïques en terre cuite de son invention.
Les carreaux de M. Baudry sont d'une bonne qualité

et ne laissent rien à désirer sous le rapport de la cuisson, de leur forme et des couleurs qui sont imprimées par un procédé particulier, d'une manière fixe et inaltérable.

CHAPITRE XXXIV.

CRISTAUX, VERRERIE, *GLACES ET PEINTURE SUR VERRE.*

I. Nos fabriques de cristaux avaient prouvé, aux dernières expositions, qu'elles pouvaient soutenir la concurrence avec les plus belles manufactures d'Angleterre. Depuis, elles ont fourni à diverses cours des assortimens de la plus grande magnificence, et aussi distingués par la beauté de la taille que par le bon goût des formes et la vivacité du poli. Nos fabriques de cristaux sont arrivées au plus haut degré de splendeur auquel elles puissent jamais parvenir, et jamais elles ne feront mieux, si malheureusement elles suivent le caprice des goûts ou l'influence des modes inconstantes. C'est avec peine que nous parlerons de l'état de nos anciennes manufactures de cristal de roche, aujourd'hui abandonnées et perdues, malgré tous les sacrifices et les travaux de MM. Caire-Morand et Rémond de

Paris, auxquels elles devaient le brillant éclat dont elles ont joui jusqu'à la révolution. La pureté de la matière des cristaux artificiels, la facilité de la taille et la richesse des effets de lumière décomposée, les font préférer aujourd'hui au cristal de roche, dont nos manufactures avaient cependant atteint une bien grande perfection, comme on en peut juger par les deux superbes lustres de Mme. Rémont de Bois-Richard n°. 416.

II. Depuis quelques années plusieurs fabricans se sont occupés de l'art d'émailler le cristal et le décorer de divers émaux et peintures. Ce genre d'ouvrage a obtenu un très-grand succès et mérite d'être encouragé.

III. La fabrication des ouvrages en verre avait été abandonnée, après avoir été anciennement très-recherchée; quoique ce genre d'industrie ne paraisse pas aujourd'hui susceptible d'un très-grand développement, le succès qu'il obtient dans l'étranger prouve qu'il ne doit pas être négligé.

IV. L'art de la peinture sur verre, autrefois cultivé par des artistes du plus grand mérite, a été longtems perdu. Nous avons vu aux dernières expositions, divers essais qui prouvaient que nous pourrions un jour voir revivre l'art de la peinture sur verre et qu'il serait peut-être cultivé avec autant de succès que les autres genres de peinture. Les glaces et verres colorés que M. Mortelèque présente à l'exposition, viennent à l'appui de cette assertion, et nous font espérer que nous verrons bientôt revivre chez nous l'art de la peinture sur verre.

V. La fabrication des glaces se soutient en France avec cette supériorité qu'aucune nation ne nous a encore pu contester. Nos glaces sont toujours recherchées pour la pureté de la matière, sa parfaite homogénéité dans toute son étendue, et les grandes dimensions dans lesquelles on les livre au commerce.

VI. Il y a plus de quarante ans qu'un ingénieur, nommé Bourbon, proposa d'enduire les glaces d'un mastic de son invention pour préserver leur étamage de toute altération. Cette invention n'obtint dans le tems aucun succès. Un nouvel encaustique a été proposé ces dernières années, et il paraîtrait, d'après les essais auxquels il a été soumis par la société d'encouragement, qu'il remplit parfaitement les conditions qu'on peut en exiger.

I. CRISTAUX DE ROCHE.

416 **Mme. RÉMOND-DE-BOIS-RICHARD**, *rue Basse-d'Orléans, Porte St.-Denis, n.* 20.

Deux grands lustres jumeaux en cristal de roche, de 2 mètres 35 de hauteur sur 4 mètres 50 de circonférence de quarante-huit lumières chacun, exécutés par M. Rémond, anciennement attaché à la maison de Mgr. le Comte d'Artois, sur les dessins de MM. Bellanger, Percier et Fontaine; ils ne sont jamais sortis de ses ateliers, ils ont la forme d'un obélisque et sont divisés par trois cercles soutenus chacun par quatre colonnes montantes; des consoles sail-

lantes, au nombre de quatre, décorées de lyres, de cygnes, etc. sont surmontées par quatre grands griffons; tous les bronzes sont ciselés et dorés au mat.

Les cristaux sont parfaitement travaillés, les poires d'un très-gros volume et d'une très-belle eau; les obéliques se font remarquer par leur grandeur et leurs proportions; chaque pendeloque est ornée d'étoiles avec ses attaches en bronze doré au mat et garni de petites rosaces pour tenir les étoiles.

Les girandoles, et chaînettes, formées de grains de cristal de roche, sont garnies et ornées de perles en bronze également dorées au mat.

Ces lustres, qui sont du genre arabesque et d'une forme élégante, avaient été estimés chacun :

1°. Pour les cristaux taillés...35,000 fr.
2°. Or et bronze.............18,000
3°. Ciselure.................12,000
Et 4°. monture et main-d'œuvre.12,000

Au total..........77,000
Et pour les deux ensemble........154,000

II. MANUFACTURES DE CRISTAUX.

417 MM. CHAGOT frères, *manufacturiers de cristaux, boulevard Poissonnière.*

Cristaux de la manufacture de Creusot-Montcenis.

1°. Deux candelabres de quatre mètres environ de hauteur, d'une magnifique exécution et d'un cristal le plus pur, le plus diaphane et le plus fin qu'on puisse obtenir.

2°. Une grande et superbe coupe, évasée de 0^{m}. 55^{c}. de diamètre, d'une forme agréable, légère et d'un travail exquis;

3°. Une lampe aussi simple qu'élégante, chef-d'œuvre d'exécution sous le rapport de l'art et de la fabrication ;

4°. Trois vases d'une belle proportion, décorés de camées incrustés des portraits de la famille royale ;

5°. Plusieurs services complets de cristaux travaillés avec le goût le plus parfait : un de ces services est taillé à la manière anglaise, afin d'établir la comparaison avec les cristaux anglais, qui sont inférieurs pour la pureté, la parfaite diaphanéité et le prix infiniment au dessous.

La manufacture du Montcenis a été comparée, pour son rang, avec les autres cristalleries, à la manufacture Royale de Sèvres pour les fabriques de porcelaines.

Nous avons parlé plus haut des belles incrustations de camées dans les cristaux du Montcenis par M. le chevalier de St.-Amans, n. 393, dont les charmantes et gracieuses compositions ne peuvent manquer de donner une nouvelle extension au commerce des cristaux de luxe et d'usage habituel.

418 Mme. Veuve DESARNAUD CHARPENTIER, *fabricante de meubles de cristaux, au Palais-Royal, à l'escalier de cristal.*

Meubles de cristal, savoir :

1°. Une toilette de cristal décorée de bronzes dorés et des meubles qui en dépendent ;

2°. Une cheminée décorée de bronzes dorés et cristaux ;

3°. Deux grands candelabres de cristal et bronzes dorés ;

4°. Deux tables ornées de bronzes et cristal ;

5°. Une grande pendule et plusieurs grands vases ornés de cristal et bronze ;

Et 6°. plus, toutes les pièces qui garnissent ordinairement ces divers meubles.

Mme. Desarnaud, brévetée de S. M., de Monseigneur le Duc de Berry et du Gardemeuble de la couronne, a fait exécuter en cristal divers objets de la plus grande beauté, qui ont été envoyés dans diverses cours étrangères. C'est dans ses ateliers que S. M. a fait prendre le magnifique présent de cristal donné à l'ambassadeur Persan.

Cette belle fabrique tire ses cristaux de la manufacture de M. d'Artigues, suivant les modèles qu'elle lui envoie, et qui lui expédie brutes les diverses masses de cristal.

Mme. Desarnaud est la première qui ait décoré les cristaux avec le bronze doré ; ainsi elle a vaincu, la première, la difficulté qu'il y avait à adapter un métal sur une matière aussi fragile.

Les magnifiques compositions qui sont sorties de ses ateliers lui ont valu la considération des connaisseurs nationaux et étrangers; la majeure partie des objets qu'elle expose lui a été commandée et serait déjà enlevée si Mme. Desarnaud n'avait obtenu par grâce qu'on les lui laisserait exposer.

Parmi les objets capitaux sortis de sa fabrique, nous rappellerons:

1°. Une pendule de 1200 fr., exécutée pour Naples en 1812;

2°. Un déjeûner du prix de 3000 fr. pour la cour de Wesphalie ;

3°. Quatre grands candelabres de 12,000 fr. pour la Russie;

4°. La toilette en cristal de la feue Reine d'Espagne, du prix de 16,000 fr. ;

5°. Un lavabo du prix de 3000 fr. pour la Reine d'Étrurie ;

6°. Un assortiment de cheminées, pendules, candelabres et grands vases de 15,000 fr., que M. le Duc de Berwick emporta en 1818 à Madrid.

419 M. PHILIDOR, *fabricant de cristaux, rue de Bondy, n°s. 8 et 10.*

Vases, pendules et services de table en flintglasse et

cristaux coloriés, de grandes dimensions, confectionnés d'après les modèles usités dans les divers états de l'Europe.

L'établissement de M. Philidor consiste en ateliers de taille et décors des cristaux qu'il fait exécuter suivant ses moules et modèles, dans diverses cristalleries du royaume.

A l'exposition de 1806, M. Dufougerais, qui dirigeait cet établissement dans lequel il est encore intéressé, obtint la médaille d'or, pour les cristaux présentés tant par la manufacture de Paris, que par l'établissement du Creusot Montcenis dont il était alors administrateur.

III. GLACES ET TRAVAUX D'ÉTAMAGE.

420 **M. DEMAUROIS**, *au nom de M. le propriétaire de la manufacture des glaces de St.-Gobin, rue de Reuilly, faubourg St.-Antoine.*

Cette belle manufacture, dont on a admiré les superbes produits à chacune des expositions précédentes, est depuis long-tems connue par la beauté, la parfaite transparence, la limpidité et les dimensions extraordinaires de ses glaces. Celles qui sont exposées, indépendamment de leur étendue, présentent un autre motif puissant d'intérêt, puisqu'elles offrent la série des *apprêts* ou des travaux de Saint-Gobin et de Reuilly, savoir : 1°. Une glace coulée, *brute*; 2°. une *débrutie*; 3°. une *doucie*; 4°. une *polie*; et 5°. plusieurs de plus grandes dimensions, qu'on puisse obtenir étamées, parfaitement pures, et sans le plus léger défaut.

Outre ces glaces, M. Demaurois a fait exposer une très-grande feuille d'étain étendue au laminoir, et battue au marteau, par les soins de M. Cauthion, directeur de l'étamage à la manufacture de glaces, le même qui, en 1815, voulut bien faire les premiers essais de l'étain, découvert dans la Haute-

Vienne, par M. de Cressac, ingénieur en chef, et qui tout récemment vient d'essayer, avec le même succès, l'étain de Piriac, sur les côtes de Bretagne, découvert par MM. Athanas, Dubuisson et Laguerrande, et raffiné par M. Berthier, ingénieur en chef, professeur de docimasie à l'école royale des mines.

421. M. LEFEBVRE, *miroitier breveté, quai Saint-Paul, n.* 6.

1°. Deux glaces étamées, l'une en étain des Indes, l'autre en étain de Piriac.

2°. Glaces étamées, moitié en étain des Indes, et moitié en étain de Piriac.

3°. Glace étamée avec une feuille d'étain des Indes, déchirée ou trouée, et réparée auxdites places avec des pièces d'étain de Piriac.

4°. Glace étamée avec une feuille d'étain de Piriac, déchirée par place et réparée auxdits endroits avec des pièces d'étain des Indes.

5°. Glace passée à l'encaustique, pour mettre le tain à l'abri de toute décomposition, au moyen d'un mastic préparé par M. Lefebvre. La Société d'Encouragement a fait examiner cet encaustique, et sur le rapport de M. Pajol des Charmes, elle a donné une médaille d'or à l'auteur, qui s'est pourvu d'un brevet d'invention.

M. Becquey, conseiller d'état, directeur-général des mines, ayant fait remettre deux saumons d'étain de Piriac de MM. Athanas, Dubuisson et Laguerrande, à M. Lefebvre, il en a fait l'essai comparativement avec celui des Indes, et ce sont les glaces qu'il a étamées *mi-partie*, ou restaurées avec l'un ou l'autre métal, qui sont exposées. Nous les avons examinées avec le plus grand soin, et nous n'avons pu remarquer aucune différence, soit dans l'étamage de la glace *mi-partie*, soit dans les glaces d'étamage restauré par pièces, le tain y étant absolument égal, du même ton, et sans au-

aun défaut, de l'un comme de l'autre côté ; mais nous croyons devoir rapporter ici, d'après M. Lefebvre, que l'étain de France est plus dur à battre que celui de Banca, et qu'il est plus long à se dissoudre dans le mercure ; ce qui nous paraît en effet très-probable, d'après la petite quantité de fer métallique qui y a été reconnue par M. Berthier.

IV. PEINTURE SUR VERRE.

422 **M. MORTELEQUE**, *peintre, chimiste, rue du faubourg St.-Martin, n. 132.*

Différens sujets peints sur verre.

M. Mortèleque s'est livré à l'etude de la peinture sur verre, que les anciens ont si bien cultivée, et qui fut ensuite négligée au point qu'elle semblait entièrement perdue. Sans autre appui que l'amour de l'art, sans autre protection que son industrie et son désir de parvenir à faire revivre la peinture sur verre, M. Morteleque, après bien des recherches et des sacrifices, est parvenu à des résultats satisfaisans, et qui nous donnent lieu d'espérer les plus grands succès de ses travaux.

Le Jury, en admettant les peintures sur verre de M. Morteleque à l'exposition, croit devoir le recommander particulièrement à la bienveillance du Gouvernement.

V. GRAVURES SUR CRISTAUX.

423 **M. FELLY**, Joseph, *graveur sur pierres fines et cristaux, rue St.-Guillaume, n. 29.*

Glaces gravées, l'une représentant le portrait équestre de S. A. R. Monsieur, et l'autre le buste de l'Empereur Alexandre

VI. VERRES ET CRISTAUX ÉMAILLÉS.

424 M. PARIS, *fabricant de cristaux incrustés, de métaux émaillés et peints sur émail, rue Croix-des-Petits-Champs, n. 13.*

Vases, verres, gobelets, flacons, etc.

Les cristaux émaillés de M. Paris, inventeur breveté, sont d'un très-bel effet, et peuvent faire revivre une branche d'industrie qui a été anciennement cultivée avec un certain succès, comme M. Héricart de Thury l'a fait voir au Jury en lui présentant un verre émaillé, à rinceaux et fleurons d'émail colorié, avec la date de 1710.

425 M. LUTON, *rue du Marché-Neuf, n. 7.*

Verres et cristaux à étiquettes émaillées (Voyez n°. 409).

426. M. DESVIGNES, *fabricant de cristaux émaillés, rue de Lancry, n°. 8.*

Les émaux sur verre de M. Desvignes sont aussi beaux et aussi parfaits que ses belles impressions sur porcelaine qui se font par un procédé différent.

VII. OUVRAGES EN VERRE FILÉ.

427 M. LECOEUR, *demeurant rue du Contrat-Social, n. 5.*

Divers objets exécutés en verre filé.

428 M. GIBON, *dessinateur en verre filé, rue de Valois, n. 10.*

Coffret-nécessaire, en verre filé.

CHAPITRE XXXV.

BIJOUTERIE ET JOAILLERIE.

BIJOUTERIE ET JOAILLERIE,

EN OR, EN ACIER, EN PIERRES FINES,
JOAILLERIE EN STRASS.

La bijouterie et la joaillerie sont une des branches les plus considérables du commerce de la ville de Paris. Les étrangers sont très-curieux de notre bijouterie, ils en font le plus grand cas, et nos ateliers travaillent, non-seulement pour toute l'Europe, mais encore pour l'Amérique et pour les Indes. La bijouterie en acier, qui dispute actuellement la priorité à celle d'Angleterre, sera rappelée ici, quoique décrite et exposée avec le travail de nos fabriques d'acier.

Notre joaillerie en pierres artificielles est peut-être encore plus recherchée que celle des pierres fines. L'art semble parvenu au point de surpasser la nature dans ses pierres les plus rares et les plus précieuses; aussi jamais l'illusion ne fut-elle plus complète depuis que la chimie, par ses secrets, a appris à nos joailliers à imiter indistinctement et à volonté les émeraudes, les saphirs, les rubis, les topases, et généralement toutes les pierres orientales, de manière à tromper les plus habiles connaisseurs.

I. BIJOUTERIE EN DIAMANS.

429 M. FOSSIN, *rue de Richelieu, n. 78.*

Bouquet composé de différentes fleurs, du plus riche et du plus bel effet. La manière dont sont montés les diamans, l'arrangement de chaque fleur, leur opposition, leur rapprochement, la vérité des formes, enfin la valeur de la matière présentée sous l'aspect le plus varié et du meilleur goût, annoncent un grand talent de la part de l'auteur que nous ne pouvons trop féliciter du chef-d'œuvre qu'il a exposé.

II. BIJOUTERIE EN OR ET COMPOSÉE.

430 M. Louis BEAUGEOIS, *fabricant bijoutier-joaillier, demeurant rue de Chabannais, n.* 11.

1°. Cassolette de salon, réprésentant une corbeille de fleurs exécutée en or, d'après nature. — Nous avons déjà parlé de cette cassolette sous le n°. 161, à l'art. filigrane.

2°. Un collier en émail sur or, représentant des ailes de papillon;

3°. Un second collier formant guirlande antique en or de couleur;

4°. Une bourse à secret;

5°. Deux lorgnettes élastiques;

6°. Une ombrelle en or de couleur, en nacre de perles;

7°. Différens ordres français et étrangers;

8°. Plusieurs autres bijoux.

III. BIJOUTERIE D'ACIER.

431 M. PROVENT, *rue Salle-au-Comte, n.* 4 *et* 6.

Parures et autres bijoux d'acier (voyez n. 86.)

432 M. SCHEY, *manufacturier d'acier poli, rue des Petites-Écuries, n.* 5.

Bijouterie d'acier poli (voyez n. 85.)

433 M. FRICHOT, *rue des Gravilliers, n.* 42.

Ouvrages de bijouterie en acier poli (voyez n. 84.)

IV. BIJOUTERIE DE STRASS.

434 DOUHAULT-WIELAND, *chimiste et fabricant joaillier, rue Ste.-Avoye, n. 19.*

Grand assortiment de bijouterie, composé:

1°. Du Régent. Ce faux diamant, d'une diaphanéité parfaite, sans le plus léger défaut et d'une taille admirable, est d'autant plus remarquable qu'il pèse trente karats de plus que le véritable Régent qui est de 136 3/4;

2°. Une parure complète composée d'un peigne, d'un collier, des boucles d'oreille, d'une paire de bracelets, d'une agraffe de ceinture, etc.;

3°. D'une très-belle aigrette en forme de corne d'abondance;

4°. De plusieurs séries d'épingles, formant des suites ou collections de toutes les pierres précieuses employées dans la joaillerie;

5°. D'un bouquet en pierres de diverses couleurs;

6°. D'une riche poignée d'épée en strass;

Et 7°. d'une collection de morceaux de masses et de pierres brutes ou taillées, de toute composition.

M. Douhault-Wieland est gendre de M. Wieland, dont les émaux et pierres artificielles produisirent tant d'effet à l'exposition de 1806; celles qui sont exposées sont encore plus remarquables, et prouvent à la fois le talent et les connaissances de M. Douhault. Sa fabrique fournit depuis plusieurs années la France, l'Espagne, le Portugal, l'Allemagne, la Pologne et la Russie. Elle rivalise avec tout ce que la joaillerie peut produire de plus parfait en pierres fines.

Dans le nombre des plus belles compositions de M. Douhault-Wieland, nous citerons :

1°. Les grands ordres de Russie et de Prusse, exécutés

sur les commandes de MM. Bapst, Meniere, joailliers de la couronne;

2°. Un riche diadême, une ceinture et une superbe frange de garniture de manteau royal, exécutés pour la cour de Naples;

3°. Une ceinture, un réseau et plusieurs grandes pièces assorties, avec une parure complète de turquoises entourées de strass d'une rare beauté;

4°. Une commande de vingt-cinq parures et quantité de boucles d'oreilles, bagues, épingles, etc. etc., pour les colonies;

5°. Deux diadêmes très-riches et du plus bel effet, pour l'Allemagne;

6°. Une très-belle poignée d'épée pour l'Espagne.

M. Douhault, outre la joaillerie et les pierres artificielles, s'est encore livré avec le plus grand succès à la sculpture et au tour. On ne peut trop admirer le superbe portrait en ivoire de S. M., du grand Frédéric, et de l'Empereur Alexandre, qu'il a exposés au salon, ou son beau modéle de pièce d'artillerie, en ivoire et vermeil, que nous avons compris sous le n. 129.

Plusieurs officiers de la suite de l'Empereur de Russie, pendant son séjour à Paris, ayant fait exécuter des garnitures de sabre, des ordres et des parures diverses pour Pétersbourg, M. Douhault reçut une très-belle bague de diamans, et quelque tems après on lui fit, mais en vain, les propositions les plus avantageuses pour passer en Russie.

D'aprés le haut degré de perfection auquel est parvenu M. Douhault, perfection que les premiers joaillers de Londres ont publiquement reconnue, et d'après la beauté et la vérité de ses pierres artificielles, le jury, en prononçant à l'unanimité l'admission des produits de sa fabrique à l'exposition, le juge digne d'être désigné au jury central, comme un des artistes qui méritent le plus d'être encouragé par le gouvernement.

435 M. BOURGUIGNON, *bijoutier, rue Michel-le-Comte, n.* 18.

Un diadême en joaillerie de pierres artificielles.

M. Bourguignon est un artiste habile qui s'est particulièrement livré à l'étude des compositions des pierres artificielles. Sa fabrication est très-belle et peut être mise en comparaison avec ce que nous avons de plus parfait en ce genre.

436 M. MENTION, *fabricant de bijoux, rue des Blancs-Manteaux, n.* 41.

Bijoux en strass, taille de rose de Hollande, première qualité.

Les bijoux de M. Mention sont d'une grande perfection; la limpidité de sa matière, sa composition, sa taille et le soin que cet artiste apporte généralement dans la fabrication, le feront distinguer et contribueront encore à assurer la supériorité que nous avons déjà sur tous nos voisins dans ce genre de fabrication.

V. BIJOUTERIE DE COMPOSITION.

437 M. DAVID, *joaillier-lapidaire, rue Saint-Martin, n.* 176.

Compositions variées imitant les pierres de toute nature, jaspe, agathe, calcédoine, cornaline, opale, lapis, lazuli, turquoises, etc. etc.

M. David est parvenu à se rendre maître de ses compositions au point de pouvoir, à sa volonté, imiter telle espèce de pierre qui lui est demandée, de lever toutes les gravures en reliefs ou en creux des antiques, d'en faire de semblables en composition, de faire toute espèce de mosaïque; enfin, de pouvoir répondre à toutes les demandes qui lui peuvent être adressées pour la bijouterie la plus variée.

VI. BIJOUTERIE DE CORAIL.

438 **M. REMUZAT**, *rue de Grammont*, *n.* 25

Divers assortimens de parures de corail de la manufacture des coraux de S. A. R. Madame la Duchesse d'Angoulême. Ces coraux sont de la plus grande beauté et parfaitement assortis. La taille en est généralement très-belle et le poli très-vif. Cette manufacture, qui surpasse toutes celles du même genre, a atteint une telle supériorité que nous n'avons plus rien à redouter de la part des fabriques étrangères, qui nous fournissaient anciennement la bijouterie de corail.

Dans le nombre des objets exposés, on doit particulièrement remarquer :

1°. Une bille d'un très-beau rouge, du poids de 45 grammes (1 once et demie), et du prix de 1800 francs.

2°. Un manche de couteau et de fourchette d'or, du prix de 2000 francs.

3°. Deux poires de pendans d'oreilles, etc.

CHAPITRE XXXVI.

APPAREILS D'ÉCLAIRAGE.

FANAUX, LAMPES.

Jamais découverte n'eut, dans les arts mécaniques, plus de succès, et une plus heureuse, comme une plus rapide application que celle du double courant d'air de la lampe d'Argand. Cet habile ingénieur, par cette belle invention, a fait à lui seul une véritable révolution dans l'art du lampiste, ou plutôt il l'a créé; il en a posé les principes, il l'a fait sortir des rangs des simples potiers d'étain et des ferblantiers, avec lesquels il avait jusqu'alors été confondu, pour le classer parmi les mécaniciens, ingénieurs et physiciens.

La lampe d'Argand, et celles de ses successeurs ou associés, Lange, Quinquet et Bordier-Marcet, ont servi de base à tous les perfectionnemens et inventions qui depuis ont été faits en ce genre, et dont aucun lampiste ne s'est encore écarté, quels qu'aient été la forme, le mouvement et le décors de la lampe. Cette fabrication est réellement aujourd'hui un art nouveau et particulier, dans lequel on distingue des artistes du plus grand mérite, et qui doivent être divisés en deux classes, l'une, celle des lampistes proprement dits, qui s'attachent à la fabrication des lampes, quels qu'en soient le système, la forme et les ornemens, l'autre, celle des ingénieurs qui s'occupent plus particulièrement de la construction des phares ou fanaux, des miroirs réflecteurs ou paraboliques, et qui sont obligés de s'appuyer sur le calcul et sur les connaissances en physique, tels que MM. Bordier-Marcet, Lenoir, Gagneaux, etc.

I. PHARES ET FANAUX.

439 M. BORDI R-MARCET, *successeur d'Argand, ingénieur-mécanicien-lampiste, rue du faubourg Montmartre, n. 4.*

Phares, fanaux et divers appareils d'éclairage de ville, savoir :

1°. Un grand fanal à double effet, de 0m. 758 (28 pouces).

2°. Un fanal à double effet, de 0m. 650 (24 pouces), en fonte de laiton argenté.

3°. Un fanal à simple effet, ou paraboloïde, de 0m. 650 (24 pouces), en laiton battu embouté et reteint d'une seule pièce tournée et argentée.

4°. Petit fanal ou photophore métrogéographique, semblable à ceux fournis au Gouvernement, pour la mesure de la ligne transversale et la grande carte.

5°. Grand fanal sydéral, de 0m. 758 (28 po.), en laiton battu.

6°. Un photomètre, ou grande lampe pour éclairer le grand fanal sydéral.

7°. Un plus petit fanal sydéral, avec ses lampes.

8°. Un petit fanal avec sa lanterne en fonte de fer, pour être placé à l'extrémité d'une jetée.

9°. Divers appareils d'éclairage de ville ou d'éclairage urbain, avec ou sans lanternes.

M. Bordier Marcet est le premier qui a fabriqué les lampes astrales, aujourd'hui répandues généralement. C'est également à cet habile mécanicien que nous devons les lampes sydérales, dont il expose divers échantillons avec ceux de son éclairage des villes. Ses premières inventions sont assez connues. Ce qui doit aujourd'hui attirer le plus l'attention des savans, des physiciens, et particulièrement du Gouvernement, c'est son système d'éclairage pour le phare de la tour des Baleines, à l'île de Rhé, et dont un des réflecteurs, essayé chez M. Sganzin, inspecteur-général, directeur des ports militaires, a été reconnu donner, à 94 mètres de distance, des ombres égales à celle d'une bougie placée à 1 m. 35 c.; d'où il suit que la proportion d'intensité étant comme l'inverse du carré de ces deux nombres, le réflecteur équivaut à près de 4800 bougies, et un autre plus petit d'un décimètre environ, à 3600, tandis qu'un réflecteur anglais, d'ailleurs d'un très-beau fini et d'un décimètre plus petit n'équivalait qu'à 1100 seulement.

En constatant, dans notre rapport, ces précieux résultats d'expériences faites en présence de M. Becquey, Conseiller-d'état, Directeur-général des ponts et chaussées et des mines, nous croyons devoir prier le jury central de recommander particulièrement M. Bordier-Marcet à S. Exc. le ministre de la marine.

440 M. LENOIR, *ingénieur du Roi pour les instrumens à l'usage des sciences, rue St.-Honoré.*

Ayant déjà eu occasion de parler, au chapitre XXIV, de M. Lenoir et de ses fanaux, dans la construction desquels il a fait de très-grands perfectionnemens, nous renvoyons nos lecteurs à son article, n. 222.

441 MM. GAGNEAU et BRUNET, *lampistes, rue St.-Denis, n. 173.*

Lampes de leur invention, dont le mécanisme diffère de celui de toutes les lampes présentement en usage et dont le mouvement a été comparé avec la marche du sang et les mouvemens du cœur.

Ces lampes, d'une invention toute récente, sont construites de manière : 1°. qu'elles ont deux becs de rechange de calibre différent, l'un gros et l'autre petit, qu'on peut changer à volonté et avec la plus grande facilité pour se procurer une lumière plus ou moins forte.

2°. Que ces becs sont dégagés de tout ce qui pourrait mettre obstacle, soit à la libre circulation de l'air, soit à la transmission de l'huile.

Et 3°. qu'au dessus du vase intérieur et des valvules est placé un crible destiné à arrêter les impuretés que l'huile charrie souvent, afin qu'elles ne puissent obstruer ni ces mêmes valvules, ni le tuyau ascensionel dont le diamètre est très-petit.

Les noms de MM. Cagneau et Brunet figurent depuis long-tems parmi ceux de nos meilleurs mécaniciens lampistes.

II. LAMPES.

442 M. GARNIER Alexandre-Victor, *fabricant de lampes, rue des Fossés-St.-Germain-l'Auxerrois, n. 43.*

Lampes astrales de sa fabrique.

M. Garnier est successeur de M. Joly, qui obtint une médaille pour sa lampe astrale, à l'exposition de 1802, et en 1806 une mention honorable pour les perfectionnemens introduits dans la fabrication de sa lampe. Depuis cette époque, M. Garnier a encore fait de nouvelles améliorations, et il est parvenu à fabriquer ses lampes de telle manière, qu'elles peuvent être démontées dans toutes leurs parties, et que toutes leurs dimensions en sont calculées rigoureusement.

443 Mme. veuve CARCEL, *rue de l'Arbre-Sec, n. 14.*

Lampes mécaniques de l'invention de feu Carcel.

M. Carcel obtint, en 1801, une médaille de bronze, et

une d'argent en 1806. Madame Carcel représente aujourd'hui ses lampes mécaniques, que le jury admet de nouveau à l'exposition, à raison des divers perfectionnemens qui y ont été faits, et afin qu'on puisse juger les progrès que l'art du mécanicien-lampiste a fait depuis la dernière exposition.

444 M. VELLEAUS, *ferblantier-lampiste, rue Galande, n. 21.*

Lampe astrale qu'il appelle *la constante*, à raison de la régularité du niveau qu'il est parvenu à rendre constant. M. Velleaus, élève de Pure, qui avait dirigé les ateliers du célèbre Argand, est un de nos meilleurs constructeurs lampistes. On lui doit plusieurs perfectionnemens importans, dont les plus remarquables sont, sans contredit, la régularité du niveau et la facilité de démonter les lampes en plusieurs parties par un mécanisme nouveau aussi facile qu'avantageux.

De la constance du niveau dépendent : 1°. une lumière plus belle, plus claire et plus régulière; 2°. une plus longue distance dans la portée de ses rayons; et 3°. le *bref* de son point lumineux, sans oscillations. Cette lampe est remarquable par le gracieux de ses ornemens et le peu d'apparence qu'offre le placement de son mécanisme.

Elle se démonte en diverses parties, ce qui donne la facilité d'en faire toutes les réparations et le nettoiement, sans perdre ni détériorer aucune pièce de rapport. Cette disposition de démontage peut également s'adapter à toutes espèces de quinquets, et son application a l'avantage de fournir une lumière exempte des défauts que l'on trouve dans toutes les lampes construites jusqu'à ce jour.

La lampe de Velleaus ne porte aucune ombre; elle éclaire sur une table de quatre mètres de longueur, en portant très-distinctement sa lumière aux deux extrémités; elle peut éclairer trois métiers au lieu d'un. Enfin elle peut être faite en divers métaux, et elle est susceptible de recevoir toutes espèces d'ornemens de bronzes ciselés et dorés.

445. MM. VIVIEN, *père et fils, ferblantier-lampiste, place du Louvre, n.* 10.

1°. Un nouveau genre de réverbère économique, à mèches plates et uniques, destiné à l'éclairage des villes.

2°. Une lampe à coupole, pour l'éclairage des billards, qui a l'avantage de ne point jeter d'ombre sur le tapis.

MM. Vivien sont connus avantageusement pour la précision et le fini de leur fabrication.

446. M. ROUYER, *ingénieur, demeurant rue Feydeau, n.* 18.

Lampe à gaz hydrogène.

447. M. CARON, *lampiste, rue Croix-des-Petits-Champs, n.* 13.

Lampe qu'il désigne sous le nom de lampe à niveau constant, parce que, 1°. le bec étant placé à une ou deux lignes plus bas que le réservoir, la lumière se trouve toute-à-découvert, et 2°. que l'huile étant invariablement fixée à deux lignes du bec, donne une lumière très-vive pendant toute la durée de l'éclairage, et toute aussi éclatante à la fin qu'au commencement.

448. M. HADROT, *lampiste, rue des Fossés-Montmartre, n.* 14.

Lampes de son invention, dites à la Charte, et lustres, caffetières, etc., de plaqué et de tôle.

449. M. ALLARD, *fabricant de lampes en moiré métallique, rue Saint-Lazare, n. 11.*

Assortiment de lampes. Nous avons déjà parlé de M. Allard, au moiré métallique, n°. 97.

450. M. le Chevalier de LORIMIER, *rue des Moulins, n. 11, butte Saint-Roch.*

Est auteur d'un chapiteau de lampes astrales d'une nouvelle construction, et qui ne peut manquer de produire le plus bel effet, étant tout en cristal.

CHAPITRE XXXVII.

APPAREILS DE COMBUSTION, CHEMINÉES, POÊLES ET FOURNEAUX.

Nos appareils de combustion ont été depuis long-tems l'objet des recherches et des travaux d'un grand nombre d'architectes et de fumistes ; mais malgré tous les perfectionnemens qu'ils ont pu faire dans la construction de nos cheminées, nous manquons encore d'une bonne théorie, et nos appareils ordinaires de combustion sont loin d'être arrivés à leur perfection. De grandes améliorations ont certainement été faites dans nos fourneaux de ménage ; cependant celles qui ont été faites pour nos cheminées sont loin d'être suffisantes et elles laissent encore un vaste champ à nos Pyrurgistes. Plusieurs appareils sont présentés à l'exposition; le Jury les a tous admis, à titre d'encouragement; mais il en a remarqué qui annoncent, de la part des auteurs, une étude approfondie des vices de la construction de nos cheminées, et qui donnent l'espoir de parvenir bientôt à un meilleur mode, exempt des défauts de notre système actuel.

I. FOURNEAUX ET APPAREILS DE COMBUSTION.

451 M. HAREL Ch. L. *fabricant de fourneaux économiques, rue de l'Arbre-Sec, n.* 50.

Appareils de son invention, propres à économiser le tems et le combustible, tels que :

1°. Un nouveau poële-fourneau;

2°. Un nouveau fourneau potager;

3°. Des coquilles pour faire le rôti;

4°. Des fourneaux à ragoût;

5°. Nouveaux fourneaux à repasser;

6°. Un four portatif propre à cuire du pain ou de la pâtisserie;

Et 7°. plusieurs nouvelles inventions applicables à l'économie domestique.

452 M. BIGEL, *fabricant de cheminées en tôle et en cuivre, rue des Fossés-Montmartre, n.* 13

Belle cheminée à la Nancy, parfaitement exécutée et d'un très-beau travail.

453 M. JACQUINET, *poëlier-fumiste, rue Neuve-des-Petits-Champs, n.* 95.

Cheminées que l'auteur appelle à vapeur douce.

454 M. BRUINE, *poëlier-fumiste, rue de Ménilmontant, n.* 80.

Cheminée en terre cuite revêtue de stuc. Cette cheminée, construite de façon qu'elle puisse s'adapter partout, même dans une cheminée existante, offre, suivant M. Bruine, l'avantage de ne jamais laisser échapper de fumée dans l'appartement.

455 M. GILBERT, *manufacturier de poëles et de cheminées, rue du Croissant, n.* 9.

Assortiment de grands poëles et candélabres de toutes grandeurs, en terre cuite avec ornemens, et de cheminées économiques portatives aussi en terre cuite; les ornemens sont d'un très-bon choix et d'une belle exécution.

456 M. KIEL, *fabricant de cheminées, rue St.-Honoré, n.* 412.

1°. Une cheminée donnant un très-grand dégagement de chaleur que M. Kiel vend avec garantie de fumée, au prix de 160 fr., posée;

2°. Une rôtissoire à cylindre qui, pouvant faire rôtir douze livres de viande, faire cuire deux plats et entretenir la chaleur sous deux autres, ne consomme de charbon, suivant M. Kiel, que pour 40 centimes: le prix est de 40 fr.

II. FOURNEAUX A CHAUFFER LES PEIGNES A LAINE.

457 M. SARGANT, *demeurant rue Mauconseil, hôtel du St.-Nom de Jésus.*

Présente à l'exposition un fourneau économique pour le chauffage des peignes à laine.

III. APPAREILS FUMIGATOIRES.

458 M. ANASTASI. P. M. Joseph, *natif de Rome, demeurant à Paris, rue de Charenton, n.* 38.

Modèles d'appareils fumigatoires de son invention, dans lesquels il a introduit des améliorations importantes.

CHAPITRE XXXVIII.

PRÉPARATION

ET CONSERVATION DES SUBSTANCES ALIMENTAIRES.

I. Les découvertes récentes de la chimie, et leur application à nos usages et pratiques de ménage, ont déterminé des améliorations importantes dans la préparation de nos substances alimentaires de tout genre.

II. L'art de faire le vin, et celui, non moins précieux de le conserver, ont obtenu plusieurs perfectionnemens qui sont particulièrement dus au précieux traité d'Œnologie ou l'art de faire le vin, de Mr. le Comte Chaptal.

III. Nos fabriques de chocolat en ont porté la préparation au plus haut degré de perfection, depuis que les fabricans se sont attachés à faire des analyses exactes des matières premières pour pouvoir bien distinguer leurs qualités ou propriétés, avant de les employer dans leur confection, afin de pouvoir faire les chocolats avec connaissance et discernement, suivant les demandes et les ordonnances.

IV. Plusieurs fabriques se sont occupées de l'analyse

de la préparation, de la torréfaction et de la conservation du café.

V. Par suite des travaux de nos premiers chimistes, la fabrication de la gélatine a été perfectionnée, et il s'est fait également une grande amélioration dans nos colles fortes.

VI. Les voyages de long cours ont fait reconnaître la nécessité de préparer les substances alimentaires de manière à pouvoir les conserver plusieurs années sans altération, sous quelque latitude qu'elles fussent portées, et quelque longue que fût la navigation. Les essais qui ont été faits à cet égard peuvent donner quelqu'espoir de succès pour certaines substances, mais il prouvent malheureusement l'insuffisance des moyens pour le plus grand nombre, et la nécessité de faire de nouvelles recherches et tentatives.

I. SUBSTANCES CÉRÉALES

OU FARINEUSES.

459 M. J.-B. V***., *demeurant rue du faubourg Saint-Martin, n. 59.*

Graines céréales et fécules cuites et desséchées par des procédés particuliers qui enlèvent l'eau de cuisson et la remplacent par de l'air atmosphérique qui pénètre, dit l'exposant, jusque dans les parties les plus tenaces de ces graines, quoiqu'elles restent entières.

460 M. CHOCHINA, *fabricant de riz, rue Notre-Dame de Nazareth, n. 6.*

Préparation alimentaire stomachique et pectorale dont il

est l'inventeur et dont la base principale est la pomme de terre.

D'après les approbations données au riz Chochina par le conseil de salubrité, la faculté de Médecine, la commission des hôpitaux militaires et la société royale d'agriculture, le Jury l'admet à l'exposition.

II. GÉLATINE ET COLLE-FORTE.

461 M. ROBERT, *membre du Conseil général des manufactures, administrateur de la cuisson des abattis, à l'île des Cygnes, y demeurant.*

Gélatine d'os pour bouillon, colle-forte, colle à vin, etc.

La fabrication de la gélatine augmente de jour en jour. Elle se consomme partout et s'exporte jusque dans l'Inde. Elle est tirée des os de tous les animaux; elle remplace la colle de poisson avec avantage dans presque tous les usages, depuis 1813, date du brevet d'invention. Le prix a été diminué de 30 pour o/o. Enfin elle est employée avec le plus grand succès pour les gelées de viande ou d'orange, pour le bouillon, pour les consommés, etc.

III. CHOCOLATS.

462 M. AUGER, *chocolatier des Cours de France, de Russie et d'Autriche, rue du Marché Saint-Honoré, n. 33.*

Assortiment des diverses espèces de chocolats de sa fabrique, et machines employées pour leur préparation.

M. Auger joint aux connaissances pratiques de son art

une théorie très-saine, éclairée par l'étude de la chimie. On lui doit plusieurs découvertes importantes, tels que :

1°. La présence des sulfate et hydrochlorate de soude dans les meilleurs cacaos qui nous arrivent de la Terre - Ferme ou de nos îles;

2°. La manière d'enlever au cacao la gomme résine qui donne communément au chocolat de l'acrimonie et de l'amertume;

Et 3°. plusieurs grandes améliorations dans la fabrication, par les perfectionnemens qu'il a introduits dans diverses machines, telles que *son bocard alcoholisatoire*, au moyen duquel il obtient des poudres médicinales, aromatiques, volatiles ou même éthérées, supérieures à tout ce que les Anglais ont pu fabriquer jusqu'à ce jour en ce genre.

Cette belle fabrique, unique en son genre comme pour ses produits, emploie plus de cinquante ouvriers; elle met indistinctement à contribution toutes les parties du monde, par les envois considérables quelle leur fait journellement de tous ses chocolats qui sont aussi fins qu'ils sont variés par leurs formes, leurs aromates et leurs préparations médicinales.

463 M. DE BAUVE, *chocolatier du Roi, rue des Saints-Pères, n. 26.*

Assortiment de ses chocolats.

L'excellence des chocolats de M. de Bauve l'a fait placer parmi les premiers chocolatiers de la capitale. La supériorité des qualités, et la modération des prix ont été de tout tems l'objet de ses soins. Ses chocolats doivent leur grande réputation à leur propriété analeptique ou restaurante, béchique ou pectorale et singulièrement nourrissante. Ancien pharmacien, M. de Bauve prépare ses cacaos avec le même soin et la même attention que les médicamens qui exigent le plus de précaution; et c'est avec les cacaos ainsi purifiés qu'il fait ses chocolats toniques, stomachiques, antispasmodiques, au salep de Perse, au cachou, au soconusco, au lichen d'Islande, au semen-contra, etc., qui ont tant de réputation en France et dans l'étranger.

464 M. MILLOT, *fabricant de chocolat, rue de Valois, n. 1.*

M. Millot, admis aux expositions de 1802 et 1806, s'est particulièrement attaché à la purification et à la torréfaction des substances qu'il emploie dans la fabrication de ses chocolats, qui sont très-estimés.

IV. CAFÉ.

465 M. REGNAULT DE LA MONTOISON, *rue Dauphine, n. 26.*

Échantillons de café naturel et avarié, rafinés suivant des procédés particuliers de son invention, rendant à cette précieuse substance toutes les vertus et propriétés des premières qualités de café moka.

466 M. REGNIER, *pharmacien, rue de la Harpe, n. 33.*

Essence de café et tablettes de lait.

La préparation de l'essence de café, déjà connue dans le public depuis plusieurs années, et dont la première idée est de M. Bourgogne, prédécesseur de M. Régnier, n'offrait dans le principe que peu d'intérêt; mais après beaucoup d'essais et de travail, ce chimiste est parvenu, par de nouveaux procédés, à la rendre en quelque sorte, une invention nouvelle bien supérieure à ce qu'elle était d'abord.

Cette essence, dépouillée de tout marc, possède les qualités du meilleur café, concentrée sous un très-petit volume et à l'état liquide, de sorte que trois décagrammes (une once) suffisent pour communiquer à vingt parties égales d'eau, le goût, l'odeur, la teinte, enfin toutes les propriétés du café, ce qui s'opère à la minute, sans qu'on aie besoin de filtrer.

467 M. GÉENEN, *fabricant de café-chicorée, rue de la Roquette, n.* 39.

A présenté des produits de sa fabrique.

V. CONSERVATION DES VINS.

468 M. JULLIEN, *marchand de vin, rue Saint-Sauveur, n.* 18.

1°. Diverses espèces de poudre pour clarifier les vins;

2°. Instrumens pour décanter, transvaser et filtrer les vins et autres liquides, avec ou sans le contact de l'air extérieur;

Et 3°. Divers instrumens.

M. Jullien est un artiste très-intelligent qui, depuis plusieurs années, s'est livré à beaucoup de recherches sur l'art de clarifier et de transvaser les vins.

Les poudres clarifiantes qui ont été approuvées par la société d'encouragement, à peine découvertes et annoncées au public, ont obtenu le plus grand succès. En moins de huit mois il en a été vendu plus de trois cents kilogrammes qui ont servi à clarifier trente mille pièces de vin; toutes les personnes qui les ont essayées en ont fait de nouvelles demandes. Nous pensons qu'on ne saurait donner trop de publicité à cette précieuse découverte, et sous ce rapport, l'exposition publique ne peut manquer de lui faciliter de grands débouchés. Ces poudres sont d'autant plus importantes, que quand elles auront été adoptées généralement, elles dispenseront la France du tribut que lui imposent les étrangers, par l'importation des colles de poisson, auxquelles elles sont préférables, en ce qu'on peut prendre, suivant telle ou telle qualité de vin blanc ou de rouge, l'espèce de poudre qui lui est particulièrement appropriée, avantage qu'on ne trouve point dans l'usage des œufs et des colles de poisson, qui ont, jusqu'à ce jour, été employés sans discernement et machinalement par les sommeliers praticiens.

La conservation des vins, comme on le voit par les objets que M. Jullien expose, n'est pas la seule partie à laquelle cet artiste intelligent et industrieux s'est appliqué, et nous lui devons encore :

1°. Le Cœcographe, instrument précieux décrit dans le bulletin de la société d'encouragement;

Et 2°. le Louchet à tranchant mobile, qui a été approuvé par MM. les Ingénieurs au corps Royal des Mines et décrit dans leurs annales.

CHAPITRE XXXIX.

ÉCONOMIE DOMESTIQUE.

FOURNEAUX, BATTERIE DE CUISINE, PARAPLUIES, PERRUQUES, etc.

Nous avons vu dans plusieurs des chapitres précédens un grand nombre de perfectionnemens introduits dans différentes branches d'industrie, qui intéressent plus ou moins directement notre économie domestique, à laquelle nous avons néanmoins cru devoir consacrer un chapitre, pour rapprocher les améliorations que présentent plus particulièrement les objets, les arts et les professions qui sont journellement en rapport avec nos usages d'intérieur ou de ménage.

I. FOURNEAUX DE CUISINE, POTAGERS, GRILS, etc.

469 M. HADROT, *rue des Fossés-Montmartre, n. 14.*

Un gril *parallèle perpendiculaire*, de son invention,

destiné à griller les côtelettes de mouton, côtelettes de veau en papillotte, les biftecks, les mauviettes, petits poulets, pigeons, etc., *sans odeur ni fumée.*

470 M. FOURNIER, *architecte, demeurant rue de Cléry, n.* 10.

Modèles de fourneaux et appareils de combustion, à l'usage de l'économie domestique.

M. Fournier, déjà connu pour son essai sur la préparation, la conservation et le désinfectement des substances alimentaires, est sur le point de publier un traité théorique et pratique sur les vices de nos cheminées et sur les moyens d'y remédier.

N. B. Dans le Chapitre XXXVII, *des appareils de combustion*, nous avons compris plusieurs fabricans qui ont exposé de très-bons modèles de fourneaux économiques.

471 M. REGNIER, *ingénieur-mécanicien, rue du Colombier, n.* 30.

Marmite pour les hôpitaux ambulans, les troupes en marche et les grands ateliers de travaux publics.

II. PERRUQUES.

472 M. ALIX, *coiffeur et fabricant de bustes en cire à l'usage des coiffeurs, rue du Roule, n.* 5.

1°. Des perruques inaltérables de son invention;

2°. Deux bustes en cire et une figure en pied.

M. Alix a fait une étude particulière de l'art de modeler et l'a porté au plus haut degré de perfection. Ses bustes sont de la plus grande vérité et d'une rare beauté. Ses perruques sont très-recherchées et méritent, sous tous les rapports, la réputation dont elles jouissent.

473 M. TELLIER, *coiffeur, rue Ste.-Anne, n. 42.*

1°. Une pièce de tissu en tricot de cheveux propre à faire une perruque; 2°. une pièce de même tissu dans lequel sont employés différens filamens tirés des règnes végétal et animal.

Les nouvelles perruques de M. Tellier ont l'avantage: 1°. de ne point se rétrécir; 2°. de ne point comprimer la tête, chose insupportable dans les grandes chaleurs; 3°. d'être d'une extrême légèreté, ne pesant pas trois décagrammes (une once); 4°. enfin d'être, par la beauté et la fraîcheur de l'étoffe et par les avantages ci-dessus, supérieures à toutes celles que l'on a faites jusqu'à ce jour.

Le sieur Tellier se sert du métier à bas, il emploie par chaque métier douze enfans de l'âge de dix à douze ans, et par son nouveau moyen, moins long et moins dispendieux, fait en un jour ce qui se faisait en douze, ce qui le met en état de donner ses perruques à un prix modéré.

Cette invention, pour laquelle le sieur Tellier vient d'obtenir un brevet, n'a pas que les perruques pour but; elle peut s'appliquer à toutes les étoffes peluchées; il peut aussi imiter une grande partie de pelleterie, et c'est dans cette intention qu'il a présenté l'échantillon, dans lequel il a employé des matières brutes, telles que *coton, laine, poil de chèvre, rebuts de soie, filasse, etc.*

474 M. DELANDE, *coiffeur, faubourg Poissonnière, n. 43.*

Perruque, nommée *Tot-cap*, de son invention.

Le Tot-cap de M. Delande est construit de manière à

coiffer aussi bien la tête d'un enfant de douze ans que la plus forte tête d'homme et qu'après un an de service, il conserve comme le premier jour sa même élasticité ou la propriété de se serrer et se desserrer de lui-même, quoiqu'il ne renferme dans sa construction aucun ressort ni élastique métallique, ni boucle, ni jarretière.

475 M. CHARRIER, *coiffeur, rue St.-Martin, n. 149.*

Faux toupets de son invention à enchâssement invisible.

Cette invention est devenue une branche très-étendue de l'industrie nationale : les faux toupets sont exportés dans toute l'Europe et en Amérique. Leur fabrication occupe un très-grand nombre d'ouvriers, quoique les toupets à enchâssement invisible soient aujourd'hui imités partout, parce qu'il a été impossible de garantir à l'auteur le privilège de son brevet d'invention.

M. Charrier présente en outre un buste en cire, tête chauve, destiné à montrer la manière dont le toupet doit être posé, à faire connaître son mécanisme et a faire apprécier la perfection du travail.

Enfin une bandelette d'acier destinée au montage d'une perruque, et dont les découpures éloignent la pression de cette bandelette sur les parties les plus sensibles de la tête.

III. CORSETS.

476. Mme. BERGER, *demeurant petite rue Saint-Pierre, n. 30.*

Corsets de nouvelle invention, à ventouse et à la Médicis.

IV. DENTISTE.

477. **M. DESMARETS**, *dentiste, place de l'Hôtel-de-Ville, n. 35,*

Est auteur d'un miroir, qu'il désigne sous le nom de *Miroir Bucal* et qu'il présente, avec un joli nécessaire d'un usage journalier, pour la conservation et l'entretien des dents.

V. HERNIAIRE.

478 **M. JALADE LAFOND**, *docteur en chirurgie de la faculté de médecine de Paris, ex-chirurgien aux Gardes-Françaises, rue de Richelieu, n. 46.*

M. Jalade Lafond est auteur d'un traité précieux sur les bandages herniaires, sur les bandages *renixigrades* ou nouvelle espèce de Brayer. La réputation de M. Jalade Lafond est faite depuis long-tems ; mais ses bandages *renixigrades*, ou à force graduée, auraient suffi pour l'établir de la manière la plus favorable et la plus distinguée. La faculté de médecine, sur le rapport de MM. Lallement et Dupuytren, a approuvé ces bandages et les a recommandés au Ministre de l'Intérieur.

VI. OBJETS DIVERS DE MÉNAGE.

479 **M. MAUPASSANT DE RANCY**, *rue Saint-Jacques, n. 241.*

Breveté pour l'invention d'un tour mécanique propre à la fabrication des bouchons de liége.

Le tour mécanique de M. de Rancy produit les bouchons de liége les plus parfaits qu'on puisse obtenir ; leur surface est lisse et bien tranchée, le corps du bouchon est régulier, d'un seul jet, sans aucune apparence de reprise à la coupe, et tel qu'il pourrait être, si on l'obtenait avec un bon emporte pièce ou dans un moule : au total il paraît impossible de mieux faire; aussi, et pour prouver combien son jugement est fondé, le Jury a-t-il décidé que M. de Rancy exposerait, avec ses bouchons les mieux faits et de première qualité, *des bouchons perforés et vermiculés*, faits par le même *procédé*, avec des *liéges avariés ou altérés*, et cependant *aussi bien tranchés et aussi bien exécutés*, malgré les difficultés que présentait l'état de ces liéges, comme *étant la preuve la plus authentique de la perfection du tour mécanique à bouchons*, et de sa supériorité sur tous les moyens anciennement employés.

Ce nouveau procédé est d'autant plus précieux, que la France n'ayant au plus que la moitié des liéges dont elle a besoin annuellement, elle est forcée de se pourvoir au dehors, et que, pour éviter le transport des parties défectueuses ou qui tourneraient en déchets, on ne tire communément du dehors que des bouchons confectionnés, d'où il résulte que le prix des façons (qui est très-considérable), est un second tribut que nous sommes obligés de payer, tandis que nous devrions nous suffire à nous-mêmes. Sous ce rapport, le *tour mécanique* de M. de Rancy est donc d'un très-grand intérêt, puisqu'étant beaucoup plus économique que tous les moyens usités jusqu'à ce jour, il doit nous éviter à l'avenir de tirer de l'étranger des bouchons confectionnés plus chers que ceux obtenus par ce nouveau procédé, qui doit encore, à raison de sa supériorité, de sa promptitude et de son exactitude, nous mettre bientôt à même de fournir les pays voisins, de toutes espèces de bouchons de liége.

Au reste, cette fabrication, quelque avantageuse qu'elle soit, n'est encore que le plus faible motif d'intérêt que présente le *tour mécanique de* M. de Rancy ; il en offre un autre d'une bien plus grande importance pour nos filatures, puisqu'il donne les moyens de leur fournir, au lieu de leurs anciens cylindres de bois ou de carton revêtus de peau ou de drap, présentement en usage, *des cylindres de liége*, non sujets à la dilatation et à toutes les variations causées par celles de l'atmosphère et de sa température. (Voyez à ce sujet le n°. 195, art. VII, chap. XXII).

480 **M. GUILLEMIN**, *quai des Orfèvres, n. 4.*

Parapluies de nouvelle invention, avec divers perfectionnemens, pour lesquels M. Guillemin est breveté.

481 **M. ANDELLE**, *courtier de commerce, rue Poissonnière, n. 21.*

Ballet pulvérivore

VII. SELLERIE.

482 **M. GRIMOULT**, *employé au ministère de l'Intérieur, demeurant place des Victoires, n. 2.*

Brides de sûreté, l'une pour les chevaux de selle et l'autre pour les chevaux de cabriolets.

MM. les Inspecteurs Généraux des haras ont approuvé les brides préservatives proposées par M. Grimoult. Elles ont été éprouvées par M. Franconi, qui a trouvé qu'elles remplissaient parfaitement le but que s'était proposé M. Grimoult.

4·3 M. DELATOUCHE, *rue du Coq St.-Honoré, n. 6.*

Un collier de chien, à double fermeture à combinaison, de son invention.

VIII. SERINGUES, GARDEROBES.

484 M. NEGASSECK, *potier d'étain, rue Aubry-le-Boucher, n. 35.*

Seringue à pompe, de nouvelle forme, qui a été approuvée pour sa solidité, sa commodité et sa salubrité, par l'Institut et la Société Royale de Médecine.

485 M. CHEMIN, *balancier mécanicien, demeurant rue de la Ferronnerie, n. 4.*

Seringue mécanique de son invention.

486 M. DECOEUR, *mécanicien, breveté d'invention, quai d'Orsay, n. 3.*

Six garderobes à fermeture hermétique, de différentes constructions, avec un nouveau robinet à lunette, de son invention.

Ces garderobes sont destinées pour toutes espèces d'appartemens et d'établissemens.

487 MM. DONAT et Compagnie, *administrateurs des Fosses mobiles inodores de l'invention de M.* Cazeneuve, *rue des Fossés-du-Temple, n. 77.*

Modèle d'appareil de leurs fosses mobiles inodores.

Les fosses mobiles et inodores doivent être rangées au nombre des inventions utiles dont on ne saurait trop recommander l'usage.

Le Conseil d'état, la Faculté et la Société Royale de Médecine, la Société Royale et Centrale d'Agriculture, enfin la Société d'Encouragement se sont également prononcés en faveur des appareils de MM. Donat et compagnie, qui sont déjà adoptés par les autorités, pour les établissemens publics.

CHAPITRE XL.

AGRICULTURE.

ÉCONOMIE RURALE.

Les améliorations qui se sont faites depuis plusieurs années dans l'agriculture, devaient faire espérer que l'économie rurale ne resterait pas en arrière dans l'exposition des produits de l'industrie, quand tous les arts offrent, chacun en leur partie, autant de découvertes et de perfectionnemens de tous genres; aussi voyons-nous en effet que, d'après les efforts, les appels et les encouragemens de la Société Royale d'agriculture, l'éducation des abeilles, la construction des ruches, celle de la charrue, celle du crible, enfin celle des semoirs et des machines à tiller, ont fixé l'attention de divers agronomes, et que plusieurs se sont présentés à l'exposition.

I. RUCHES.

488 M. LOMBARD, *Membre de la Société d'Agriculture de Paris, auteur du Manuel des Propriétaires d'Abeilles, demeurant aux Ternes, près et hors la Barrière du Roule.*

Ruches de son invention.

Il y a long-tems que M. Lombard est connu pour son excellent traité des Abeilles, et pour les cours pratiques qu'il fait annuellement sur leur éducation. Les ruches qu'il expose présentent de très-grands avantages sur les anciennes, elles sont déjà adoptées dans beaucoup de pays qui les préfèrent aux anciennes.

489 M. DESORMES, *ancien propriétaire d'abeilles, rue du Roi-de-Sicile, n.* 17.

Une ruche de son invention, qui, dit-il, par sa forme (octogone) facilite le travail des abeilles, et qui donne aux propriétaires le moyen de procéder à l'extraction des gâteaux sans les rompre.

M. Desormes, qui, s'est livré pendant plus de quarante ans à l'observation et à la culture des Abeilles, est auteur d'un traité sur leur gouvernement et sur la construction des ruches. Sans se prononcer sur le mérite de l'ouvrage de M. Desormes et sur ses opinions, le jury estime que sa ruche doit être admise, afin qu'on puisse la comparer avec celle de M. Lombard.

II. MACHINES ET INSTRUMENS ARATOIRES.

490 M. MOLARD, *sous-directeur au Conservatoire des Arts et Métiers, rue de Lancry, n. 7.*

1°. Une charrue dite Américaine;
2°. Une charrue dite Écossaise;
3°. Une charrue imitée de celle de Brie;
4°. Une charrue à butter les pommes de terre;
5°. Un coupe-racine.

Le nom de M. Molard, universellement connu dans les arts d'industrie, interdit tout éloge, et suffit pour déterminer le degré de mérite de ses machines et instrumens.

491 M. GUILLAUME, *fabricant d'instrumens aratoires, rue du faubourg Saint-Martin, n. 97.*

1°. Une charrue à deux raies;
2°. Une charrue à une raie;
3°. Un moulin à bras;

La Société Royale d'agriculture, après s'être fait rendre compte des avantages que présentent les charrues de M. Guillaume, lui a donné sa grande médaille d'or.

492 M. REGNIER, *ingénieur-mécanicien, rue du Colombier, n. 30.*

1°. Sécateur pour la taille des arbustes;
2°. Pinces pour l'incision de la vigne;
3°. Piquet à Thermomètre pour régler la chaleur des couches;

4° Dynamomètre pour estimer la force des hommes, celle des chevaux et la résistance des charrues au labourage des terres.

493 M. DESQUINEMARE, *rue Meslé, n.* 55, *breveté par ordonnance de S. M., en date du 7 octobre* 1818.

1°. Moulins à blé de son invention, qu'il a désignés sous le nom de *moulins de famille;*

2°. Bateaux de toiles ployantes;

494 M. BURETTE, *mécanicien, rue des Marais, faubourg Saint-Martin, n.* 47.

1°. Râpe à pommes de terre;

2°. Hache-légumes;

3°. Forte presse à cylindre pour l'extraction du jus des racines. Ces instrumens, déjà employés dans diverses manufactures, ne peuvent manquer d'obtenir le plus grand succès.

495 M. ADOBEL, *Conducteur des Ponts-et-Chaussées, rue de Chaillot, n.* 60.

M. Adobel est auteur de nouvelles râpes à betteraves en usage depuis trois ans, dans la fabrique de M. le Vicomte de Beaujeu.

Ces râpes sont d'un très-bon emploi, et méritent d'être distinguées.

496 M. JULIEN, *rue Saint-Sauveur, n.* 18.

Grand Louchet à tranchant mobile, propre à extraire en lopins réguliers la tourbe couverte d'eau. Cet instrument a été approuvé par la Société d'Encouragement et le corps des Ingénieurs des mines. Nous l'avons déjà cité au n. 454, en parlant des autres découvertes que nous devons à M. Julien.

CHAPITRE XLI.

ÉTABLISSEMENS
D'UTILITÉ PUBLIQUE.

I. DÉPOT DES LAINES.

497. **M. MARCOTTE-GENLIS**, *directeur du dépôt des laines, maison Léger, Boulevard de l'Hopital.*

Cet important établissement ne date que de 1813, et déjà l'expérience a prouvé l'utilité de son institution par le perfectionnement du triage et du lavage des laines. Ce dépôt, en centralisant chaque année une grande partie de la récolte en laines fines, en a fait juger la qualité et a par suite procuré aux propriétaires, des connaissances qui ne s'acquièrent communément qu'à la longue, par la comparaison matérielle des divers produits entre eux. Ce n'est que par le triage et le lavage des laines qu'on peut bien les apprécier et les classer, suivant leur nature, en qualités convenables à tel ou tel genre de fabrique. Ces opérations se font aujourd'hui dans cet établissement avec une perfection qu'on n'avait encore trouvée nulle part, et dont on peut facilement apprécier les avantages par la préférence que toutes les fabriques donnent déjà généralement aux laines du dépôt de Paris. Ses relations s'étendent de jour en jour avec une étonnante rapidité et promettent pour l'avenir les plus grands succès.

II. ÉCOLE ROYALE VÉTÉRINAIRE D'ALFORT.

498. **M. HUZARD**, *Inspecteur-général des écoles vétérinaires, et des haras de France.*

Échantillons de laine de Chèvre, et de Mérinos.

CHAPITRE XLII.

INSTITUTIONS ET ÉTABLISSEMENS PUBLICS DE BIENFAISANCE.

I. INSTITUTION ROYALE DES JEUNES AVEUGLES.

499. M. le Chevalier GUILLIÉ, *docteur-médecin, directeur de l'institution, rue St.-Victor, n. 68.*

C'est particulièrement aux soins, aux veilles, aux sacrifices et au généreux dévouement de M. le docteur Guillié, directeur général de l'Institution Royale des jeunes aveugles, créée par Louis XVI, en 1791, et réorganisée par ordonnance de Sa Majesté, du 8 février 1815, que ce bel établissement doit ses réglemens, ses développemens, ses succès, et toutes les améliorations qui ont été introduites dans son régime intérieur.

Les souverains étrangers qui ont visité cette institution, après l'avoir examinée dans tous ses détails, l'ont prise pour modèle de celles qu'ils ont établies dans leurs états, d'après les conseils et instructions de M. le chevalier Guillié.

On compte aujourd'hui aux jeunes aveugles, quatre-vingt-dix élèves des deux sexes, occupés de différens travaux mécaniques ; et, tout en suivant les travaux manuels, la plupart des élèves suivent également les classes de lecture, écriture, géographie, histoire, mathématiques, langues française, latine, italienne et anglaise, musique vocale et instrumentale, etc. etc., et plusieurs s'y distinguent d'une manière brillante; c'est ainsi : 1°. que le jeune Fonssèque a acquis à lui seul de vastes connaissances en littérature et en mathématiques, qu'il a depuis approfondies au point qu'un membre de l'Académie des Sciences, l'un des professeurs les plus distingués de l'Ecole Polytechnique, M. le baron Fourrier, présent à une démonstration algébrique, que Fonssèque donnait en séance publique, le jugea digne d'être admis à cette célèbre école.

2°. Que Alphonse Dupuy, âgé seulement de seize ans, est fort violoncelle et bon organiste.

Et 3°. Que la jeune Sophie Osmont, et mademoiselle Dupille se sont à la fois livrées à l'étude des mathématiques et à celle des langues latine, française, anglaise et italienne, en même tems qu'à la musique instrumentale.

Pour mettre le public à même de juger les travaux auxquels s'appliquent les jeunes aveugles, M. le chevalier Guillié a présenté, dans chaque genre d'industrie qu'on leur apprend, des échantillons de leur travail habituel, et le Jury y a particulièrement remarqué, 1°. en *tisseranderie*, des toiles et mouchoirs de couleur.

2°. En *vannerie*, des panniers en osier de différentes formes.

3°. En *sparterie*, des tapis de paille de seigle, des gazons peluche d'Espagne et de roseaux de marais, des tapis de lisières, etc.

4°. Des *chaussures* en laine et en cuir.

5°. En *passementerie*, des bourses de toutes formes, mélangées d'or et d'argent, ou de toutes couleurs, et des lacets, des filets, etc.

6°. En *tricot*, des bas de laine et de coton, des gants, des camisolles, etc.

7°. En *corderie*, des ficelles et du rouet, des fouets en boyaux et en rotin ou rotang.

8°. En *cartonnage*, des boites en carton de toutes formes, des cartes de géographie.

6°. En *imprimerie*, des livres en relief à l'usage des aveugles, des livres imprimés en noir, etc.

OBSERVATIONS.

Depuis l'ouverture de l'exposition, M. le directeur Guillié, qui ne manque aucune occasion de faire valoir le mérite et les talens de ses élèves, en a journellement envoyé plusieurs au Louvre, et, en travaillant devant le public, ces jeunes gens ont prouvé, en répondant à toutes les questions qui leur ont été faites, qu'ils possédaient parfaitement la théorie des arts qu'ils pratiquaient.

S. M. et la famille royale, dans les différentes visites qu'elles ont faites à l'exposition, ont témoigné particulièrement leur satisfaction pour les travaux des jeunes aveugles, et M. le directeur Guillié a profité d'une de ces visites, pour joindre aux produits déjà exposés, un volume imprimé en relief avec une rare perfection, et qui a excité l'attention du Roi et des princes, qui ont daigné souscrire à cet opuscule.

Le Jury d'admission, qui a visité l'établissement des jeunes aveugles travaillans, et qui l'a examiné dans le plus grand détail, en le signalant à S. Exc. le ministre de l'intérieur, comme une des meilleures et des plus belles institutions philantropique ; de la capitale, croit de son devoir d'appeler et de solliciter particulièrement sa bienveillance sur le sage administrateur auquel nos jeunes aveugles doivent leur succès en tous genres.

II. HOSPICES DE PARIS.

500. L'Administration générale a fait établir dans les hospices du département, des ateliers dans lesquels chaque individu peut, durant sa convalescence, se livrer au travail de son état ou de sa profession. Elle avait annoncé l'intention de présenter à l'exposition divers échantillons des produits de ces ateliers ; mais depuis elle a pensé que quelque intéressans que fussent pour les hospices les objets qui s'y exécutent, on ne peut jamais les considérer que comme des travaux de ménage, et elle a, en conséquence, annoncé qu'elle ne pouvait les présenter au milieu des produits éblouissans de l'industrie manufacturière, et le Jury, de son côté, a décidé que cette notice serait conservée dans le rapport, pour prouver que l'Administration générale, qui a établi des ateliers dans les hospices de Paris, aurait pu en exposer des produits, même très-variés, comme les hospices de plusieurs départemens.

CHAPITRE XLIII.

PRISONS.

501. Par les soins de l'Administration générale, il a été établi dans les prisons du Département de grands ateliers de travail, où les prisonniers travaillent tous, pour leur compte, de leur état ou profession : ainsi on fait fabriquer pour diverses manufactures.

1°. A Bicêtre, des ouvrages en feutre, des schalls tissés, de la bonneterie, des ouvrages en paille, etc.

2°. A Ste.-Pélagie, des chapeaux de paille, de la passementerie, des cardes, de la bonneterie, etc.

3°. A St.-Lazare, des travaux en couture, broderie, tricot de laine, schalls, tissus apprêtés et découpés, etc.

4°. Aux Madelonettes, des schalls, des tricots, des tissus, de la bonneterie, etc. etc.

L'administration expose en produits des ateliers des prisons.

1°. Des chapeaux de feutre ;

2°. Des chapeaux de paille ;

3°. De la bonneterie au métier, en coton et en laine ;

4°. Des schalls tissés en laine sans être apprêtés ;

5°. Des schalls découpés ;

6°. Des schalls apprêtés ;

7°. Des souliers ;

8°. Des cardes pour les fabriques de coton ;

9°. Divers objets de passementerie ;

10°. Divers Objets de couture en broderie ;

11°. Divers objets de tricot en laine, et en coton ;

Et 12°. Divers objets de curiosité en paille.

CHAPITRE XLIV.

DIRECTION GÉNÉRALE DES MINES.

MINES D'ÉTAIN DE FRANCE.

Jusques ici la France ne possédait aucune mine d'étain, et elle était tributaire de l'étranger pour sa consommation de ce métal, si indispensable dans la pratique d'un grand nombre d'arts et dans l'économie domestique.

Des ingénieurs des mines et des naturalistes ayant découvert, il y a quelques années, à Vaury, dans la haute Vienne (1), et à Piriac, dans la Loire inférieure (2), des indices de ce minerai, M. le Conseiller d'état, Directeur-général des ponts-et-chaussées et des mines, s'empressa de charger des ingénieurs des mines de se rendre sur les lieux, à l'effet d'y faire les travaux et essais nécessaires pour constater la présence de ce minerai.

Ces recherches ont donné les résultats les plus satisfaisans, et il y a tout lieu d'espérer que bientôt la France retirera de son sol tout l'étain dont elle peut avoir besoin.

(1) Cette découverte est due à MM. de Cressac, Ingénieur en chef des mines, et Alluau, minéralogiste distingué, auquel la science doit plusieurs autres découvertes non moins importantes.

(2) La mine d'étain de Piriac est due à MM. Delaguerrande, Athenas et Dubuisson. MM. Juncker et Dufrenoy, ingénieurs, ont fait, sur cette mine, un rapport qui a été inséré dans les Annales des Mines.

Attendu l'importance de cette découverte, M. Becquey, Conseiller d'État, Directeur général des Ponts-et-Chaussées et des mines, a cru devoir exposer aux yeux du public; 1°. des échantillons de ce minerai; 2°. des lingots obtenus, et 3°. les premiers objets fabriqués avec ce métal. En conséquence, M. Lefroy, Ingénieur en chef des Mines, Conservateur des Collections minéralogiques de l'École Royale des Mines, rue d'Enfer, hôtel de Vendôme, a présenté les échantillons suivans :

502. ÉTAIN DE VAURY (Haute-Vienne).

Numéros du Cabinet de l'École royale des Mines.	Description des Échantillons.
1141 4	Étain oxydé crystallisé avec quarz.
1144 C. 12	Étain oxydé crystallisé avec quarz sur du granit, formant la roche accompagnante.
1141 17	Fragmens d'étain oxydé.
1144 C. 13	Sable d'étain provenant du minérai d'étain, n°. 1144. c. 12, cassé et lavé.
1143 26	Lingot d'étain obtenu du minerai précédent au laboratoire de l'École Royale des mines.
1075 B. 6	Étain de Vaury laminé à la manufacture Royale des glaces.
1150 à 41 g.	Épingles assorties, fabriquées avec du laiton français et blanchies avec de l'étain de Vaury. Ces Épingles ont été remises au cabinet des mines, par M. Duboucher.
1141 18	Ferblanc fabriqué à Metz, par M. de Wendel, avec l'étain de Vaury.

503. ÉTAIN DE PIRIAC (Loire-Inférieure).

Numéros du Cabinet de l'École royale des Mines.	DESCRIPTION DES ÉCHANTILLONS.
1174 C. 12	Étain oxydé avec quarz.
1174 C. 13	Étain oxydé en masse.
1173 C. 14	Galets d'étain oxydé, trouvé sur le bord de la mer à Piriac.
1174 C. 15	Sable d'étain oxidé, provenant du lavage.
1174 D. 16	Lingot d'étain provenant du minerai précédent, fondu au fourneau à réverbère, par MM. les Ingénieurs des mines, à la fonderie de Poullaouen. (Finistère)
1174 D. 17	Lingot d'étain obtenu avec le minérai de Piriac, au laboratoire de l'École Royale des mines, par M. Berthier, ingénieur en chef, professeur de Docimasie. Cet étain, essayé par différens fabricans, a été trouvé aussi pur que celui de *Banca*.
1174 D. 19	Moiré métallique obtenu par M. Allard, avec du fer-blanc fabriqué avec l'étain de Piriac, 2 feuilles.
1174 D. 20	Étain laminé à la manufacture royale des glaces.
1174 D. 21	Morceau de glace étamée à la manufacture royale des glaces, avec l'étain de Piriac.

N. B. Nous avons déjà parlé des essais de l'étain de France, au chapitre des glaces, sous les N°s. 420 et 421. Il nous suffira donc de rappeler ici 1°. que M. Cauthion, de la manufacture de Reuilly, a reconnu que l'étain qui lui avait été remis par M. Berthier, pour en faire des essais comparatifs, était aussi pur que celui de *Banca*, et 2°. que les essais variés de M. Lefebvre, prouvent qu'il est impossible de distinguer les glaces étamées en étain français ou en étain étranger.

CHAPITRE XLV.

MANUFACTURES ROYALES.

Les Manufactures royales, étant dans les attributions du Ministère de la Maison du Roi, elles n'ont point envoyé de *déclaration d'intention d'exposer* à M. le Préfet, et sous ce rapport, le Jury ne devrait peut-être point se permettre de les comprendre dans son rapport. Cependant, comme elles feront toujours partie de notre industrie départementale, quel que soit le ministère dont elles dépendront, en considérant que leurs superbes produits, en complétant notre Notice Statistique et industrielle, ne pourront lui donner que plus de relief et plus d'intérêt, nous avons cru convenable de leur consacrer un chapitre particulier. Ces manufactures, qui ne sont qu'au nombre de quatre, sont :

1°. Celle des tapisseries des Gobelins ;

2°. Celle des tapis de la Savonnerie ;

3°. Celle de mosaïque ;

Et 4°. celle des porcelaines de Sèvres, qui appartient, il est vrai, au département de Seine et Oise, mais qui a son dépôt à Paris, rue de Grammont, n°. 27.

I. MANUFACTURE ROYALE DES GOBELINS.

504. La manufacture des Gobelins est aujourd'hui confiée aux soins et à la sage administration de M. le chevalier des Retours, pour la direction générale, et à M. le comte de la Boulaye de Marillac (1), professeur de chimie, pour les teintures. Si cette belle manufacture, la seule qu'il y ait en son genre en Europe, doit à M. Guillaumot, qui en fut long-tems directeur, et à M. Le Monnier, son successeur, de grandes améliorations dans les procédés, le mécanisme et le choix, ou l'assortiment des laines et des soies qu'ils ont sagement divisées, à raison des effets de l'inégalité de l'influence que leur faisaient éprouver les variations de l'atmosphère, elle n'en doit pas moins à M. le chevalier Roard, célèbre professeur de chimie, qui a introduit, pendant qu'il était chargé de la direction des teintures, une foule de procédés nouveaux, d'autant plus précieux, qu'indépendamment de la vivacité, de la beauté et de l'identité des teintes, il est parvenu à leur donner une fixité et une solidité qui mettent aujourd'hui les tapisseries à l'abri des graves inconvéniens que présentent les anciennes, dans lesquelles les couleurs, sensiblement égales pendant le travail, sont devenues entièrement différentes après quelque tems d'exposition à l'air et au grand jour.

II. MANUFACTURE ROYALE DE LA SAVONNERIE.

505. La manufacture des tapis de la Savonnerie, quai de Billy, n. 30, par les soins et sous la direction de M. Duvivier, est

(1) Nous avons déjà eu occasion de parler de M. le Comte de la Boulaye de Marillac, sous le No. 380, chap. XXXII, *des apprêts et teintures*.

parvenue à surpasser tous les établissemens du même genre.

La qualité des tissus, le choix et la solidité des couleurs, sont les caractères qui distinguent particulièrement les tapis de la Savonnerie, dont la fabrication est plus soignée que dans toute autre manufacture de tapis.

III. MANUFACTURE ROYALE DE MOSAÏQUE.

506. Cette manufacture, établie aux ci-devant Cordeliers, rue de l'Ecole de médecine, n°. 11, est sous la protection spéciale du Roi. La direction en est confiée à M. Belloni, qui a présenté à l'exposition, des tables et un portrait de S. M., en mosaïque. Cette manufacture fait tous les genres de mosaïque. depuis la copie des plus grands tableaux jusqu'à la plus petite miniature, ainsi que les ouvrages d'incrustation à la manière des fabriques de plaqué de pierres de Florence.

IV. MANUFACTURE ROYALE DE PORCELAINES.

507. La manufacture royale de Sèvres est dirigée par M. le chevalier Alexandre Brongniart, Ingénieur en chef au corps royal des mines. Nous avons fait observer plus haut qu'elle est dans le département de Seine-et-Oise, et qu'à raison de sa situation, nous aurions dû ne pas en parler; mais comme elle fait annuellement à Paris une exposition de ses porcelaines, et qu'ainsi le public est accoutumé à les voir figurer comme produit de l'industrie du département de la Seine, le Jury s'est décidé à la comprendre dans son rapport.

Cette superbe manufacture, établie primitivement dans le château de Vincennes, où elle fut successivement dirigée par Hellot, Montigny et Macquer, fut transférée, en 1756, à Sèvres, dans le local qu'elle occupe présentement. Les travaux de ses directeurs, et notamment ceux de MM. Darcet et Brongniart, ont porté sa fabrication au plus haut degré de perfection, et on peut dire qu'elle l'emporte aujourd'hui sur toutes les autres manufactures de l'Europe, par la pureté et la finesse de la pâte, l'élégance et la beauté des formes, le bon goût des ornemens en or, et le précieux fini des peintures et sculptures, confiées à des artistes du premier mérite; enfin, qu'elle semble être essentiellement destinée à servir de modèle aux autres fabriques, et à faire faire des progrès à l'art, en exécutant les pièces les plus grandes, les plus difficiles et les plus précieuses.

Les objets présentés à l'exposition, par M. le chevalier Brongniart, sont : 1°. Trois grands vases, très-riches d'ornemens, dont un en bleu de Sèvres.

2°. Deux vases moyens, l'un en blanc parfaitement pur et sans aucun défaut, l'autre en vert de Chrôme, avec ornemens en or.

Et 3°. une superbe table de porcelaine, d'un mètre de diamètre, représentant différentes vues de maisons royales.

SUPPLÉMENT
DU RAPPORT DU JURY D'ADMISSION
DU DÉPARTEMENT DE LA SEINE,
A L'EXPOSITION DE 1819.

CHAPITRE XLVI.

MARBRES ET GRANITS DE FRANCE.

OBSERVATIONS PRÉLIMINAIRES.

S. Ex. le Ministre de l'intérieur a témoigné le désir de faire rechercher et mettre en exploitation toutes les carrières de marbres, roches, granits et porphires qui peuvent se trouver dans l'intérieur du royaume, pour nous décharger du tribut annuel auquel la France est assujétie par l'acquisition des marbres étrangers et particulièrement des marbres statuaires.

M^{r}. le Comte de Chabrol, Préfet de la Seine, ayant consulté, par ordre du Ministre, le Jury d'admission sur les mémoires et renseignemens qui lui ont été adressés, le Jury a adopté le rapport qui lui a été fait par son secrétaire, M^{r}. le Vte. Héricart de Thury, et, conformément à ses conclusions, il propose à S. Ex.:

I. De demander à MM. les Ingénieurs des mines et des ponts et chaussées, et MM. les entrepreneurs de travaux publics, la description de toutes les carrières de marbres ou granits de leurs départemens, en donnant sur chacune d'elle;

A. La désignation exacte des localités par commune, canton et arrondissement.

B. La nature, l'espèce et les variétés de chaque marbre ou roche, susceptible de poli.

C. Leur pesanteur spécifique, ou le poids du mètre cube.

D. Leur gisement particulier ou respectif par rapport à la constitution du pays.

E. La distance des marbrières ou lieux d'exploitation, aux routes ou aux canaux et rivières navigables, et les divers établissemens ou marbreries dans lesquels on les débite.

F. Les usages auxquels on peut les employer, soit pour l'ameublement, les vases, les tables, les cheminées, les dallages, carrelages, etc., soit pour le décors de l'intérieur des salles et appartemens, soit enfin pour celui des palais, des temples et des monumens publics.

G. Les divers exemples que les églises, les palais, les édifices publics, et surtout les anciens monumens de chaque département peuvent offrir de l'emploi de ces marbres ou de ces roches.

II. De faire former, dans chaque chef lieu de département, une collection de tous les marbres du pays, et d'en établir une semblable à Paris.

III. De former auprès du Ministre de l'intérieur une commission composée d'ingénieurs, d'architectes (1), de sculpteurs et de marbriers (2) pour reconnaître, essayer, classer et déterminer la nature et l'emploi des roches, granits, porphires, ophites, serpentins, variolites, serpentines, marbres, albâtres, etc.

IV. De réunir tous les mémoires, rapports, observations et renseignemens qui doivent se trouver sur cette matière aux archives du Ministère, et de la Direction générale des ponts et chaussées et des mines, M. Gillet de Laumont, inspecteur général, et plusieurs ingénieurs des mines, ayant déjà fait,

---

(1) M. Rondelet, dans son excellent traité théorique et pratique de l'art de bâtir, a donné un précieux travail sur les granits, les porphires, les marbres, les albâtres de tous pays, avec des recherches très-détaillées sur les monumens anciens ou modernes qui en sont construits. C'est un des meilleurs ouvrages qu'on puisse consulter à cet égard.

(2) Dans le grand nombre de marbriers que nous avons été à portée de voir et de consulter depuis plusieurs années, il n'en est point qui nous ait présenté des connaissances aussi profondes et aussi variées que M. Sellier, architecte-entrepreneur, qui possède une superbe galerie décorée de tous les marbres de France. Ce monument, digne d'un gouvernement qui protégerait les arts, est la plus belle collection que nous connaissions en ce genre : M. Sellier se fait un vrai plaisir de la faire voir aux amateurs, aux minéralogistes et aux connaisseurs.

il y a quelques années, un travail à ce sujet, par ordre du Gouvernement.

V. Enfin de demander à la commission qui serait créée à cet effet, un travail général, tant sur les marbres, granits et porphires de France, que sur les moyens de les mettre en exploitation, et de les employer dans les constructions publiques, suivant leur nature, leur qualité, leurs couleurs ou les autres causes qui pourraient en déterminer l'emploi.

Tels sont les moyens que nous proposons et que nous croyons les plus favorables, en reconnaissant cependant qu'ils seront encore insuffisans, qu'ils seront bientôt paralysés dans leurs effets, ou que même ils ne parviendront jamais au but que doit se proposer le Gouvernement, celui de donner le plus grand essor possible au commerce des marbres, granits et porphires de France, et d'en mettre en exploitation de nombreuses carrières, s'il ne prend promptement le parti d'augmenter les droits d'entrée sur tous ceux qui nous viennent de l'étranger, suivant une proportion déterminée par l'État dans lequel ils sont importés (1). Ce moyen est le seul qui puisse véritablement réussir; et pour peu qu'on tarde encore à le mettre en usage, nos dernières carrières

---

(1) Cette augmentation de droit pourrait être établie ainsi :

1°. D'un tiers pour les marbres, granits et porphires en blocs seulement ébauchés.

2°. Du double pour ceux qui entre en tranches ou tables.

Et 3°. du triple pour tous ceux qui sont travaillés et prêts à être employés.

de marbre seront bientôt abandonnées. Déjà nous avons vu tomber nos beaux établissemens des Vosges; déjà nos grandes marbreries ne sont plus que de simples polissoires; déjà Paris, et une partie de nos départemens, sont encombrés des marbres des Pays-Bas, qui y arrivent tout travaillés; enfin, telle est notre position que, dans ce même pays où les Empereurs Romains, où Charlemagne, François Ier. et Louis XIV, trouvaient les marbres de leurs superbes palais, aujourd'hui les temples, les monumens, les édifices publics, la fontaine de l'Éléphant, l'abbaye royale de Saint-Denis, et le Louvre luimême, ne sont plus décorés que de marbres apportés à grands frais de l'étranger, au détriment des marbreries françaises.

Les communications que nous a fait donner S. Exc., des marbres et granits ou porphires présentés à l'exposition, nous fait regretter que tous les départemens n'aient pas envoyé des échantillons de ceux qu'ils recèlent, parce que nous aurions pu faire un premier essai du travail général que devra faire la Commission que nous proposons. Quoi qu'il en soit, nous avons cependant encore assez de matériaux et de renseignemens par devers nous, pour déclarer que nos richesses en marbre sont très-grandes (nous ne craignons même pas de dire qu'elles sont immenses); qu'elles sont bien loin d'être connues; que la France possède les marbres les plus rares et les plus précieux; enfin qu'il en est peu qu'on n'y trouve ou qu'on ne trouvera dans ses montagnes, lorsqu'elles seront explorées convenablement.

Les Romains connaissaient mieux les marbres de la Gaule que nous ne les connaissons aujourd'hui. Partout ils en ont exploité : nous sommes en admiration devant les précieux restes des monumens qu'ils avaient élevés à Lyon, à Vienne, à Valence, à Avignon, à Nîmes, à Arles, à Aix, à Marseille, à Toulouse, à Bordeaux, etc. etc. etc. Nous aprécions la beauté des marbres et des granits qu'ils ont employés ; nous regrettons de ne pas connaître les carrières d'où ils les ont tirés, et ces carrières souvent sont aux portes ou à peu de distance de ces mêmes villes.

C'est ainsi, 1°. que les deux belles colonnes de granit de l'autel que les soixante nations des Gaules élevèrent à Auguste, et dont postérieurement nos pères ont fait, sur le même emplacement, les quatre colonnes du cœur de l'église d'Ainay, en coupant ces superbes fûts par le milieu de leur longueur, sans être cependant arrêtés par l'épouvantable et choquante différence des proportions, c'est ainsi, disons-nous, que ces deux belles colonnes ont été extraites des environs de Lyon, dans les granits de Chézy à l'Arbrèles, près des mines decuivre (1).

(1) Observations de M. Héricart de Thury, sur les marbres et granits de France, employés par les Romains dans leurs temples et anciens monumens. « Le granit des colonnes d'Ainay, absolument semblable à »celui de Chezy, est caractérisé par la présence du Molybdène, que nous »avons trouvé dans ces granits. Nous l'avons également reconnu dans ces »colonnes et dans plusieurs blocs de granit que nous avons trouvés à »peu de distance, et que, d'après leur état, nous avons présumé avoir »également apparteun au temple d'Auguste.

2°. Qu'à Vienne et à Valence on retrouve des monumens des marbres des montagnes du Haut-Dauphiné.

3°. Qu'à Avignon, Nîmes, Arles, Aix et Marseille, les ruines présentent aux minéralogistes des beaux échantillons des roches des Hautes et Basses-Alpes.

4°. Qu'à Toulouse on trouve des statues et des monumens de marbre dont les carrières ont été reconnues dans les Pyrénées, etc. etc. etc.

En résumé, nous ne craignons pas de répéter que la France possède presque tous les marbres qu'elle peut désirer, soit pour la sculpture, soit pour l'architecture ; que nos monumens publics pourront, comme ceux des Romains, briller des marbres les plus rares, les plus riches et les plus précieux, lorsque le Gouvernement le voudra ; et pour prouver cette assertion, le Jury, en adressant son opinion sur les marbres qui lui ont été communiqués, croi devoir y joindre divers mémoires de M. le vicomte Héricart de Thury, son secrétaire rapporteur, et les granits de quelques-uns de nos départemens, pour prouver les belles et nombreuses variétés que renferment ces départemens, et les renseignemens que S. Exc. obtiendra infailliblement en adoptant les propositions que le Jury a l'honneur de lui présenter.

I. MARBRES DU DÉPARTEMENT DU PAS-DE-CALAIS.

508 M. GARNIER, *Ingénieur au corps royal des mines.*

COLLECTION DE MARBRES DU DÉPARTEMENT DU PAS-DE-CALAIS.

CETTE collection était accompagnée d'un mémoire détaillé très-instructif et très-intéressant, sur la construction physique de l'arrondissement de Boulogne, et plus particulièrement sur le gisement de ses marbres.

Il y a déjà long-tems que ces marbres sont la plupart employés dans les travaux publics Comme marbres, ils avaient été peu recherchés, jusqu'à l'érection de la colonne du camp de Boulogne, parce qu'ils sont, en général, peu variés dans leurs couleurs, le *gris*, le *grisâtre*, le *brun* et parfois le *fauve*, avec des veines blanchâtres. Les mélanges, la jaspure et le nuancé de ces couleurs, y produisent cependant quelquefois des effets assez distingués, qu'on pourrait comparer à ceux de quelques variétés de *moiré métallique* gris ou grisâtre.

Sous le rapport du poli, ces marbres ont une grande supériorité sur la plupart de ceux des Pays-Bas.

Les usages auxquels ils peuvent plus particulièrement être consacrés, sont les ameublemens et les décors d'architecture intérieure. Sous ce rapport, les échantillons nos. 5 et 7 de la collection de M. Garnier, sont ceux qui méritent la préférence. Plusieurs marbriers les ont employés avec le plus grand succès à Paris, dans des décors de rez-de-chaussée et d'appartemens.

Les nos. 10 et 12, qui sont coquillers et qui renferment des madréporites, sont plus sévères, et cependant d'un assez bon effet pour le décors et l'ameublement ; mais ils sont plus tendres, et ne peuvent être employés dans les ornemens d'architecture extérieure, non plus que les n°s. 13 et suivans, qui sont moins sombres et plus variés, mais dont les veines terreuses pourraient promptement déterminer leur décomposition s'ils étaient employés à l'air.

509 M. HEURAUX, *Commissaire du Gouvernement pour l'achat et le transport des marbres.*

Au mémoire de M. l'ingénieur Garnier, était joint un rapport de M. Heuraux, qui, après avoir visité, avec le plus grand soin, le département du Pas-de-Calais, a reconnu comme nous que, d'après l'état de ses monumens, les marbres de ce pays ne peuvent être employés que dans l'ameublement ou le décors des intérieurs, vu qu'ils perdent promptement leur poli à l'extérieur.

II. MARBRES DE LA HAUTE-GARONNE.

510 M. LAYERLE-CAPEL, de Toulouse, *Commissaire chargé de vérifier les carrières de marbre des Hautes-Pyrénées.*

M. Layerle-Capel a présenté, avec son rapport, une collection de vingt-quatre échantillons de marbre, dont quelques-uns sont connus et même employés dans les marbreries françaises, mais dont la plupart ont été découverts par lui. Son mémoire, qui est d'un très-grand intérêt par les nouvelles carrières de marbre qu'il fait connaître, nous donne le regret qu'il ne soit pas entré dans plus de détails sur la nature, le gisement des marbres et sur la constitution physique du pays dans lequel on les trouve, puisque ces données sont nécessaires pour bien juger leur qualité, et pour motiver le jugement demandé par Son Excellence. Nous allons cependant essayer de déterminer l'usage ou l'emploi auquel nous croyons propres, les marbres de M. Layerle-Capel.

EXAMEN DES MARBRES DE M. LAYERLE-CAPEL.

1°. *Argut-dessus.* — Rouge sanguin, beau poli, semblable à la griote à veines ou à l'incarnat de Caunes. Bon pour l'ameublement et les décors d'architecture intérieure et extérieure.

2°. *Penne Ste.-Marie.* — Jaune, blanc et rougeâtre, beau poli; grande exploitation par les Anciens; il est un peu terreux. Bon pour les grands effets d'architecture, mais dans les intérieurs seulement.

3°. *Rap-St.-Béat.* — Gris, semi-transparent, beau poli. Ce marbre saccaroïde ou faux paros gris, a été employé par les Anciens. Bon pour l'ameublement et les décors de l'architecture intérieure.

4°. *Rap-St.-Béat.* — Blanc cristallin statuaire, beau poli. Beau marbre saccaroïde semblable au paros employé par les Romains pour la sculpture et l'architecture. Bon pour l'ameublement et l'architecture intérieure et extérieure et les statuaires.

5°. *De Marignac, près Rap-St.-Béat.* — Blanc-gris *idem*; beau poli, blanc sale ou gris. Bon pour l'ameublement et l'architecture.

6°. *Etang de Marignac.* — Gris-jaune, médiocre poli, veinules terreuses, jaunâtres. Bon pour les intérieurs seulement.

7°. *Cierp de Luchon.* — Rouge sur brun, beau poli, semblable à la griotte. Très-bon pour ameublement et pour l'architecture monumentale, soit intérieure, soit extérieure.

8°. *La goule de Signac.* — Fleur de pêcher, beau poli, mais un peu tendre ; très-beau marbre rose, nuancé de rouge-brun. Très-bon pour ameublement et l'architecture monumentale intérieure.

9°. *La goule de Signac.* — Gris-blanc, tacheté de blanc de lait ; beau poli, très-dur ; beau marbre dur, avec de jolis accidens, mais quelquefois un peu terreux. Bon pour ameublement et architecture monumentale intérieure ou extérieure.

10°. *La goule de Signac.* — Rouge sur rouge à veinules vertes, beau poli, dur ; très-beau marbre, rouge-brun. Bon pour ameublement et architecture monumentale intérieure ou extérieure.

11°. *Pouch d'artigues de Signac.* — Cervelas, rose-jaune, beau poli, un peu tendre ; très-joli marbre fin et recherché. Bon pour ameublement et décors d'architecture intérieure.

12°. *Pouch d'artigues de Signac.* — Cervelas, blanc-gris, beau poli ; marbre bien nuancé et d'un bel effet, exploité par les Anciens. Bon pour ameublement et architecture intérieure et extérieure.

13°. *Camp long de Sauveterre.* — Brèche de gris, blanc-jaune, noir, très-dur, beau poli ; très-beau marbre semblable à la belle *Brèche de Florence*, mais coupé de quelques veinules terreuses. Bon pour ameublement et architecture intérieure.

14°. *Bouchet.* — Petit noir, coquiller, beau poli ; beau marbre, d'un bel effet dans les monumens. Bon pour ameublement et décors d'architecture intérieure et extérieure.

15°. *Bouchet.* — Gris-noir, à taches blanches, beau poli, accidens très-variés, d'un bel effet pour les monumens. Bon pour ameublement et architecture intérieure et extérieure.

16°. *Mont-Majou de Cier de Rivière.* — Noir à points blancs, beau poli, grain très-fin, beau marbre monumental. Bon pour ameublement et architecture intérieure et extérieure.

17°. *Campardito de la Broquère à Cier de Rivière.* — Gris veiné de blanc, beau poli. Ce marbre est bien nuancé , mais quelquefois coupé de veinules terreuses. Bon pour ameublement et architecture intérieure et extérieure.

18°. *Oucheton de la Barthe.* — Gris-clair ou blanc de lait, beau poli, un peu tendre; peu abondant et souvent accidenté. Bon pour architecture intérieure.

19°. *Lacanaon de Pouyot.* — Gris-sur-gris à taches noires et fauves, d'un beau poli; beau marbre, bien nuancé de couleurs. Bon pour ameublement et architecture intérieure et extérieure.

20. *Mausions.* — Nankin, panaché de jaune, gris-blanc et rougeâtre; joli marbre, contenant des corps organisés, très-nombreux; peu abondant. Bon pour ameublement, vases et architecture intérieure.

21°. *Labat de St.-Bertrand de Comminges.* — Brèche grise-brune. Cette brèche est souvent coupée de terrasses jaunâtres. Bon pour architecture intérieure.

22°. *Labat de St.-Bertrand.* — Noir, à veines blanches, beau poli. Ce marbre est souvent pyriteux, et, par conséquent, inégal dans sa dureté et dans son poli. Bon pour ameublement, monument d'architecture intérieure, seulement à cause des pyrites.

23°. *Labat de St.-Bertrand.* — Gris, blanc, noir, jaspé de noir, beau poli; beau marbre, bien jaspé, d'une belle qualité. Bon pour ameublement, monument d'architecture intérieure et extérieure.

24°. *Mausions.* — Nankin, blanc, jaune et rougeâtre; jolis accidens très-variés. Bon pour vases, ameublement et architecture intérieure.

III. MARBRES ET ALBATRES
DU DÉPARTEMENT DU JURA.

511 MARBRERIE DE ST.-AMOUR. (1)

Le département du Jura, comme tous ceux dont les montagnes servent de contrefort à la grande chaîne des Alpes, offre de nombreuses carrières de marbre; et c'est particulièrement au passage des terrains intermédiaires, ou de transition aux terrains secondaires, qu'on en trouve les plus belles variétés.

La marbrerie de St.-Amour, dirigée par M. Fontaine Marbrier et sculpteur de Paris, est un établissement nouvellement créé, qui pourrait prendre les plus grands développemens, si le Gouvernement se prononçait enfin sur les moyens de soutenir et d'encourager les entreprises de ce genre, en leur accordant les fournitures et approvisionnemens de ses palais et de nos monumens publics, au lieu de les laisser décorer de marbres étrangers, comme nous l'avons dit dans nos observations préliminaires. Sous ce rapport, la marbrerie de St.-Amour est un des établissemens que nous recommandons plus particulièrement à Son Excellence, parce qu'il est parfaitement situé pour recevoir les plus grands développemens, et pour faire faire les essais de tous les marbres de la grande chaîne du Jura.

La marbrerie de St.-Amour, prévenue trop tard de l'exposition, n'a envoyé qu'un petit nombre d'échantillons de ses marbres. Nous allons en examiner rapidement les principales variétés, et nous ferons ensuite connaître, d'après nos journaux de voyages et les diverses collections que nous avons visitées, quelques-autres marbres dont nous engageons MM. les propriétaires de St.-Amour de visiter et reconnaître les localités.

(1) Elle est indiquée dans le catalogue de l'exposition, sous le N°. 1525.

I. *Marbres exposés.*

1°. Marbre pouddingue, belle brèche, composée de taches rondes irrégulières, rouges, brunes, jaunes, grises et noires. Le fond de ce marbre est un peu plus pâle que la brèche d'Alep, mais d'un bel effet pour les ameublemens et les décors d'architecture.

2°. Marbre lumachelle, gris, fauve et veiné de taches blanchâtres; joli marbre d'ameublement.

3°. Marbre lumachelle, madréporite, gris-sur-gris, avec des nuances jaunâtres, pour ameublement.

4°. Marbre cendré, à veines grises et fauves, pour ameublement.

5°. Marbre gris, pointillé de milliolites grises ou brunes, pour ameublement.

6°. Marbre jaune, rouge et brun à milliolites.

7°. Pierre à litographier, d'un beau grain, d'un ton uni, et sans aucun défaut, qui présente tous les caractères du plus beau calcaire compacte du Jura et des chaînes sub-alpines.

II. *Marbres indiqués et à reconnaître.*

1°. Marbre bleu, gris et blanc, très-belle variété, également propre pour les ameublemens et les décors d'architecture. — De *Valle en Pollière, près Arbois.*

2°. Marbre bleu sur bleu, à veines blanches, à grain fin et de très-belle qualité, pour ameublement et l'architecture intérieure. — De *Salins.*

3°. Marbre gris, jaune, rayé, avec taches rougeâtres irrégulières, pour architecture et décors d'appartemens. — De *Cousance, près Lons-le-Saulnier.*

4°. Marbre gris foncé, olivâtre ou bronzé, avec des mouches et des nuances ondulées d'un rouge pâle; beau marbre d'ameublement et d'architecture. — Du *Crozet, près Saint-Claude.*

5°. Marbre rouge, pourpré, à grain fin, avec de légères nuances brunes ou brunâtres; très-belle qualité, pour les décors des appartemens, des palais et des églises, d'autant plus précieuse, qu'on peut en extraire des blocs du plus grand volume. — Des *Carrières de Dole.*

6°. Marbre rouge-cerise (fausse griotte), jaspé de taches blanches, à grains fins, susceptible du plus beau poli; très-beau marbre pour les ornemens, l'ameublement et l'architecture intérieure. — De *Sanpan, près de Dole.*

7°. Marbre rougeâtre, nuancé de blanc, à grain fin, d'un vif poli, très-compacte; très-beau pour les ameublemens et l'architecture. — Des *carrières de Sirod, près de Champagnolles.*

III. *Albâtres.*

8°. Albâtre blanc, translucide, rubané de veines jaunâtres, bien plein, compacte et susceptible d'un beau poli, propre à faire des vases, des tables et autres ornemens semblables.

9°. Albâtre blanchâtre, jaspé de taches jaunâtres et rougeâtres; de même qualité que le précédent.

Ces albâtres se trouvent dans les grottes et cavernes des environs de *Poligny.*

IV. MARBRES DE L'ARRIÈGE.

512. Le département de l'Arriège a été jusqu'à ce jour peu réputé pour ses marbres, et il est cependant un de ceux qui en possèdent les plus belles variétés, comme on peut en juger par les marbres suivans:

I. *Marbres.*

1°. *Montagne de Cos et vallée du Salat près de Seix.*

— Blanc saccaroïde. Bon pour le statuaire, et pour l'architecture, tant intérieure qu'extérieure.

2°. *Montagne de Cos et vallée du Salat près de Seix.* — Blanc salin à gros grains. Bon pour le statuaire et l'architecture intérieure et extérieure.

3°. *Montagne de Cos et vallée du Salat près de Seix.* — Blanc salin à grains fins; bon pour le statuaire, et pour l'architecture intérieure et extérieure.

4°. *Montagne de Cos et vallée du Salat près de Seix.* — Bleu, gris turquin. Très-beau marbre pour architecture intérieure, ameublement et décors.

5°. *Montagne de Cos et vallée du Salat près de Seix.* — Rouge plus ou moins intense. Très-beau marbre pour architecture intérieure et extérieure, ameublement et décors.

6°. *Montagne de Cos et vallée du Salat près de Seix.* Jaune. Très-beau marbre; bon pour ameublement et décors.

7°. *Montagne de Cos et vallée du Salat près de Seix.* — Noir très-intense. Très-beau marbre pour architecture intérieure et extérieure et ameublement.

8°. *Montaillon.* — Noir très-intense. Très-beau marbre pour architecture intérieure et extérieure et ameublement.

9°. *Lambeye.* — Noir très-intense. *Idem.*

10°. *Vallée du Lez à Moulis.* — Noir et blanc à grands effets. Beau marbre, grand noir antique ou grand deuil. Bon pour architecture monumentale, soit intérieure, soit extérieure.

11°. *Aubert.* — Noir et blanc. *Idem.*

12°. *Aubert.* — Noir et blanc à petits compartimens; petit deuil, ou petit noir antique. Très-beau marbre pour architecture intérieure et extérieure, ameublement et décors.

13°. *Eychel.* — Gris, blanc, violet. Joli marbre cervelas, bon pour ameublement et décors.

14°. *Vallée de Biros à Bordes.* — Gris, blanc, rouge et violet; brèche violette. Beau marbre pour architecture intérieure et extérieure, ameublement et décors.

15°. *Vallée de Biros à Bordes.* — Rose, jaune et brun, brêche violette. Beau marbre pour architecture intérieure et extérieure, ameublement et décors.

16°. *Vallée de Biros à Bordes.* — Gris, jaune et brun; brèche violette. Beau marbre pour architecture intérieure et extérieure, ameublement et décors.

17°. *Vallée de Biros à Bordes.* — Gris, jaune, brun, bleu, vert et blanc; superbe brêche. Très-beau marbre de décors.

18°. *Vallée de Biros à Bordes.* — Gris, vert. Joli marbre pour décors d'intérieur.

19°. *Le Pont de la Toule.* — Blanc, gris, vert jaspé. Beau marbre de décors d'intérieur.

20°. *Le Pont de la Toule.* — Blanc, gris, vert rubané et panaché. Beau marbre de décors d'intérieur.

21°. *Le Pont de Toule.* — Gris, vert, blanc, jaune et rose. Très-Joli marbre pour décors d'intérieur

22°. *Le Pont de la Toule.* — Bleu, gris, vert, brun rubanné et jaspé. Très-joli marbre pour décors d'intérieur.

23°. *Le Pont de la Toule.* Jaune, gris, brun jaspé. Très-joli marbre pour décors d'intérieur.

24°. *Le Pont de la Toule.* — Rouge, blanc, brun rubanné et jaspé. Joli marbre pour décors d'intérieur.

25°. *Montferrier.* — Blanc, jaune, gris, rouge et brun. Beau marbre d'architecture monumentale.

26°. *Montferrier.* — Rouge, blanc, gris. Beau marbre d'architecture monumentale.

27°. *Bélesta.* — Rouge et blanc à grands effets; beau marbre. Bon pour architecture monumentale.

II. *Albâtres.*

28°. *Ussat près de Mont-Ségur.* — Albâtre blanc, jaune, gris rubanné. Bel albâtre pour vases et décors d'intérieur.

29°. *Bédeillas.* — Albâtre jaune. Bel albâtre pour vases et décors d'intérieur.

30°. *Fontestorbe de Bélesta.* — Albâtre blanc, gris, jaune rubanné. Bel albâtre de décors d'intérieur.

V. MARBRES DU DÉPARTEMENT DE L'AUDE.

513. Le département de l'Aude fournit depuis long-temps au midi de la France, de nombreuses variétés de marbre de la plus grande beauté et qui peuvent soutenir avec avantage la comparaison avec les plus beaux marbres étrangers. Les principales carrières sont celles de *Caunes*, de *Coudons*, de *Cascatel*, de *Missègre*, de *Valmigère*, *etc.*, et dans chacune de ces localités, on trouve de nombreuses variétés dans les marbres qui leur sont particuliers.

1°. *Caunes.* — Blanc de lait, salin; beau marbre statuaire. Bon pour décors et architecture monumentale.

2°. *Caunes.* — Blanc, gris veiné; beau marbre statuaire. Bon pour décors et architecture monumentale.

3°. *Caunes.* — Bleu turquin. Bon pour ameublement et décors d'intérieur.

4°. *Caunes.* — Rouge cerise; griotte. Bon pour ameublement et architecture intérieure.

5°. *Caunes.* — Incarnat blanc et rosé. Très-beau marbre royal qui était réservé pour le Roi.

6°. *Caunes.* — Blanc, jaune et rouge panaché; beau marbre de Languedoc. Bon pour ameublement et architecture intérieure.

7°. *Caunes.* — Gris, rose, blanc, vert et violet; beau marbre cervelas. Très-bon pour décors et ameublement.

8°. *Caunes.* — Noir et blanc panaché; belle variété de petit deuil ou petit noir antique. Bon pour ameublement et décors.

9°. *Caunes.* — Noir et blanc; grand antique ou grand deuil. Propre à l'architecture monumentale.

10°. *Caunes* — Noir intense; très-beau marbre noir pour les monumens.

11°. *Le Sault de Coudons.* — Blanc veiné de noir; marbre très-dur, très-vif, et susceptible d'un beau poli. Bon pour architecture intérieure et extérieure.

12°. *Le Sault de Coudons.* — Gris, jaune, brun; marbre très-dur, très-vif et susceptible d'un beau poli. Bon pour architecture intérieure et extérieure.

13°. *Le Sault de Coudons.* — Gris, jaune panaché de taches rouges. Très-beau marbre pour décors d'intérieur.

14°. *Cascatel.* — Noir et blanc, petit et grand deuil antique. Beau marbre monumental.

15°. *Cascatel.* — Noir et jaune. Très-beau marbre *Portor* pour décors et architecture d'intérieur.

16°. *Cascatel.* Gris tacneté de noir; joli marbre tigré, beau poli. Bon pour ameublement.

17°. *Cascatel.* — Blanc, gris, brun et violet; grande brêche violette de cervelas.

18°. *Missègre.* — Jaune, rouge, blanc panaché; d'un poli vif. Très-beau marbre de décors et d'ameublement.

19°. *Missègre.* — Jaune, gris, brun; marbre rance, de très-belle qualité, et beau poli.

20°. *Missègre.* — Rouge, blanc, gris; faux Languedoc. Beau marbre monumental.

21°. *Valmigère* — Jaune jaspé de gris, vert et brun. Très-beau marbre de décors et d'ameublement.

22°. *Valmigère.* — Gris, blanc, rose, vert et rouge panaché; marbre très-dur, très-compacte, et susceptible d'un beau poli. Bon pour décors et ameublement.

23°. *Valmigère.* — Incarnat et jaune; marbre de la plus grande beauté. Bon pour ameublement, décors et architecture monumentale.

24°. *Valmigère.* — Jaune, gris et brun; belle variété de marbre rance Beau pour ameublement.

IV. MARBRES DU DÉPARTEMENT DE L'ISÈRE (1).

514. On trouve dans plusieurs endroits du département de l'Isère, et notamment dans les ruines de Vienne, des monumens et des fragmens de sculpture ou d'architecture en beaux marbres de ce département, ou des départemens voisins qui en possèdent également de riches carrières.

Les marbres de l'Isère sont de différentes époques de formation ; quelques-uns appartiennent à la grande chaîne granitique; leur gisement, leur manière d'être et leur disposition entre les couches de roches primitives, micacées, feldspathiques, ou amphiboliques, prouvant évidemment que leur origine est contemporaine de celle de ces roches, nous les désignerons sous le nom de *marbres primitifs*.

Parmi les autres, les uns appartiennent à la classe des roches de transition, ou *intermédiaires*, dénomination que nous leur conserverons, et les autres aux terrains secondaires, ce sont les marbres *secondaires* ou coquillers, que nous distinguerons d'une dernière espèce de marbre, celle des marbres *pouddingues*.

I. *Marbres primitifs*.

Nos marbres calcaires primitifs ont la contexture grenue,

(1) Extrait de la description minéralogique du département de l'Isère

à grains plus ou moins gros, d'une structure lamelleuse, et d'une apparence cristalline; leur couleur est communément peu variée, ils sont mélangés accidentellement de mica, de quarz, de hornblende, de talc, de grenat, de fer, etc.

1. *Marbre blanc des aiguilles de Flumay ; Pesanteur, 2,675 kilog. le mètre cube.*

Le Flumay est un ruisseau qui arrose la vallée de Vaujani en Oisans. Il a ses sources dans la montagne de la Clochette, sous les Grandes Rousses. On trouve sur la rive droite de ce ruisseau un marbre blanc à cassure grenue, il est un peu micacé, mais très-compacte, et homogène; il est recouvert par un calcaire argileux secondaire, dont les couches sont verticales et dirigées nord et sud : au pied de ces couches calcaires on trouve de grands amas de chaux sulfatée anhydre (1).

Ce marbre qui est très-beau serait propre pour les statuaires et les ornemens d'architecture des intérieurs et extérieurs. Il est susceptible d'un vif poli; son exploitation est facile, mais les transports ne peuvent se faire qu'à dos de mulets, ou avec des traîneaux sur la neige, faute de chemins à voiture.

2. *Marbre blanc des Chalanches d'Allemont ; Pesanteur, 2,675 kilog. le mètre cube.*

Ce marbre est en couches dirigées du nord au sud, et inclinées de 60 degrés environ à l'ouest ; elles alternent avec des roches granitiques micacées et amphiboliques; ces couches sont peu épaisses et d'un accès difficile.

Ce marbre est très-compacte, il a la contexture grenue et saccaroïde, il est d'un blanc assez pur, et quoiqu'il soit quelquefois un peu micacé, il serait bon pour les sculpteurs.

(1) On y trouve également du gypse anhydre dur et susceptible d'être employé comme marbre.

3. *Marbre gris des Chalanches ;*
Pesanteur , 2,674 kilog. le mètre cube.

Ce marbre est du même gîte que le précédent; il provient d'une couche inférieure qui est adhérente à l'amphibole, il est très-serré et très-compacte.

4. *Marbre blanc, gris et rose des Chalanches;*
Pesanteur, 2,674 kilog. le mètre cube.

La teinte rose de cette variété, qui me paraît due à du manganèse oxidé, la rend très-précieuse. (1)

5. *Marbre blanc du Désert ;*
Pesanteur , 2,672 kilog. le mètre cube.

Au désert de Valjouffrey, dans la vallée de la Bonne, on trouve un marbre blanc saccaroïde, à contexture grenue, et spathique laminaire ; il est d'un accès facile ; mais la carrière ne peut être exploitée, faute de chemin. Ce marbre est très-beau et serait propre pour les statuaires et les beaux ornemens d'architecture.

6. *Marbre blanc, rose et vert du Désert ;*
Pesanteur, 2,672 kilog. 50 le mètre cube.

Cette variété se trouve dans les couches inférieures du gîte précédent ; c'est un véritable cipolin ; il est micacé irrégu-

(1) Ces trois variétés de marbre d'Allemont ne peuvent être exploitées que difficilement. Elles se trouvent dans le chemin des mines d'argent, des Chalanches, dans un escarpement à plus de 1800 mètres au dessus de la mer, et à un kilomètre environ à l'ouest des maisons de la Traverse, dernier hameau de la montagne ; on ne pourrait descendre les blocs de marbre que sur la neige, avec des traineaux.

lièrement, et contient quelquefois des grenats, de l'épidote vert et du fer oxidulé. C'est un de nos plus beaux marbres; mais il faudrait pratiquer des chemins pour pouvoir parvenir aux carrières.

Au revers de la montagne et dans les Hautes-Alpes est le Valgodemar, dans lequel on trouve les mêmes roches plus abondantes, plus variées et d'un accès plus facile.

II. *Marbres intermédiaires.*

Ces marbres sont plus nombreux que les précédens. Plusieurs d'entre eux sont exploités avec succès.

7. *Marbre noir de Seissin ;*
Pesanteur, 2,583 kilog. le mètre cube.

Ce marbre est d'un noir assez intense; par fois il présente, dans sa couleur, des lignes grises ou noirâtres, parallelles et ondulées, qui rompent l'uniformité du fonds noir : son grain est uni, fin, serré et compacte; il ne se trouve que par blocs isolés et roulés, d'un volume plus ou moins considérable. On en a fait beaucoup de cheminées, de tables et de consoles, à Grenoble.

8. *Marbre noir et jaune de Seissin ; Portor,*
Pesanteur 2,583 kilog. le mètre cube.

Le fond noir ou gris du précédent est coupé de filets jaunes ou jaunâtres plus ou moins intenses. Cette variété est un véritable *portor*; il est très-recherché; il se trouve également dans les montagnes voisines, en blocs isolés et roulés; nous n'avons pu en découvrir le gisement primitif.

9. *Marbre noir, jaune et blanc de Seissin,*
Pesanteur, 2,583, kilog. le mètre cube.

C'est la même variété de *portor* que la précédente, dans laquelle des veines blanches irrégulières et plus ou moins larges se coupent en tous sens, et croisent en même tems les veines jaunes du *portor*. Ce marbre est un des plus beaux de France, il prend un très-vif poli, il est très-recherché. On en voit de superbes cheminées et de très-belles tables dans Grenoble.

10. *Marbre noir et brèche de Seissin ; Pesanteur, 2,583 kilog. le mètre cube.*

Le marbre noir de Seissin, et ses deux variétés ci-dessus présentent souvent, dans leur masse, des fragmens d'un marbre blanc très-dur et très-compacte, qui est par fois nuancé ou veiné de rose ou de violet. Ce marbre est très-beau, et encore plus recherché que les précédens ; son grain est fin et serré ; il se trouve, comme les autres, en blocs, irréguliers et souvent très-volumineux (1).

---

(1) *Observations sur le marbre portor, de Seissin.* Le gisement primitif du *portor* de Seissin est encore inconnu ; ses blocs qui se trouvent éventuellement sur les pentes des montagnes, sont d'autant plus extraordinaires que je n'ai jamais reconnu, dans aucun endroit du département, les masses d'où ils peuvent avoir été arrachés et entraînés. Leur présence, dans nos montagnes, semble due à une de ces grandes révolutions, à ces *cataclysmes*, que nous ne connaissons que par leurs effets, mais dont nous ne pouvons pas même présumer les causes ; révolutions adventives qui furent aussi promptes et aussi étendues qu'elles furent terribles, et dans lesquelles de grands courans (peut-être accompagnés de glaces flottantes, comme sont encore celles des mers du Nord, sur lesquelles on trouve des blocs de marbre, de granit et de porphire), après avoir sillonné et déchiré profondément les hautes chaînes des Alpes, se sont précipités dans les vallées inférieures, en y déposant çà et là des témoins irrécusables de leur puissance, des blocs de différentes roches de pierre et de marbre, suivant que les courans exerçaient leur influence impérieuse dans les montagnes primitives, ou secondaires.

Une observation importante qui se présente constamment dans la vallée de l'Isère, est que les *plateaux des hautes chaînes calcaires* de ces deux rives sont couverts de blocs de granit et de diverses roches feldspathiques,

11. *Marbre noir, jaune et blanc de Theys; Pesanteur, 2,588 kilog. le mètre cube.*

Le marbre noir de Theys est en blocs isolés et roulés, ainsi que je l'ai dit ci-dessus. Il est très-beau et présente beaucoup d'analogie avec celui de Seissin; le fond est de gris noir, et veiné parallellement et coupé de filons jaunes et blancs avec des fragmens de marbre blanc, rose et violet de diverses couleurs.

Ce superbe marbre convient parfaitement pour les ameu-

---

tandis que nos blocs de marbre ne se trouvent que dans les parties moyennes ou inférieures de ces mêmes chaînes; d'où on pourrait peut-être supposer que les premières appartiennent au moment où les *cataclysmes* agissaient avec plus de puissance dans la haute chaîne primordiale des Alpes, et que les autres ne devraient leur transport qu'à la fin de ces terribles révolutions, lorsque leur action n'avait plus lieu que dans les chaînes inférieures, ou dans les contreforts subalpins: quelques hautes vallées, dont les eaux affluent dans l'Isère, offrent parfois des blocs de même nature, mais ils ne s'y trouvent que très-rarement.

J'ai long-tems désespéré de pouvoir parvenir à découvrir le gîte primitif de tous ces blocs; cependant, après bien des recherches et des études suivies dans toute la chaîne des Alpes, jusqu'au pied du Mont-Blanc, du petit St.-Bernard, et du Mont-Cenis, j'ai cru reconnaître dans nos blocs de granit ou de roches feldspathiques, une très-grande analogie avec les roches des vallées de Mégève et de Beaufort, dans les glaciers du S. O. du Mont-blanc, aux sources du Doron, de l'Arly: quant aux blocs calcaires, il m'est plus difficile de déterminer quelle a pu être leur première localité; car 1°. on trouve sur la rive gauche de l'Isère, près d'Allevard et de Theys, des blocs roulés du marbre de Seissin; 2°. Le même calcaire se rencontre au confluent de l'Isère et de l'Arc, à l'entrée de la Maurienne; 3°. enfin nous l'avons reconnu dans la Tarentaise. Au reste, quel qu'ait été son gîte primitif, il n'a pu en être entraîné que par un grand courant, qui, comme je l'ai dit ci-dessus, a dû agir à une époque différente de celle où les blocs de granit furent transportés de la vallée de Mégève et du pied du Mont-Blanc, jusque sur les collines qui bordent la vallée de l'Isère blemens et les décors d'architecture de grand caractère Le transport de ces blocs me paraît dû aux mêmes courans, qui ont charrié les blocs de Seissin.

12. *Marbre noir et blanc de St.-Hugon;*
Pesanteur, 2,583 kilog. le mètre cube.

La chartreuse de St-Hugon est bâtie avec un beau marbre gris-noir, veiné de filets blancs, qui est un calcaire argilo-schisteux, très-dur et susceptible d'un beau poli. On ignore le lieu d'où venaient primitivement les marbres qui ont servi à décorer cette chartreuse. On en trouve dans le fond de la vallée des blocs roulés d'un volume très-considérable.

13. *Marbre gris-blanc de Peyssonnier;*
Pesanteur, 2,485 kilog. le mètre cube.

Peyssonnier est situé près de la Mure. Le marbre qu'on tire de cet endroit est gris, nuancé de blanc par taches pommelées et irrégulières; il est assez dur, un peu cristallin, mais sujet à s'écailler; cependant il est un des plus beaux marbres du pays; on en fait des tables et des cheminées.

14. *Marbre du Peschagnard;*
Pesanteur, 2,490 kilog. le mètre cube.

Le Peschagnard est situé au nord-ouest de la Mure, au pied d'une haute montagne calcaire de transition, dont on exploite les masses supérieures avec assez d'avantage pour les employer comme marbre.

Ce calcaire est gris-noir, nuancé de taches blanches irrégulières; il est susceptible d'un beau poli; il est d'un très-grand emploi dans le département; il serait d'un bel effet en grande architecture monumentale. La carrière est située dans un lieu d'un assez difficile accès, il est vrai, mais où on pourrait ouvrir, à peu de frais, un chemin qui favoriserait en même tems l'exploitation des belles mines de houille voisines.

Présentement, on descend les blocs de marbre ébauchés, sur des traîneaux attelés de bœufs, jusqu'au pied de la montagne, où des voitures viennent les charger pour les transporter à Grenoble. On les débite dans cette ville, en grandes tables, au moyen d'une scie à eau ; puis on les embarque sur l'Isère pour leur faire descendre ou remonter le Rhône.

15. *Marbre de l'Affrey ;*
Pesanteur, 2,583 *kilog. le mètre cube.*

La carrière de l'Affrey, au dessus de Vizille, est une véritable carrière de marbre très-dur, très-compacte, et susceptible d'un vif poli ; ce marbre est peu varié pour ses couleurs ; il est gris-noir, ou gris-blanc, veiné de filets blancs. Le pont de Vizille et les travaux d'art de la montée de l'Affrey sont faits avec ce marbre. C'est dans ces bancs que se trouvent les beaux cristaux de zinc sulfuré, vulgairement connus sous le nom de *Blende jaune spéculaire* de Vizille.

III. *Marbres secondaires.*

16. *Marbre noir d'Angray ;*
Pesanteur, 2,590 *à* 2,595 *kilog. le mètre cube.*

Angray est une dépendance de Ste.-Luce-en-Beaumont, près de la grande route de la Mure à Gap. Le marbre d'Angray est un calcaire noir, un peu argileux, très-compacte et très-vif, qui est susceptible d'un beau poli ; il contient des bélemnites et des ammonites. Les carrières sont d'une facile extraction ; elles sont sur le bord de la grande route.

Ce marbre, qui a servi pour les constructions du pont de Ste.-Luce, serait très-beau en architecture intérieure et extérieure.

17. *Marbre de la porte de France ;*
Pesanteur, 2,485 à 2,500 kilog. le mètre cube.

La carrière de la porte de France à Grenoble, dans le grand nombre de bancs qui sont exploités pour faire du moëllon et de la pierre à chaux, présente deux ou trois bancs gris et nuancés de blanc, très-compactes, très-durs, et susceptibles d'un beau poli, qu'on a souvent employés avec succès à Grenoble pour marbre d'ameublement.

18. *Marbre gris-jaune de Sassenage;*
Pesanteur, 2,485 à 2,500 kilog. le mètre cube.

Le calcaire de Sassenage est communément gris, blanc ou jaune. Il fournit une pierre très-dure et très-estimée à Grenoble; souvent elle est assez compacte et assez pleine pour recevoir un vif poli.

C'est le même calcaire que les Romains employaient de préférence pour leurs monumens et leurs inscriptions, dont le département offre tant d'exemples. Il est souvent très-coquiller. Il est d'un très-grand usage à Grenoble, comme pierre de taille, et très-recherché pour les constructions, notamment pour celles des édifices publics.

19. *Marbre de St.-Égrève ;*
Pesanteur, 2,485 à 2,500 kilog. le mètre cube.

Les carrières de St.-Égrève fournissent des bancs de

pierre d'un gris-blanc mélangé de jaune et de blanc. Cette pierre jouit d'une grande dureté ; elle est très-compacte et très-vive, et susceptible d'un beau poli. Elle peut être employée comme marbre pour de grands monumens publics.

20. *Marbre de Fontanil;*
Pesanteur, 2,485 *kilog. le mètre cube.*

Ce marbre, qui est très-dur, et susceptible d'un vif poli, est le même que le précédent, mais plus varié dans ses couleurs. La chaîne calcaire de Fontanil est de même nature que celle de St.-Égrève. Elles contiennent l'une et l'autre une très-grande quantité de dépouilles marines, notamment des zoophites, des ammonites, des oursins, etc.

21. *Marbre de Meylan:*
Pesanteur, 2,500 *kilog. le mètre cube.*

Les marbres de Meylan sont gris-blancs et noirâtres par taches veinées et irrégulières; ils sont vifs et très-compactes; ils prennent un très-beau poli; ils sont d'une exploitation facile. Le célèbre monastère de Montfleury, voisin de Meylan, offrait beaucoup de monumens et de décors de ce marbre.

22. *Marbre gris-bleu de St.-Quentin ;*
Pesanteur, 2,485 *kilog. le mètre cube.*

Le marbre de St.-Quentin est un calcaire bleu ou gris assez dur, qui prend un beau poli, mais qui craint la gelée. On ne peut l'employer avec succès qu'intérieurement. Les côtés de la cathédrale de Vienne et la sacristie sont pavés avec ce marbre.

23. *Marbre bleu de Montalieu ; Pesanteur , 2,485 kilog. le mètre cube.*

Le Marbre bleu de Montalieu est un calcaire bleu ou blanc, très-compacte, qui est susceptible d'un assez beau poli, mais qu'on ne peut employer comme marbre que dans les intérieurs.

24. *Marbre gris-brun, de la grande Chartreuse ; Pesanteur, 2,570 à 2,580 kilog. le mètre cube.*

Les hautes chaînes de calcaire compacte de la grande Chartreuse présentent des bancs très-durs, susceptibles d'un vif poli. L'intérieur de ce célèbre monastère offrait des exemples très-variés des marbres du désert. Le plus commun est d'un fond gris veiné de taches brunes, fauves et violettes.

25 *Marbre gris-blanc de la grande Chartreuse ; Pesanteur, 2,570 à 2,580 kilog. le mètre cube.*

Ce marbre est le même que le précédent. Il est également très-compacte, et susceptible d'un beau poli ; le fond est gris, mais il est veiné de belles nuances blanches ou blanchâtres

26. *Marbre gris-rouge de la grande Chartreuse, pesanteur, 2,570 à 2,580 kilog. le mètre cube.*

Cette variété est plus rare que les précédentes, mais elle est beaucoup plus gaie et plus agréable ; elle présente de belles nuances rouges et violettes sur un fond gris-blanc. L'extraction en serait facile et peu dispendieuse, d'autan qu'on pourrait établir une scie à eau sur le cours du Guiers-Mort.

27. *Marbre gris-noir de Corps;*
Pesanteur, 2,580 kilog. le mètre cube.

Les bords du Drac, au-dessus de Corps, présentent de grandes couches d'un calcaire compacte gris-bleu, et souvent d'un noir veiné de blanc par taches irrégulières. On y distingue parfois des coquilles. Ces pierres sont dures, très-vives, très-compactes, et susceptibles d'un beau poli; mais elles sont d'une exploitation très-difficile.

IV. MARBRES POUDDINGUES.

28. *Pouddingue de la chapelle St.-Giroud;*
Pesanteur, 2,595 kilog. le mètre cube.

Cette chapelle est située au-dessus du hameau de Cours, près la grande combe qui sépare les communes d'Auris et du Frény dans l'Oisans. Le fond de cette combe présente un superbe marbre pouddingue de calcaire compacte, à ciment de spath calcaire, gris ou verdâtre, qui a lié ou réuni une très-grande quantité de petits cailloux calcaires, blancs, jaunes, rouges, verts, gris, noirs, qui l'ont fait désigner sous le nom de pouddingue universel, à cause de toutes ses couleurs. On y trouve aussi quelques pyrites éparses çà-et-là dans la masse.

Ce marbre, qui est susceptible d'un très-beau poli, est d'une exploitation difficile faute de chemin. On en a cependant fait quelques monumens et de très-beaux décors à Grenoble; c'est un des plus beaux marbres de France.

29. *Pouddingue de la gorge de Malaval;*
Pesanteur, 2,590 kilog. le mètre cube.

On trouve sur les rives de la Romanche, dans la gorge de

Malaval, de beaux blocs isolés d'un pouddingue universel, blanc, gris, rouge, vert, jaune et noir.

Les carrières sont près du hameau de la Chardoussière, dans la commune du Villars d'Arène. Il y a lieu d'espérer que la nouvelle route d'Italie par l'Oisans facilitera l'exploitation et l'exportation de ces deux espèces de marbres, qui sont, l'une et l'autre, très-variées, très-agréables et très-recherchées.

V. DÉPARTEMENT DES HAUTES-ALPES.

ALBATRES, MARBRES, PORPHIRES ET GRANITS.

514. Le département des Hautes-Alpes présente les mêmes richesses que celui de l'Isère, sous le rapport des marbres, porphires et granits ou autres roches susceptibles de poli. On trouve à Gap, à Embrun, et à Briançon, de belles tables, des consoles et cheminées provenant de leurs carrières. Plusieurs monumens romains, exécutés avec les mêmes marbres, prouvent qu'elles étaient déjà exploitées à l'époque de la conquête des Gaules (1).

I. *ALBATRES.*

Nous connaissons deux espèces d'albâtres dans ce département; 1°. l'albâtre calcaire; 2°. l'albâtre gypseux.

I. *Albâtre calcaire.*

1°. Albâtre calcaire jaune-citron, demi-transparent, à veines

(1) La description de ces marbres fait partie d'un travail entrepris sur la minéralogie des Hautes-Alpes, par M. Héricart de Thury, à la demande de M. le baron de la Doncette, ancien préfet de ce département, qui se rappellera long-tems la brillante impulsion qu'il avait su lui donner.

jaunâtres et mielleuses. Cet albâtre, dur, compacte, et d'un beau poli, est d'un bel effet en ornemens. Il se trouve dans les grottes et cavernes des *sources du Buesch, au col de la Croix-Haute.*

2°. Albâtre calcaire, d'un jaune mielleux, jaspé de petites taches vertes et rougeâtres. Cette belle variété, qui est translucide et susceptible d'un vif poli, se trouve dans la vallée du Buesch, dans *les cavernes du vieux château de la Rochette.*

3°. Albâtre calcaire, jaspé, rougeâtre et jaunâtre, translucide, d'un beau poli, propre pour faire des vases, des tables et autres ornemens de ce genre, de *la Beaume des Arnauds.*

II. *Albâtres gypseux.*

4°. Albâtre gypseux, saccaroïde, d'un beau blanc de neige. Il se tourne très-bien ; il est bon pour la sculpture, et il prend un beau poli. — *De la vallée du Sellier, près de l'ancienne abbaye de Boscodon* (1).

5°. Albâtre gypseux, ou marbre gypseux-anhydre, blanc-saccaroïde, demi-transparent, susceptible de poli et d'être employé, dans les intérieurs, en ornemens (2). — Du *Queyras dans le Briançonnais.*

---

(1) On a trouvé dans les fouilles des fondations de la maison de détention d'Embrun, un superbe piédestal de cet albâtre, que nous avons jugé de travail romain.

Les bas-reliefs et tous les détails du superbe mausolée du Connétable de Lesdiguières, dans l'Eglise de St Arnould de Gap, sont également de cet albâtre, qui produit d'autant plus d'effet, qu'il est relevé par la masse du sarcophage exécuté en marbre noir de la montagne du Farau, dont nous parlerons plus bas.

(2) Il en existe plusieurs bas-reliefs romains trouvés dans les ruines du vieux château de Briançon.

II. MARBRES SECONDAIRES.

6°. Marbre-brèche, gris, noir et blanc, à ciment cristallin, très-dur, très-vif, et susceptible d'un beau poli, pour les ameublemens. — *Du Ribeiret, de la vallée de Rosans.*

7°. Marbre gris-bleu, veiné de blanc et de noir, dur et compacte, pour les grands effets d'architecture intérieure et extérieure. — *De la montagne de Serres.*

8°. Marbre gris-bleuâtre, à veines blanches, pour ameublement et architecture. — *D'Alambre à la Bâtie Mont-Saléon.*

9°. Marbre gris, brun, jaspé de blanc, compacte, dur, susceptible d'un très-vif poli, et très-beau en ornemens. — *Du Rocher Roux de Montmaur.*

10°. Marbre gris-noir, veiné de blanc; il a été employé dans la construction de la caserne de Gap. — De la montagne *Charence, au-dessus de Gap.*

11°. Marbre noir, à veines blanches, dur et compacte, pour monumens de grande architecture.--De *la Saulce-sur-Bucch.*

12°. Marbre noir, veiné de gris, coquiller, pour architecture monumentale. — De *la Morgan, entre Savine et Pontis.*

13°. Marbre noir et blanc, coquiller, susceptible d'un beau poli, d'un très-grand effet pour les monumens. Le château du Connétable de Lesdiguières en était décoré à l'intérieur et à l'extérieur. — De *la Montagne du Farau.*

14°. Marbre noir, vif, compacte et très-dur, pour les monumens funèbres. (2) — De *la montagne du Farau* au-dessus du château de Lesdiguières, commune du Glaizier.

---

(1) On en trouve des fragmens d'architecture et de sculpture dans les ruines de la ville romaine de Mons Seleucus, située dans la plaine de la Batie Mont Saléon. Voyez *l'Archæologie de Mons Seleucus. Gap.* 1805.

(2) Le superbe Mausolée du Connétable de Lesdiguières, dans l'Église de St.-Arnould, à Gap, duquel nous avons déjà parlé plus haut, est de ce marbre.

III. MARBRES INTERMÉDIAIRES.

15°. Marbre noir et gris, coquiller et d'un beau poli. — Du *Bredoure, entre St.-Firmin et Aspres-les-Corps.*

Ces marbres sont souvent stéatiteux.

16°. Marbre rouge, à taches blanches, grises et jaunes, dur et compacte ; beau marbre pour ameublement et architecture. — De *la montague des Eyglirrs de Mont-Dauphin* (1).

17°. Marbre rouge, jaspé de blanc et de jaune, très-dur, très-pesant, d'un vif poli et d'un bel effet en architecture et pour ameublement. — *De Guillestre.*

18°. Marbre rougeâtre, nuancé de blanc et de taches jaunes; beau marbre d'ameublement et de décors. —De *St.-Crépin.*

19°. Marbre rouge, dur, compacte, luisant, à veines blanches, cristallisées ; très-beau marbre pour les grands effets d'architecture. — Des *montagnes de Chorges et de Prunières.*

20°. Marbre rouge, panaché de taches blanches, jaunes et vertes ; joli marbre fin et délicat pour les ameublemens seulement. — De *la roche St.-Crépin.*

21°. Marbre violet ou rouge-vineux, bon pour ameublement — De *la rive droite de la Durance*, au dessus de Briançon.

IV. MARBRES PRIMITIFS.

22°. Marbre blanc, cristallin ou saccaroïde, parfaitement

(1) La ville de Mont-Dauphin, son église, et ses remparts sont en grande partie construits avec ce marbre.

Ces diverses espèces de marbre ont été connues et exploitées à une époque très-reculée; on voit dans les églises plusieurs monumens anciens, exécutés avec ces marbres, et dans les carrières on trouve plusieurs monumens ébauchés restés sur place.

pur, beau pour les statuaires et pour l'architecture monumentale. — De *St.-Maurice en Valgodeman*.

23°. Marbre blanc-rosé, à grain fin ; ce joli marbre couleur de chair est susceptible d'un beau poli ; mais il est si fin et si délicat, qu'il n'est bon que pour les statuaires ou pour les ornemens d'intérieurs. — De *St.-Maurice en Valgodemar*.

24°. Marbre blanc, jaspé de taches roses et vertes ; ce marbre est très-fin et d'un très-joli effet pour les décors intérieurs. — De *St.-Maurice*.

V. SERPENTINES.

25°. Serpentine verte, jaspée de taches blanches et jaunes, dure, pleine, compacte et susceptible d'un beau poli, pour vases, pendules et ameublement. — De *St.-Firmin en Valgodemar*.

26°. Serpentine brune, jaspée de filets jaunes, verts et noirs, avec lames de mica. Cette belle serpentine est susceptible d'un vif poli et d'un bel effet pour les vases, les pendules, les cheminées et autres décors semblables. — De *St.-Firmin*.

27°. Serpentine grise et brune, avec taches vertes et filets noirs, pour vases et autres ornemens. — De *St.-Véran dans le Queyras*.

VI. VARIOLITES.

Nous en connaissons deux espèces qui diffèrent essentiellement de qualité, de nature et de gisement.

Variolites de la Durance.

28. Variolite verte, (Trap grunstein amigdaloïde). Cette belle

roche verte, à globules ou grains de variole, verdâtres, olivâtres ou blanchâtres, de même nature que le fond, est très-dure et susceptible du plus vif poli; elle peut servir pour faire des vases, des flambeaux, des petites colonnes et autres pièces de ce genre, qui sont du plus bel effet avec les bronzes dorés. — *Des sources de la Durance, dans la montagne de Servières, dans le Briançonnais.*

29°. Variolite verte, à gros grains de variole, bruns ou noirâtres, très-dure, très-compacte, et d'un beau poli, coupée de veines de feld-spath et d'épidote d'un jaune citron avec des points de pyrite jaune. Cette superbe roche est une des plus belles que l'on puisse employer pour les ornemens de grands décors. — *Des montagnes des cols Isoard et de Goudran, aux sources de la Durance et au dessus de Servières dans le Briançonnais.*

2°. *Variolites du Drac.*

30°. Variolite violette, à grains ou noyaux de variole, calcaire, spathique blanc. Cette roche, dure, d'un beau poli, appartient à une formation bien différente de la précédente; elle recouvre les calcaires compactes secondaires à ammonites, tandis que la première appartient aux formations trapéennes des terrains primitifs (1). *d'Aspres-les-Corps.*

31°. Variolite brune, à noyaux de calcaire spathique blanc. Comme la précédente, cette roche peut être employée en

---

(1) La décomposition spontanée des noyaux ou varioles calcaires, en laissant dans la variolite du Drac des cavités irrégulières, donne à cette roche le faux aspect d'une lave boursoufflée ou scorifiée. C'est cet aspect pseudo-volcanique qui avait induit en erreur M. le chevalier de Lamanon, lorsqu'il visita la première fois les montagnes du Champsaur et du Valgodemar, où ces roches sont très-abondantes, opinion qu'il s'est empressé de rétracter, avant de partir pour la malheureuse expédition de Lapeyrouse, où il accompagnait comme naturaliste.

vases, en tables, en cheminées. — *Des montagnes de la Drouveyre, du Champsaur et du Valgodemar.*

32°. Variolite brune et violette, à noyaux d'epidote, d'un vert jaunâtre avec quelques globules de calcaire spathique blanc. Cette charmante variolite, qui est très-dure et qui prend un beau poli, se trouve *à Chaillot-le-Vieux et à St.-Maurice en Valgodemar.*

VII. PORPHIRES, SIENITES, GRANITS.

1. PORPHIRES.

33°. Porphire vert, à cristaux de feld-spath dur, compacte et d'un vif poli, très-beau pour les monumens publics et les décors d'architecture. — *Du col de Saix, au revers des glaciers de la grande Sagne.*

34°. Porphire brun ou feuille morte, à cristaux gris, blancs et verdâtres, *du col de la Croix, au dessus du passage souterrain de la Traversette entre les sources du Guil et celles du Pô, au pied du Mont-Viso.*

2. *Siénites et Diallage.*

35°. Siénite à base de feld-spath blanc, avec amphibole noir ou verdâtre et mica, très-dure, très-compacte et susceptible d'un beau poli. Cette belle roche, qui pourrait être employée pour les monumens publics, constitue la *haute chaîne de Turbat et de Saix,* qui sépare *le Valgodemar de la vallée de St.-Christophe en Oisans.*

36°. Siénite à base de feld-spath blanc et bronzite ou diallage métalloïde, d'un gris verdâtre, à grandes lames. Cette siénite est une des plus belles roches qu'on puisse employer dans la haute marbrerie. Elle prend un beau poli. Nous ne connaissons aucun monument de l'antiquité fait avec cette siénite, qu'on trouve cependant en grandes masses dans la *chaîne du Bourget*, au midi *du col du Mont-Genève*, au dessus *de Briançon*, sur les *frontières de France* et de *Piémont*.

VIII. GRANITS.

37°. Granit à feld-spath blanc, avec quartz gris et mica, à grands élémens cristallins. Belle roche pour les monumens publics. — Aux mines de *plomb de Girauze*, et *du Villars d'Aréne*.

38°. Granit feld-spathique, rose et verdâtre, avec quartz gris et mica noir. Ce charmant granit, dont on voit de belles tables et des cheminées à Grenoble, constitue la haute montagne *des glaciers de Girauze*, *près des mines de cristal de roche*.

39°. Granit feld-spathique avec amphibole noir et mica jaune, des *sources du Gy*. Ce granit, qui serait d'un bel usage dans les monumens publics, se trouve à la grande *Sagne*, au dessus de *la Valleuise*.

40°. Granit feld-spathique blanc, avec quartz noirâtre, mica blanc argentin, et grenat rouge. Ce granit est un des plus beaux que nous ayons jamais vus. Nous n'en connaissons aucun monument ancien. Il se trouve dans la grande chaîne des glaciers *de Turbat*, *au col de Saix*, *aux sources de la Severaise*, *dans le Valgodemar*.

VI. DÉPARTEMENT DE LA CORSE.

515 Depuis plusieurs années, MM. Valin père et fils, marbriers à Paris, rue Moreau, n°. 5, faubourg St.-Antoine, se sont attachés particulièrement à reconnaître et à travailler nos marbres indigènes, pour prouver, 1°. que la France possède, dans ses montagnes, les mêmes marbres que nous tirons, à

grands frais, de l'étranger; et 2°. que nous cesserons d'en être tributaires, aussitôt que le Gouvernement se sera prononcé à cet égard. C'est dans cette intention que nous avons fait présenter à l'exposition, par MM. Vallin, deux tables de granit globuleux gris, blanc et bleu de Corse, dont les premiers échantillons furent rapportés par MM. de Barral, de Sionville, Dupujet et Rampasse, mais dont le véritable gisement n'a été bien constaté et reconnu qu'en 1809, par M. Mathieu, capitaine d'artillerie (1), en remontant la Rizenèse, au-dessus de Ste.-Lucie, au midi d'Ajaccio, dans l'ancienne province de Sartenne.

C'est également aux recherches de cet infatigable minéralogiste que nous devons la découverte du beau porphire globuleux de Curzo, dans le pays d'Ozani et de Girolata (2).

Ces deux superbes roches, qui appartiennent exclusivement à la Corse, ou plutôt qui n'ont encore été reconnues dans aucun autre pays, ne sont pas les seules que le Gouvernement pourrait y faire exploiter avec autant d'avantages que de facilité, puisqu'on trouve sur toute la côte occidentale, depuis l'île Rousse jusqu'à Bonifaccio, et sur la côte orientale, depuis le Cap Sud jusqu'à Solinzara :

1°. Un grand nombre de beaux granits gris, roses, rouges et verdâtres, au Monte Rotundo, à Carbini, à Bavella, à Eviza, à la Cagnone, au Monte Oriente, au Fiumorbo, à la Speluncata, à Asco, à Cargèse, à Salaro, au Niolo, à Figayola, au Bussaggio, à Calvi, à Tiraguella, à Porto-Vecchio, à Valinco, à la Serra de Servi, à Orto; enfin, dans l'île de Lavezzi, où les Romains ont même laissé une belle colonne ébauchée, d'un très-grand modèle;

(1) Rapport de M. Gillet de Laumont, inspecteur-général des mines, sur le gisement du granit et du porphire globuleux, découverts en Corse, par M. Mathieu : journal des Mines, n°. 200, vol. XXXVI.

(2) Même rapport de M. Gillet de Laumont.

2°. Des porphires bruns, gris, rouges et noirs à Carbini, à Asco, au Niolo, à Mazzolino ;

3°. Des ophites et serpentins à Bussaggio, à Calvi, Lasinao, près de Quenzza ;

4°. Des jades de vert antique avec diallage, au Monte-Oriente della Restonica, aux costières du Golo, à Bigouglia ;

5°. De grandes brèches granitoïdes et feldspathiques au Niolo, à Bussaggio, à Calacima, à Bogoniano, à Bastia ;

6°. Des serpentines vertes, verdâtres, jaunâtres et noirâtres, aux costières du Golo ;

7°. Des marbres blancs statuaires, à Ortiborio, à Erbalonga, à Laguilaya, au-dessus de Poggio di Nazza ;

8°. Des marbres cipolins verts, blancs, verts-sur-verts, bruns-gris-verts, au Corte, à Erbalonga, à Santa-Catarina di capo Corso ;

9°. Des marbres mélangés, jaspés, panachés, brèches, etc., à Corte, à Laguilaya, à Erbalonga, au cap Corso,

Et 10°. des albâtres jaunes, jaunâtres et bruns, à larges rubans, aux environs de Bastia.

Dans le tems de leur splendeur, les Romains ont exploité, avec succès, ces roches, ces porphires et ces marbres. On trouve encore des vestiges de leurs ateliers dans plusieurs endroits. L'exemple le plus remarquable que nous en puissions citer, est la belle colonne colossale de granit, ébauchée et abandonnée, dans la petite île de Lavezzi, près de Bonifaccio.

On pourrait mettre, à peu de frais, en exploitation, de grandes carrières de marbre, de granit et de porphire dans les différentes localités que nous venons d'indiquer. Plusieurs sont sur les bords de la mer ou en sont peu éloignées ; et il serait facile d'ouvrir et de pratiquer des routes pour arriver jusqu'aux exploitations.

FIN.

DISTRIBUTION DES PRIX

ACCORDÉS

AUX ARTISTES, FABRICANS ET MANUFACTURIERS

Qui ont présenté, à l'exposition du Louvre, des produits de leur industrie ;

Extrait du Moniteur universel du 27 septembre 1819.

LE ROI a reçu le 25 septembre, après la messe, dans la salle du Trône, tous les fabricans auxquels le jury central a décerné des médailles.

Le jury a d'abord été présenté à S. M. par M[r]. le Ministre de l'intérieur, et M. le duc de la Rochefoucauld, président du jury, a adressé au Roi le discours suivant :

« SIRE,

« Les acclamations publiques, bien mieux que ne » pourrait le faire le jury central de l'exposition, ont » fait connaître à V. M. la reconnaissance de l'indus- » trie française.

» La paix, qui est votre ouvrage, les lois protectrices, » vos encouragemens multipliés, les inspirations si » puissantes du patriotisme, suffisaient déjà pour » animer ses efforts; mais tout-à-coup, appelée par les » ordres de V. M. pour faire de la réunion de ses pro- » duits une fête nationale, invitée, pour ainsi dire, à » venir, dans sa riche parure, assister aux solennités » de la fête de son Roi, l'industrie n'a plus connu de » bornes à son émulation; il s'agissait de gloire natio- » nale et des regards de l'Europe, il s'agissait de ré- » pondre à l'auguste appel de V. M., il fallait que les » fabricans, que les ouvriers admis à l'honneur d'étaler » le fruit de leurs utiles travaux dans ce magnifique » Louvre, le plus beau palais de la terre, se montras- » sent dignes de cette alliance de l'industrie du peuple, » avec la grandeur et la majesté du trône.

» Sire, votre attente n'a pas été trompée: le Louvre, » rajeuni, a reçu, par l'heureuse pensée de Votre » Majesté, la plus brillante inauguration qu'aucun » prince puisse donner à ses palais; ses salles, ses por- » tiques ont présenté le tableau de l'immense marché » que la France offre à l'univers; et V. M. a daigné » dire qu'elle était fière, qu'elle était glorieuse de nos » produits.

» Quel spectacle, Sire! qu'il est à-la-fois plein de

» magnificence et de douceur ! Quelle autre nation
» pourrait le reproduire? Quel essor de l'esprit public !
» quelle source de prospérité pour le présent et pour
» l'avenir ! Et, dans le moment même de cette admirable réunion des chefs-d'œuvre de la peinture et des
» produits des arts industriels, la nature couvrait de
» ses dons notre sol fertile, et d'abondantes moissons,
» rentrant de toutes parts, récompensaient l'agriculteur
» de ses pénibles travaux.

» Ainsi V. M. a pu voir, comme d'un seul regard,
» toutes les richesses de son peuple; et si elle a
» pénétré de reconnaissance et de joie l'industrie française, par ces paroles touchantes, « Comptez sur
» moi; » l'industrie française à son tour, s'unissant à
» la nation entière, ose dire à son Roi : Comptez à
» jamais, comptez sur elle.

» Oui, Sire, V. M. a donné l'exemple aux Princes
» de fonder le bonheur des peuples et leur respect
» pour les lois sur des institutions libérales et sages;
» le peuple français donnera aux autres peuples
» l'exemple d'un attachement inviolable pour la monarchie, pour le pouvoir royal, pour V. M., pour
» son auguste dynastie, comme une conséquence immédiate et nécessaire de vos généreuses concessions.

» Puisse, Sire, votre règne être embelli de tous les

» genres de prospérités ! Notre bonheur est étroite-
» ment lié au vôtre, et V. M. se plaît aussi à recon-
» naître le sien dans le bonheur de la France. Nous
» avons dans ce moment le plus doux présage de
» celui que vos sujets désirent aussi vivement que
» vous-même. Aucune faveur de la providence ne sera
» refusée aux vœux ardens du Monarque et de la
» nation.

» Sire, que le ciel accorde à V. M. les plus longs
» jours; c'est le besoin du peuple français ; c'est le vœu
» de tous vos sujets ; c'est le cri qu'on entend répéter
» d'une extrémité à l'autre de cette belle et excellente
» France, qui vous doit d'impérissables bienfaits, et
» qui, pour garans de sa fidélité et de son amour,
» offre à V. M. une profonde reconnaissance tant mé-
» ritée, et le sentiment de ce besoin, si généralement
» éprouvé, de la longue durée de votre gouvernement
» paternel. »

Le Roi a répondu :

« Je suis sensible aux sentimens que vous m'exprimez
» au nom de tous les fabricans de mon royaume. Je
» reçois avec d'autant plus de plaisir l'expression de
» ces sentimens, qu'elle m'est présentée par un jury
» composé des hommes les plus recommandables et les
» plus distingués. Je suis sûr qu'avec de pareils hommes

» nous aurons bien jugé. Dès ma plus tendre enfance, » j'étais jaloux de la prospérité dont l'industrie jouis- » sait chez quelques nations voisines : il était reservé » à ma vieillesse de voir l'industrie française s'élever » au plus haut degré de gloire, et ne le céder à aucune » par l'importance de ses perfectionnemens et de ses » découvertes; il m'était réservé de n'avoir plus rien à » désirer à cet égard. Dites à mes fidèles fabricans » qu'ils peuvent toujours compter sur moi, comme » je compterai sur eux. »

Les fabricans, partagés en trente-six classes, ont été alors présentés individuellement à S. M. par le Ministre de l'intérieur, et ont reçu des mains même du Roi la médaille d'or, d'argent ou de bronze que le jury a décernée à chacun d'eux. Pendant cette distribution, qui a duré près de deux heures, le Roi a adressé à plusieurs manufacturiers, quelques-unes de ces paroles de bienveillance et de bonté dont l'auguste Monarque se plaît à récompenser le vrai mérite.

Nous regrettons de ne pouvoir faire connaître les noms de tous les fabricans et manufacturiers du département de la Seine qui ont obtenu des médailles; mais craignant de commettre quelques erreurs ou de faire des omissions dont on pourrait se plaindre avec raison, nous nous bornerons, le jury central n'ayant point encore publié son rapport, à dire que les fabricans du département de la Seine ont obtenu plus du tiers de ces honorables médailles.

BIBLIOTHEQUE NATIONALE R.F.

FIN.

TABLE ALPHABÉTIQUE

DES

ARTISTES, FABRICANS ET MANUFACTURES.

Fin de la Table alphabétique.

ERRATA.

Page 2. Ligne 26 au lieu du n°. 174 lisez 175

Page 16. Ligne 21 au lieu du n°. 376 lisez 379.

Page 75. Ligne 7 une Caisse ajoutez ou *Tambour*.

Page 237. Ligne 15 au lieu du n°. 393 lisez 405.

Page 245. Ligne 18 au lieu de 86 lisez 88.

Page 245. Ligne 21 au lieu de 85 lisez 87.

Page 245. Ligne 23 au lieu de 84 lisez 86.

Page 296. Ligne 21 au lieu de l'Etat dans lequel, lisez l'état dans lequel.

Page 296. Ligne 18 au lieu de nous fait regretter, lisez nous font regretter

Page 298. Ligne 18 au lieu de croi devoir, lisez croit devoir.

Page 300. Ligne 17 MARBRES DE LA HAUTE-GARONNE, ajoutez ET DES HAUTES-PYRÉNÉES.

www.ingramcontent.com/pod-product-compliance
Ingram Content Group UK Ltd.
Pitfield, Milton Keynes, MK11 3LW, UK
UKHW012007240726
13965UKWH00001B/219

9 782013 564878